Wie weiter mit dem Deutschlandticket

Oliver Mietzsch · Ludwig Gramlich
(Hrsg.)

Wie weiter mit dem Deutschlandticket

Hintergründe, Analysen, Prognosen

Springer Vieweg

Hrsg.
Oliver Mietzsch
Cologne, Deutschland

Ludwig Gramlich
Fakultät für Wirtschaftswissenschaften,
Technische Universität Chemnitz
Chemnitz, Deutschland

ISBN 978-3-658-51317-7 ISBN 978-3-658-51318-4 (eBook)
https://doi.org/10.1007/978-3-658-51318-4

Die Deutsche Nationalbibliothek verzeichnet diese Publikation in der Deutschen Nationalbibliografie; detaillierte bibliografische Daten sind im Internet über https://portal.dnb.de abrufbar.

Planung/Lektorat: Daniel Rost
Springer Vieweg ist ein Imprint der eingetragenen Gesellschaft Springer Fachmedien Wiesbaden GmbH und ist ein Teil von Springer Nature.
Die Anschrift der Gesellschaft ist: Abraham-Lincoln-Str. 46, 65189 Wiesbaden, Germany

Vorwort

Mit dem Deutschlandticket ist etwas gelungen, das noch vor wenigen Jahren undenkbar war. Zum ersten Mal gibt es ein einfaches, bundesweit unabhängig von Verbundgrenzen gültiges und digital verfügbares Ticket, das den Zugang zum ÖPNV erheblich verbessert und erleichtert. Es steht damit exemplarisch für ein neues Verständnis von Mobilität: einfach, vernetzt und umweltfreundlich.

Doch das Deutschlandticket ist mehr als nur ein Tarifprodukt. Es hat das Potenzial, die Mobilität in Deutschland nachhaltig zu verändern. Es stellt sich daher die Frage, welchen Beitrag das Ticket zu einer echten Mobilitätswende leisten kann. Klar ist, dass das Deutschlandticket allein kein Ersatz für ein Verkehrsnetz, einen dichten Takt und eine verlässliche Infrastruktur darstellt. Es ist aber ein entscheidendes Element, um den öffentlichen Verkehr als Rückgrat moderner Mobilität neu zu denken und neu zu nutzen.

Das Deutschlandticket ist zudem auch ein gesellschaftlicher Katalysator: Die Diskussionen, wie ein attraktiver und bezahlbarer Nahverkehr aussehen soll, werden längst nicht mehr nur in verkehrspolitischen Kreisen geführt. Mit dem Ticket haben immer mehr Menschen Interesse an einem guten öffentlichen Verkehr entwickelt und tun ihre Begeisterung dafür – trotz teils schwieriger Erfahrungen – in ihrem Umfeld kund. In Baden-Württemberg haben wir zusätzlich auch das JugendticketBW – zur Freude der Nutzerinnen und Nutzer – in ein Jugendticket Deutschland umwandeln können. So können junge Menschen in Ausbildung oder Studium bis 27 aus Baden-Württemberg in ganz Deutschland noch günstiger als mit dem Erwachsenenticket fahren. Wegen seiner unklaren Zukunft war das Deutschlandticket ein häufiges Thema in der Verkehrsministerkonferenz– und an Küchentischen und Kaffeemaschinen. Das Ticket konnte nun bis 2030 gesichert werden – jetzt gilt es das Interesse und die gesellschaftliche Unterstützung zu nutzen, um den öffentlichen Verkehr weiter voranzubringen.

Eine zentrale Herausforderung liegt in der Finanzierung des öffentlichen Verkehrs. In Baden-Württemberg verfolgen wir hierbei mit dem „Mobilitätspass" einen Ansatz, der die Drittnutzerfinanzierung[1] ermöglicht und die Handlungsspielräume der Kommunen

[1] Einwohnerabgabe oder Fahrzeughalterabgabe.

stärkt. Wer für den Mobilitätspass eine Abgabe leistet, erhält ein Ticketguthaben in gleicher Höhe, das auch für den Erwerb des Deutschlandtickets genutzt werden kann. Die durch die Abgabe entstehenden Einnahmen, die nicht als Ticket-Rabatt genutzt werden, werden in den ÖPNV vor Ort investiert. So werden zusätzliche Mittel für den weiteren Ausbau des öffentlichen Verkehrs bereitgestellt. Ein besseres Nahverkehrsangebot in Verbindung mit dem Ticketguthaben macht das Deutschlandticket für noch mehr Menschen attraktiv und sorgt so für mehr Nutzerinnen und Nutzer.

Das Deutschlandticket ist ein großer Schritt zur Vereinfachung der Nutzung des ÖPNV in ganz Deutschland über alle kleinteiligen und komplizierten Tarifregelungen hinweg. Zugleich muss das Angebot stabilisiert und im ganzen Land verlässlich und gut sein. Hierzu ist eine auskömmliche und zukunftssichere Basisfinanzierung durch Regionalisierungsmittel für den SPNV und Finanzmittel durch Länder und Kommunen für den Straßen-ÖPNV nötig. Starke Angebote vor Ort und eine konsequente Ausrichtung auf die Fahrgäste bilden den Leitfaden für eine klimafreundliche öffentliche Mobilität. Wenn wir das als politisches, wirtschaftliches und vor allem gesellschaftliches Projekt verstehen und gestalten, dann kann die Mobilitätswende hin zu nachhaltiger Mobilität gelingen.

Winfried Hermann
MdL, Verkehrsminister des Landes
Baden-Württemberg

Einleitung

Als das Deutschlandticket zum 1. Mai 2023 nach längerem Hin und Her eingeführt wurde, war noch nicht absehbar, ob und wie lange dieses Tarifprodukt im öffentlichen Personennahverkehr Bestand haben wird. Zwar gab es mit dem 9-Euro-Ticket im Zeitraum von Juni bis August 2022 ein Vorläuferprodukt, das für 9 € pro Monat und Person die deutschlandweite Mobilität im Nahverkehr auf Straße und Schiene ermöglichte. Mit der Einführung des Deutschlandtickets zum monatlichen Abgabepreis von 49 € am 1. Mai 2023 erfolgte dann aber erstmals ein zunächst auf den Zeitraum von knapp drei Jahren finanziertes Tarifprojekt, das in Deutschland und darüber hinaus einmalig ist. Ob die Finanzierung von jeweils 1,5 Mrd. € seitens des Bundes sowie der Länder bis Ende 2025 ausreicht, um die mit der massiven Preissenkung gegenüber vielen Bestandsprodukten einhergehenden Mindereinnahmen der Verkehrsdiensteanbieter auszugleichen, muss sich allerdings noch (nach Ende dieses Zeitraums) zeigen.

Seinesgleichen sucht das Deutschlandticket aber nicht etwa deshalb, weil es Flatratetickets nicht schon vorher im ÖPNV gegeben hätte oder rabattierte Tarifprodukte ein Novum darstellten. Denn in der Tat handelt es sich bei den im ÖPNV so beliebten Zeitkarten auf Tages-, Wochen- oder Monatsbasis um nichts anderes als pauschalierte Ticketangebote. Und verbilligte oder sogar kostenlose Nahverkehrstickets gibt es auch schon seit vielen Jahren – nicht nur in Deutschland. Was das Deutschlandticket jedoch so besonders macht, ist die schiere Größe des Tarifexperiments, immerhin ist Deutschland mit seinen bald 84 Mio. Einwohnern das bevölkerungsreichste Land in der Europäischen Union und zugleich die drittgrößte Volkswirtschaft der Welt.

Seit der Einigung von CDU/CSU und SPD auf die Bildung einer neuen Bundesregierung legt der Koalitionsvertrag zwischen den Regierungsparteien fest, dass das Deutschlandticket über 2005 hinaus bleiben soll. Und mit der 11. Änderung des Regionalisierungsgesetzes im Spätherbst 2025 steht auch fest, dass zumindest bis 2030 dieses Konstrukt mit seinem ab 1. Januar 2026 auf 63,- Euro/Monat angehobenen Preis Bestand haben wird. Ab 2027 sollen etwaige weitere Tariferhöhungen durch eine kostenbasierte Preisfortschreibung erfolgen. Um Planungssicherheit für die Kunden beim Ticket, aber auch für Bund und Länder bei der Finanzierung zu gewährleisten, wurden die Kosten für das Ticket nach einem festen Schlüssel zwischen Bund und Ländern aufgeteilt. Ob dies alles ausreicht, ist derzeit offen. Vieles dürfte dabei auch von der endgültigen Verteilung der Einnahmen aus dem Deutschlandticket abhängen.

Der Teufel steckt bekanntermaßen im Detail – davon hat das Deutschlandticket eine ganze Menge zu bieten: Ob Tarifbestimmungen, Regelungen zur Einnahmenaufteilung, technische Regelwerke – die Liste der offenen Baustellen ließe sich noch fortschreiben. Im vorliegenden Band soll es deshalb darum gehen, die unterschiedlichen Facetten des Deutschlandtickets aus der Sicht wesentlicher Akteure wie der Verkehrsunternehmen, der Verkehrsverbünde bzw. Tariforganisationen, der Rechtspraxis wie der Wissenschaft näher zu beleuchten. Dabei wird kein Anspruch auf Vollständigkeit erhoben. Vielmehr sollen kaleidoskopartig einige wesentliche Aspekte herausgegriffen und von dazu berufenen Experten näher beleuchtet werden. Hierzu gehören die finanziellen und rechtlichen Rahmenbedingungen ebenso wie Fragen zur technischen Umsetzung. Nicht weniger praxisrelevant sind die auf den ersten Blick eher akademisch anmutenden Fragen nach dem Ordnungsrahmen des Deutschlandtickets oder dessen Umweltbilanz. Eingerahmt wird das Ganze von einem Ausblick auf die nächsten Jahre und dem Versuch einer Prognose, wie es grundsätzlich mit dem Deutschlandticket weitergehen sollte.

Es versteht sich von selbst, dass alle Unzulänglichkeiten den Herausgebern anzulasten sind – einschließlich der Beschränkung auf das generische Maskulinum aus Gründen der Lesbarkeit. Den Herausgebern bleibt vorerst nur, sich bei den Mitautoren für ihre Beiträge zu bedanken und allen Lesern eine aufschlussreiche Lektüre zu wünschen.

Münster (Hessen) — Prof. Dr. i.R. Ludwig Gramlich
Bielefeld — Dr. Oliver Mietzsch

Inhaltsverzeichnis

Bundesweite Flatrate-Tickets als Revolution der Nahverkehrsorganisation in Deutschland am Beispiel des 9-Euro- sowie des Deutschlandtickets

Oliver Mietzsch

Inhaltsverzeichnis

Das 9-Euro- sowie das Deutschlandticket – Tarifprodukte mit disruptiver Wirkung

Das erste bundesweit gültige Flatrate-Ticketangebot im deutschen Nahverkehr[1] wurde mit dem 9-Euro-Ticket im Zeitraum von Juni bis August 2022 eingeführt (7. Gesetz zur Änderung des Regionalisierungsgesetzes); davon wurden immerhin 52 Mio. Stück

[1] An dieser Stelle bleiben Tarifprodukte wie das Schöner Wochenende-Ticket oder das Querdurchs-Land-Ticket unberücksichtigt, auch wenn sie eine deutschlandweite Gültigkeit aufweisen. Allerdings gilt das Angebot nur am Wochenende bzw. einen Tag lang und ist im Wesentlichen auf Regionalzüge beschränkt.

O. Mietzsch (✉)
WestfalenTarif GmbH, Bielefeld, Deutschland
E-Mail: oliver.mietzsch@westfalentarif.de

O. Mietzsch und L. Gramlich (Hrsg.), *Wie weiter mit dem Deutschlandticket,*
https://doi.org/10.1007/978-3-658-51318-4_1

verkauft (Krämer 2024 [1]). Mit dem Deutschlandticket zum monatlichen Abgabepreis von 49 € kam dann erstmals ein längerfristig angelegtes Tarifprodukt mit bundesweiter Geltung im Nahverkehr. Auch wenn dessen Erfolg sicherlich erst mit zeitlichem Abstand abschließend eingeschätzt werden kann,[2] steht schon heute fest, dass das Deutschlandticket die Organisation und Finanzierung des Nahverkehrs in Deutschland revolutioniert hat und dieser auch als „disruptiv" beschreibbare Prozess noch längst nicht beendet ist.

Aufgrund der bundesweiten Gültigkeit des Deutschlandtickets entfallen für die Fahrgäste die bislang von vielen als störend empfundenen unterschiedlichen Tarif- und Beförderungsbedingungen beim Durchfahren mehrerer Tarifgebiete. Tarifkenntnisse sind aber nicht nur bei der Auswahl des für die gewünschte Relation adäquaten Tarifes (Zonen-, Waben-, Flächentarifierung) erforderlich, sondern auch das Wissen um ggfs. sich von Tarifgebiet zu Tarifgebiet verändernde Beförderungsbedingungen (z. B. Kinderaltersgrenze, Mitnahme von Tieren und Fahrrädern etc.). Hier gibt es einen Flickenteppich unterschiedlicher und sich teilweise widersprechender Regelungen sogar innerhalb eines Bundesländes.

Weitere Herausforderungen grenzloser Flatrate-Angebote

Mit dem Angebot eines grenzenlosen Flatrate-Tickets stellen sich im ÖPNV jedoch noch viel größere Herausforderungen, als sie aus anderen Branchen, in denen Pauschalpreisangebote längst gang und gäbe sind, bekannt sind (Heidenreich 2008, S. 65 ff. [4]). Dies gilt insbesondere in administrativer Hinsicht. Denn das Deutschlandticket führt dazu, dass die bislang an die Grenzen von Verkehrsunternehmen bzw. in der Regel von Verkehrsverbünden bzw. Tariforganisationen gebundenen Nahverkehrstickets ihren räumlichen Bezug verlieren, sie werden sozusagen grenzenlos. Damit stellen sich automatisch Fragen nach dem Aufwand für den Vertrieb der Flatrate-Tickets und in diesem Zusammenhang auch hinsichtlich der Einnahmenaufteilung, wie sie der für den ÖPNV typischen Leistungserbringung durch mehrere Verkehrsanbieter wesensimmanent ist. In Ermangelung einer zentralen Regulierungsinstanz – der ÖPNV ist nach der Kompetenzordnung des Grundgesetzes eine Aufgabe der Daseinsvorsorge in der Verantwortung der Länder (für den Schienenpersonennahverkehr) bzw. der kreisfreien Städte, Kreise und je nach Landesrecht teilweise auch noch von Großen Kreisstädten bzw. Städten mit eigenen

[2] Die Bandbreite der Einschätzungen insbesondere hinsichtlich der Umweltbilanz des Deutschlandtickets reicht von „eine der teuersten Klimaschutzmaßnahmen der Republik" (Böttger, Christian; Ockenfels, Axel Gastkommentar: Warum das Deutschlandticket dem Klima nicht hilft, 2023 [2]) bis hin zur Bezifferung der unter Berücksichtigung von weiteren Umwelteffekten durch z. B. vermiedene Luftschadstoff- und Lärmbelastungen ermittelten Reduktion der externen Kosten des Autoverkehrs in einer Größenordnung von 2,4 bis 3,7 Mrd. € (Ariadne-Report: Faktencheck Deutschlandticket: Eine Bestandsaufnahme der empirischen Evidenz, Kopernikus-Projekt Ariadne, Potsdam-Institut für Klimafolgenforschung (PIK), April 2025 [3]).

Verkehrsunternehmen (Gramlich, Mietzsch 2024, S. 157–178) – obliegt die Administration des Deutschlandtickets erst einmal den bisherigen Organisationseinheiten. Diese sind allerdings höchst unterschiedlich auf die sich mit der Einführung einer bundesweit gültigen ÖPNV-Flatrate ergebenden Anforderungen an Vertriebstechnik und Einnahmenaufteilung vorbereitet. Während große, vertriebsstarke Verkehrsverbünde wie der Hamburger Verkehrsverbund oder große am Markt tätige Vertriebsdienstleister wie DB Vertrieb GmbH oder Transdev Vertrieb GmbH hier sehr schnell die Gunst der Stunde ergriffen,[3] tun sich manche kleinere Verkehrsunternehmen bzw. deren Zusammenschlüsse bis heute schwer, den mit der gesetzlich erzwungenen digitalen Ausgabe des Deutschlandtickets verbundenen Aufwand für Chipkarten bzw. die Programmierung von Apps, Webshops, elektronischen Bezahlsystemen u. v. m. zu stemmen. Erschwerend kommt hinzu, dass die Frage der Einnahmenaufteilung beim Deutschlandticket nach wie vor ungeklärt ist – zumindest ab der dritten Stufe der sogenannten nachfrageorientierten Einnahmenaufteilung. Gemäß dem Leipziger Modellansatz (Mietzsch 2024a, S. 26 ff. [7]) sollten in einer ersten Phase – die ursprünglich nur für das Jahr 2023 vorgesehen war – alle Verkehrsunternehmen die Einnahmen aus den von ihnen verkauften Deutschlandtickets behalten dürfen und erst ab 2024 eine Verteilung nach Postleitzahlen (Wohnort der Abonnenten bzw. Hochschulstandort der Inhaber des Deutschlandsemestertickets) als sog. 2. Stufe der Einnahmenaufteilung beim Deutschlandticket erfolgen. Diese sollte dann ab 2026 in ein nachfrageorientiertes Einnahmenaufteilungsverfahren als sog. 3. Stufe der Einnahmenaufteilung überführt werden. Bislang stehen aber Entscheidungen zur dritten Stufe noch aus,[4] vielmehr fanden und finden noch immer intensive Abstimmungen zum bundesweiten Einnahmenaufteilungsverfahren auf der Basis von Postleitzahlen statt.[5]

---

[3] Vgl. die werblich aggressive Kampagne des Hamburger Verkehrsverbundes (HVV) für den Erwerb des Deutschlandtickets in „der schönsten Stadt Deutschlands" – „In Siegen alles verlieren", In großer Werbekampagne: Hamburger nehmen Siegen aufs Korn [6] (Zugegriffen: 16.04.2025).

[4] Für die Stufe 3 der Einnahmeaufteilung haben sich die Länder in der Sonder-Verkehrsministerkonferenz am 29.04.2024 auf wesentliche Rahmenbedingungen verständigt. Demzufolge soll die Einnahmenaufteilung ab dem Jahr 2026 durch ein grundsätzlich nachfrageorientiertes System erfolgen. Hierzu sollte der Koordinierungsrat transparent und unter Beteiligung der Branche einen Verteilmechanismus bis auf die Ebene der Länder entwickeln und der Verkehrsministerkonferenz bis zur Herbstsitzung 2024 vorlegen; dies ist bislang nicht erfolgt. Die Länder sollen die Umsetzung parallel vor Ort durch geeignete Verfahren zur Weiterleitung der Einnahmen regeln.

[5] Vgl. hierzu den am 20.12.2024 nebst Anlagen vorgelegte Vertrag über die Aufteilung der Einnahmen aus dem Deutschlandticket in der Stufe 2, der rechtzeitig zu dem ursprünglich für den 1. Mai 2025 vorgesehenen Start der Stufe 2 der Einnahmenaufteilung (nachträglich mit Wirkung ab dem 1. Januar 2025) von allen rund 650 sog. Zahlungsausgleichsstellen (d. h. Abrechnungsstellen für die Verteilung der Einnahmen des Deutschlandtickets) unterzeichnet werden sollte; s. Vertrag [8] (Zugegriffen: 23.04.2025).

Kakophonie der Tarif- und Beförderungsbedingungen des Deutschlandtickets

Es besteht zwar eine gewisse Deckungsgleichheit zwischen dem Vertrieb des Deutschlandtickets und den Grenzen von Tariforganisationen und Verbünden – mit der Folge, dass die Tarif- und Beförderungsbedingungen im Wesentlichen einheitlich sein dürften. Zugleich sprengt das Deutschlandticket aber in vielen Fällen auch die Grenzen der Tarif- bzw. Verbundorganisationsräume und trifft mitunter auf teil- oder vollständig verbundfreie Gebiete, was zur Folge hat, dass die Tarif- bzw. Beförderungsbedingungen nicht immer vollständig deckungsgleich sind. Obwohl Bund und Länder die Tarifbestimmungen des Deutschlandtickets bewusst einfach – digitale Ausgabe (per Chipkarte oder Smartphone-Applikation), keine Übertragbarkeit und keine Mitnahmemöglichkeiten für Personen, mit Ausnahme von Kindern bis sechs Jahren, und Sachen, kein Übergang in die 1. Klasse – gestaltet haben, unterscheiden sich von Ort zu Ort bzw. zwischen Tariforganisationen, Verbünden und Unternehmen die jeweiligen Tarif- bzw. Beförderungsbedingungen. Mal gibt es die Möglichkeit einer Zuzahlung für die Mitnahme von Fahrrädern bzw. den Übergang in die 1. Klasse (NRW), mal offerieren Verbund- oder Tariforganisationen bzw. Verkehrsunternehmen weitere Gadgets beim Kauf eines Deutschlandtickets wie z. B. die zeitlich limitierte kostenfreie Nutzung von Leihrädern oder Tretrollern. Darüber hinaus gibt es auch noch die sogenannten Derivate des Deutschlandtickets; dies sind neben den beiden bundesweiten Ergänzungsangeboten Deutschlandticket Job (ursprünglich nur bis Ende 2025 vorgesehen) und Deutschlandsemesterticket für Studierende länderspezifisch rabattierte Deutschlandtickets für bestimmte Zielgruppen (Einkommensschwache, Auszubildende, Ältere). „Spitzenreiter" dieser Tarifkakophonie war die Abgabe des Deutschlandtickets an Abonnenten des früheren Berliner ÖPNV-Abos (für die Tarifzonen A und B, d. h. innerhalb des Berliner S-Bahn-Rings) zum Preis von 29 €. Die Differenz zum aktuellen Preis des Deutschlandtickets hat das Land Berlin bis zum regulären Ende des jeweiligen Abonnementvertrages getragen; zwischenzeitlich hat Berlin dieses Tarifprodukt abgeschafft.

Einnahmenaufteilung – Vertriebschampions machen den Reibach

Eigentlich sollten diese lokalen oder regionalen Zusatzangebote zum Deutschlandticket, die separat zu diesem erworben werden können, kostendeckend kalkuliert oder durch die örtlichen Aufgabenträger finanziell ausgeglichen werden. Dabei sollte schon allein aus rechtlichen Gründen sichergestellt werden, dass solche Zusatzfahrausweise dann für alle dafür qualifizierten Fahrgäste zugänglich sind, unabhängig davon, ob sie das Deutschlandticket vor Ort oder bei einem anderen Verkehrsunternehmen außerhalb der Gültigkeit des lokalen Tarifes erworben haben. In der Praxis hapert es jedoch am Erfordernis der universellen Zugänglichkeit zu diesen lokalen bzw. regionalen Zusatzangeboten. Vielmehr ist festzustellen, dass mit diesen Zusatzangeboten zum Deutschlandticket eine faktische Bindung an das bisherige Verkehrsunternehmen bzw. die Verbund- oder Tariforganisation sichergestellt werden soll. Dies ist aus unternehmens- bzw. verbund- oder tarifstrategischer Sicht durchaus nachvollziehbar, da das Deutschlandticket insbesondere in der 1. Stufe der Einnahmenaufteilung (d. h. jeder behält die Einnahmen der von ihm verkauften Deutschlandtickets unabhängig vom Wohnort der Abonnenten bzw. dem Hochschulstandort der Studierenden) die vertriebsstarken Verkehrsunternehmen bzw. Verbund- oder Tariforganisationen bevorzugt hat. Die Unterschiede in der Vertriebsstärke machten sich auch lange nicht unmittelbar bemerkbar, da den Verkehrsunternehmen nach den Muster-Richtlinien über die Gewährung von Billigkeitsleistungen zum Ausgleich nicht gedeckter Ausgaben im öffentlichen Personennahverkehr im Zusammenhang mit dem Deutschlandticket die Differenz zwischen den im Jahr 2019 als letztem „normalen" Wirtschaftsjahr vor der Pandemie erzielten und auf die Jahre 2023, 2024 und 2025 fortgeschriebenen Soll-Einnahmen (unter Berücksichtigung von Verkehrsmengeneffekten sowie der Inflation) mit den IST-Einnahmen der jeweiligen Jahre ausgeglichen wurde bzw. noch wird.

Mit der zum 1. Januar 2025 mit einjähriger Verspätung beschlossenen Einführung der Stufe 2 der Einnahmenaufteilung besteht nun zumindest theoretisch die Gefahr, dass der mit dem Vertrieb des Deutschlandtickets verbundene Aufwand, jenseits der in den Muster-Richtlinien für die konkrete Umstellung der Vertriebstechnik zur Ausgabe und Kontrolle der Deutschlandtickets gewährten Pauschalen, nicht vergütet wird und es daher an einem entsprechenden Vertriebsanreiz fehlt. Vor diesem Hintergrund hat der Koordinierungsrat nicht zuletzt auf Druck des Bundeskartellamts Regelungen zur Vertriebsprovision verabredet, die zwischen 3,9 % für das Deutschlandsemesterticket und jeweils 4,7 % für das Deutschlandticket Job sowie das Standard-Deutschlandticket liegen.[6]

Governance – Organisierte Verantwortungslosigkeit?

Während auf Fahrgastseite das Deutschlandticket trotz aller Unterschiede im Detail wie ein monolithischer Block anmuten mag, stellt sich dies auf der Seite der Leistungserbringer – Verkehrsunternehmen, Tariforganisationen, Verbünde – ganz anders dar. Das beginnt schon mit der Vielzahl der Gremien, die sich mit den administrativen und Finanzierungsfragen rund ums Deutschlandticket befassen. An der Spitze steht der Koordinierungsrat mit seinen mittlerweile fünf Unterarbeitsgruppen sowie bislang einer weiteren Unter-Unterarbeitsgruppe (vgl. Abb. 1). Mitglied im Koordinierungsrat sind Vertreter des Bundesverkehrsministeriums, des Bundesfinanzministeriums und der Verkehrsministerien der Länder. Außerdem nehmen die kommunalen Spitzenverbände, der Verband Deutscher Verkehrsunternehmen (VDV), der Bundesverband Deutscher Omnibusunternehmen (BDO), der Bundesverband SchienenNahverkehr (BSN) und die Deutschlandtarifverbund GmbH (DTV) beratend teil.

---

[6] Vgl. Mietzsch, Oliver; Fiedler, Lothar H. (2025): Vertriebskostenprovision beim Deutschlandticket – Gut gemeint ist noch lange nicht gut gemacht! Gut gemeint ist noch lange nicht gut gemacht! | Roter Renner [9] (Zugegriffen: 04.02.2025).

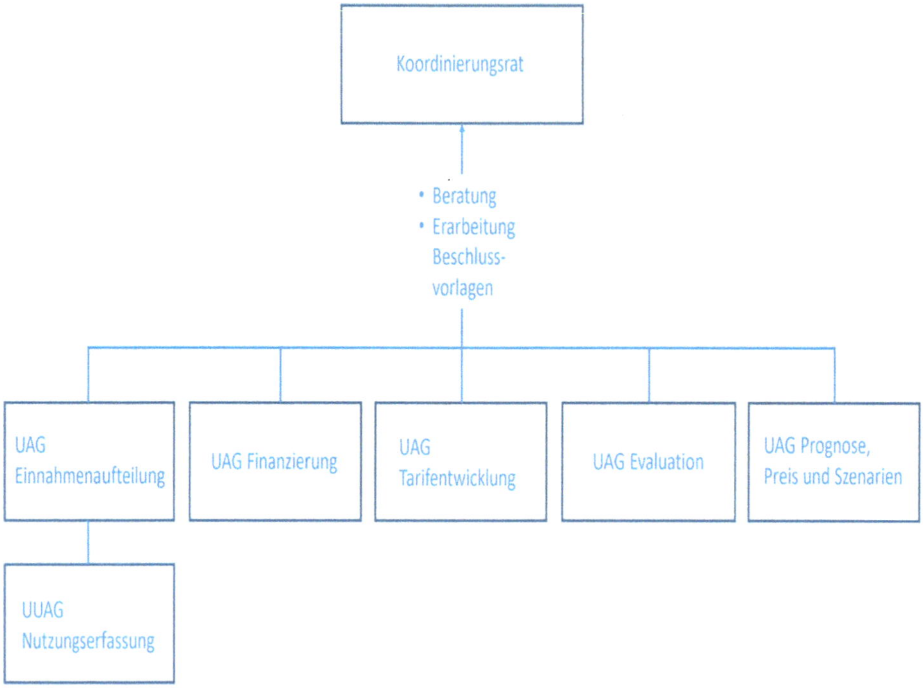

Abb. 1 Governancestruktur des Deutschlandtickets. (Quelle: Koordinierungsrat Deutschlandticket – Infoportal von mobil.nrw, [10] (Zugegriffen: 23.04.2025))

Aufgabe des Koordinierungsrates soll es sein, die finanziellen und rechtlichen Fragestellungen rund ums Deutschlandticket zu regeln. Dies ist dem Koordinierungsrat bislang nur mit Einschränkungen gelungen. Insbesondere die Zeitpläne zur Einführung der verschiedenen Stufen der Einnahmenaufteilung sind immer wieder verschoben worden, was neben technischen Umsetzungsschwierigkeiten z. B. hinsichtlich der 3. Stufe der Einnahmenaufteilung vor allem auch auf politische Differenzen zwischen Bund und Ländern einerseits sowie insbesondere der Länder untereinander schließen lässt. Beredtes Beispiel hierfür ist die sog. Schwungmasse, d. h. auf den Schienenpersonenverkehr entfallende Einnahmen aus dem Verkauf des Deutschlandtickets, die längst nach anhand der auf die einzelnen Länder bzw. deren Eisenbahnverkehrsunternehmen entfallenden Leistungsanteilen hätten aufgeteilt werden müssen, insbesondere aber von einem Bundesland bzw. dem dort vorherrschend tätigen vertriebsstarken Eisenbahnverkehrsunternehmen lange Zeit zurückgehalten wurden.[7]

[7] Nach Mitteilung der Deutschlandtarifverbund GmbH (DTV) haben die Länder am 22.05.2024 eine Einigung bezüglich der „Schwungmasse" erreicht, d. h. bezüglich Mittel i. H. v. rund 450 Mio. €, die 2023 durch vertriebliche Verschiebungen trotz insgesamter Einnahmeverluste durchs D-Ticket von der DTV, die u. a. das Einnahmeclearing für SPNV-Tarife außerhalb der Verbünde durchführt, über die prognostizierten Soll-Einnahmen hinaus eingenommen wurden. Sie sollen ab dem 1.1.2025 nach dem Wohnortprinzip verteilt werden.

Ein anderes, für die Öffentlichkeit wenig sichtbares, in finanzieller Hinsicht aber durchaus relevantes Problem, das letztlich auf eine unzureichende Governance beim Deutschlandticket zurückzuführen ist, findet sich in den unterschiedlichen Kontrollstandards zur Prüfung der Deutschlandtickets. Während auf der einen Seite die Unternehmen des straßengebundenen öffentlichen Personennahverkehrs (ÖSPV) den von der VDV eTicket Service GmbH & Co. KG entwickelten Barcode anwenden, ist dies für die Unternehmen des Schienenpersonennahverkehrs (SPNV) nicht automatisch der Fall, da hier der sog. UIC-Barcode als Sicherheitsstandard zu Anwendung kommt. Dieser ist für den Eisenbahnfernverkehr entwickelt worden. In ihrer jeweiligen Systemumgebung sind diese Sicherheitsstandards leistungsfähig, das Problem besteht in der fehlenden Kompatibilität der verschiedenen Systeme untereinander. M.a.W., jemand, der bei einem Eisenbahnverkehrsunternehmen sein Deutschlandticket gekauft hat, damit aber in Bussen oder Straßenbahnen unterwegs ist, kann nicht mit dem gleichen Anspruch auf Genauigkeit kontrolliert werden wie ein Fahrgast, der sich innerhalb des ÖSPV oder des SPNV bewegt.

Bei der Mehrzahl der ehrlichen Fahrgäste ist das kein Problem. Beim Deutschlandticket zeigt sich aber, dass in erheblichem Umfang Betrug im Spiel ist. Oft reicht schon der Screenshot eines elektronischen Deutschlandtickets auf einem anderen Smartphone als dem des Erwerbers, um ohne gültigen Fahrausweis im ÖPNV unterwegs zu sein. Um dies zukünftig zu unterbinden, haben sich die Verbände des Nahverkehrsgewerbes – VDV für die zumeist in kommunaler Trägerschaft befindlichen Verkehrsunternehmen sowie DB Regio, Mofair als Interessenverband der nicht-bundeseigenen SPNV-Unternehmen sowie BSN als Vertretung der Aufgabenträger des SPNV – auf Mindestanforderungen verständigt, mit denen das Deutschlandticket besser kontrolliert werden soll. Konkret sollen ab dem 1. Oktober 2025 nur noch Tickets anerkannt werden, die diese Mindestanforderungen umsetzen. Hierzu gehört u. a. eine revisionssichere Kontrolle, indem die geprüften Tickets automatisch mit Kopierschutz ausgestattet werden, um Doppelungen zu verhindern, der sog. Motics-Standard.

Der Rechtsrahmen – löchrig wie ein Schweizer Käse

Am deutlichsten wird die fehlende Verbindlichkeit beim Deutschlandticket hinsichtlich der rechtlichen Grundlagen. Zwar ist im Regionalisierungsgesetz des Bundes (RegG) geregelt, dass die Länder gem. § 9 Abs. 1 RegG ab dem 1. Mai 2023 ein Ticket einführen, „das zur bundesweiten Nutzung des öffentlichen Personennahverkehrs berechtigt (Deutschlandticket)“ (so Zehntes Gesetz zur Änderung des Regionalisierungsgesetzes). Aber damit fangen die rechtlichen Probleme schon an. Denn nach der Ordnung des Grundgesetzes handelt es sich beim Öffentlichen Personennahverkehr um eine Kompetenz der Länder. Deutlich wird dies bereits in den Artikeln 30 sowie 104a Abs. 4 Grundgesetz (GG). In Art. 30 GG wird den Ländern die generelle Regelungskompetenz zugesprochen, sofern das Grundgesetz keine anderen Regelungen trifft; Art. 104a

Abs. 4 GG regelt, dass Gesetze, die die Pflichten der Länder zur Erbringung von Geldleistungen, geldwerten Sachleistungen oder vergleichbaren Dienstleistungen gegenüber Dritten begründen und von den Ländern als eigene Angelegenheit oder nach Absatz 3 Satz 2 im Auftrag des Bundes ausgeführt werden, der Zustimmung des Bundesrates bedürfen. Dies gilt für das RegG, mit dem zum 1.1.1996 im Zuge der Bahnreform die Zuständigkeit der vormaligen Bundesbahn im Bereich des Schienenpersonennahverkehrs auf die Länder übertragen wurde (Mietzsch 2024b [11]). Da der ÖPNV als Aufgabe der Daseinsvorsorge i. d. R. nicht kostendeckend zu erbringen ist, unterstützt der Bund die Länder und bei den kommunalen Verkehrsinfrastrukturinvestitionen (Gemeindeverkehrsfinanzierungsgesetz – GVFG) auch direkt die Kommunen mit erheblichen Beiträgen.

Vor diesem Hintergrund ist die Frage berechtigt, auf welcher Rechtsgrundlage der Bund überhaupt das Deutschlandticket als einen bundesweit gültigen Höchsttarif vorgeben kann. Einschlägig hierfür ist das Personenbeförderungsgesetz (PBefG). Das PBefG regelt den Zugang zum deutschen ÖPNV-Markt und dient zugleich der Abwehr von Gefahren subjektiver und objektiver Art (VG Aachen, Beschl. v. 21.01.2008 – 2 L 491/07 [12]). Als Verkehrsgewerberecht[8] dient es dem Schutz der Marktteilnehmer wie etwa der Fahrgäste z. B. vor Leistungseinstellungen infolge unauskömmlich kalkulierter Tarife. Hinsichtlich der marktzugangsrechtlichen Regelungen wird das PBefG in weiten Teilen durch europäisches Recht überlagert. Dies gilt insbesondere hinsichtlich der Finanzierung des ÖPNV. Nach den primärrechtlichen Bestimmungen des europäischen Beihilfenrechts[9] sowie korrespondierend des europäischen Vergaberechts[10] regelt die Verordnung (EG) Nr. 1370/2007 (ABl. L 315 vom 3.12.2007, 1–13) als europäisches Sekundärrecht die Voraussetzungen, unter denen Zahlungen der öffentlichen Hand an Verkehrsunternehmen trotz des generellen Beihilfenverbots zulässig sind. Hinzu kommen zahlreiche Urteile der Europäischen Gerichtsbarkeit.[11] Im Falle des Deutschlandtickets sind diese öffentlichen Zahlungen umso wichtiger, als über Nacht ein bedeutender

[8] Zum Verkehrsgewerberecht zählt auch das Allgemeine Eisenbahngesetz (AEG). Es verpflichtet die Eisenbahnen, ihren Betrieb sicher zu führen sowie Infrastruktur, Fahrzeuge und Zubehör in betriebssicheren Zustand zu halten. Es enthält darüber hinaus die Ermächtigungen zur Eisenbahnaufsicht, die Vorgaben für die Planfeststellung und die Regelungen zum Erfordernis und zum Erhalt von Betriebsgenehmigungen oder Sicherheitsbescheinigungen.

[9] Gemäß Art. 107 Abs. 1 des Vertrags über die Arbeitsweise der Europäischen Union (AEUV) sind Beihilfen grundsätzlich verboten.

[10] Art. 114 Abs. 1 AEUV: „Soweit in den Verträgen nichts anderes bestimmt ist, …erlassen das Europäischen Parlament und der Rat gemäß dem ordentlichen Gesetzgebungsverfahren und nach Anhörung des Wirtschafts- und Sozialausschusses die Maßnahmen zur Angleichung der Rechts- und Verwaltungsvorschriften der Mitgliedsstaaten, welche die Errichtung und das Funktionieren des Binnenmarktes zum Gegenstand haben."

[11] Vgl. für eine ausführliche Urteilsbesprechung Gramlich, Ludwig; Mietzsch, Oliver (2024): Wie weiter mit dem Deutschlandticket – Bestandsaufnahme und Ausblick aus rechts- und finanzpolitischer Sicht, Junkernheinrich, Martin u. a. (2024): Jahrbuch der öffentlichen Finanzen, 2-2024, Berlin [5].

Teil der Einnahmen der Verkehrsunternehmen bzw. deren Verkehrsverbünde und Tariforganisationen weggebrochen bzw. durch das wesentlich günstigere Deutschlandticket bei zudem erweitertem Geltungsraum kannibalisiert worden sind.[12]

In analoger Anwendung auf das Deutschlandticket besagen diese Regelungen bzw. höchstrichterlichen Entscheidungen seitens der EU, dass im Sinne von Art. 3 Abs. 2 der VO (EG) Nr. 1370/2007 eine „gemeinwirtschaftliche Verpflichtung" (Art. 2 lit. e) zur Festsetzung von Höchsttarifen für alle oder bestimmte Gruppen von Fahrgästen Gegenstand allgemeiner Vorschriften für alle Verkehrsunternehmen sein kann, im Unterschied zu einem nur mit einem bestimmten Unternehmen abzuschließenden „öffentlichen Dienstleistungsauftrag" (Art. 2 lit. i). Die Ausgleichsleistung muss gemäß den in Art. 4 und 6 und im Anhang der VO (EG) Nr. 1370/2007 festgelegten Grundsätzen die – positiven oder negativen – finanziellen Auswirkungen auf die Kosten und Einnahmen, die auf die Erfüllung der in den allgemeinen Vorschriften festgelegten tariflichen Verpflichtungen zurückzuführen sind, berücksichtigen; allerdings ist eine übermäßige „Ausgleichsleistung" (Art. 2 lit. g) zu vermeiden. Dies gilt ungeachtet des Rechts der „zuständigen Behörden" (Art. 2 lit. b), gemeinwirtschaftliche Verpflichtungen zur Festsetzung von Höchsttarifen in öffentliche Dienstleistungsaufträge aufzunehmen. Dass der finanzielle Ausgleich alle Kosten aus der Anwendung der gemeinwirtschaftlichen Verpflichtung abdecken muss, ist hingegen nicht vorgeschrieben. Jedoch darf die Mittelbereitstellung nicht nach jeweiliger Kassenlage erfolgen. Es ist daher fraglich, ob der bislang – bis auf den Freistaat Thüringen, der ein entsprechendes Gesetz erlassen hat[13] – von den Ländern nur auf Grundlage von sog. Muster-Richtlinien nach bundeseinheitlichen Maßstäben je Bundesland als Billigkeitsleistung nach § 53 der jeweiligen Landeshaushaltsordnung ausgereichte Ausgleich der Mindereinnahmen der Verkehrsunternehmen aus dem Deutschlandticket mit EU-Recht vereinbar ist (Linke 2024, S. 77 f. [13]).

[12] Im Falle der WestfalenTarif GmbH als einer der größten Flächentariforganisationen in Deutschland sind durch das Deutschlandticket seit April 2023 die Einnahmen im Restsortiment um 70 % gesunken; gleichzeitig machen die Einnahmen aus dem Deutschlandticket seit Dezember 2024 monatlich rund 63 % der Gesamteinnahmen aus. Wenn man das Preisniveau vor Einführung des Deutschlandtickets mit den Einnahmen nach dessen Einführung vergleicht, zeigt sich das Ausmaß der finanziellen Betroffenheit.

[13] Drittes Gesetz zur Änderung des Thüringer Gesetzes über den öffentlichen Personennahverkehr vom 19. September 2023 (Gesetz- und Verordnungsblatt für den Freistaat Thüringen, Nr. 12, S. 272 f.). An dieser Stelle muss offen bleiben, inwiefern die in Art. 1 Nr. 2 zur Änderung von § 9 „Einführung von Landestarifen" in Abs. 1 S. 2 vorgenommene Beschränkung „Das Land gleicht den Aufgabenträgern …. die mit der Erfüllung der Verpflichtung (gemeint ist das Deutschlandticket, O.M.) verbundenen finanziellen Nachteile nach Maßgabe der zwischen Bund und den Ländern abgestimmten Musterrichtlinien im Zusammenhang mit dem Tarif Deutschlandticket aus" mit den landesverfassungsrechtlichen Konnexitätsregelungen vereinbar ist, da es sich hierbei um einen gesetzlichen Anwendungsbefehl zur Einführung des Deutschlandtickets in Thüringen handelt.

Im PBefG wird folgerichtig danach unterschieden, ob ein Höchsttarif im Rahmen eines öffentlichen Dienstleistungsauftrages mit einem konkreten Unternehmen vereinbart wird oder in Form einer allgemeinen Vorschrift auf eine Vielzahl von Unternehmen Anwendung findet.[14] Während es bei einem öffentlichen Dienstleistungsauftrag auf der Hand liegt, dass im Falle einer konkreten vertraglichen Vereinbarung seitens der öffentlichen Hand mit einem bestimmten Unternehmen eine explizite Genehmigung des auf dieser Grundlage vereinbarten Tarifs durch die zuständige Aufsichtsbehörde obsolet ist, setzt die allgemeine Vorschrift eine Prüfung der Auskömmlichkeit des individuellen Tarifantrages voraus, da die allgemeine Vorschrift auf eine Vielzahl von Verkehrsunternehmen Anwendung findet. Zur Begründung ist auf den Vorrang eigenwirtschaftlicher Verkehre nach dem PBefG hinzuweisen,[15] der durch die allgemeine Vorschrift nicht außer Kraft gesetzt wird (im Gegensatz zum öffentlichen Dienstleistungsauftrag). Denn aufgrund des gewerberechtlichen Charakters des PBefG handelt es sich bei der Erbringung von ÖPNV-Leistungen zunächst einmal um die Ausübung der Berufsfreiheit nach Art. 12 GG, die in erster Linie auf eigenwirtschaftlicher Basis, d. h. in freier unternehmerischer Verantwortung erfolgt (§ 8 Abs. 4 PBefG). Erst wenn sich kein Unternehmen findet, welches das vom Aufgabenträger gewünschte Leistungsangebot eigenwirtschaftlich erbringt, kann der Aufgabenträger über einen öffentlichen Diensleistungsauftrag i. d. R nach einem Ausschreibungswettbewerb das ausgewählte Verkehrsunternehmen mit der konkreten Leistungserbringung beauftragen. Bei der allgemeinen Vorschrift hingegen wendet sich der Aufgabenträger von Vornherein an eine Vielzahl von Verkehrsunternehmen, um sie mittels einer von ihm bereitzustellenden finanziellen Unterstützung zur Erbringung von im öffentlichen Interesse liegenden Leistungen wie z. B. abgesenkter Tarifangebote für Schüler oder Auszubildende zu verpflichten, die diese Unternehmen aus eigenem unternehmerischem Antrieb heraus nicht erbringen würden. Das PBefG unterstützt den Vorrang

[14] So sehen § 39 Abs. 1 Satz 1 und Abs. 6 Satz 1 und 2 PBefG bzw. § 12 Abs. 3 Satz 1 AEG eine Genehmigung für Beförderungsentgelte und Beförderungsbestimmungen im straßengebundenen (§ 1 Abs. 1 Satz 1 PBefG) bzw. schienengebundenen öffentlichen Personenverkehr (§ 2 Abs. 12 AEG) vor; verantwortlich für deren Erteilung sind die von den Ländern eingerichteten Dienststellen (Regierungspräsidien, Bezirksregierungen, Landesverwaltungsämter o. ä.).

[15] Gem. § 8 Abs. 4 PBefG sind „Verkehrsleistungen im öffentlichen Personennahverkehr … eigenwirtschaftlich zu erbringen. Eigenwirtschaftlich sind Verkehrsleistungen, deren Aufwand gedeckt wird durch Beförderungserlöse, Ausgleichsleistungen auf der Grundlage von allgemeinen Vorschriften nach Artikel 3 Absatz 2 und 3 der Verordnung (EG) Nr. 1370/2007 des Europäischen Parlaments und des Rates vom 23. Oktober 2007 über öffentliche Personenverkehrsdienste auf Schiene und Straße und zur Aufhebung der Verordnungen (EWG) Nr. 1191/69 und (EWG) Nr. 1107/70 des Rates (ABl. L 315 vom 3.12.2007, S. 1) und sonstige Unternehmenserträge im handelsrechtlichen Sinne, soweit diese keine Ausgleichsleistungen für die Erfüllung gemeinwirtschaftlicher Verpflichtungen nach Artikel 3 Absatz 1 der Verordnung (EG) Nr. 1370/2007 darstellen und keine ausschließlichen Rechte gewährt werden. Ausgleichszahlungen für die Beförderung von Personen mit Zeitfahrausweisen des Ausbildungsverkehrs nach § 45a sind aus dem Anwendungsbereich der Verordnung (EG) Nr. 1370/2007 ausgenommen."

der Eigenwirtschaftlichkeit darüber hinaus durch das Prinzip der Ausschließlichkeit, d. h. wenn ein Unternehmen für eine bestimmte Linie Inhaber einer Beförderungsgenehmigung ist, sind andere davon ausgeschlossen.[16] Es ist daher offensichtlich, dass bei eigenwirtschaftlichen Verkehren die Genehmigungsbehörden prüfen müssen, ob ein Tarif nicht nur deshalb so günstig angeboten wird, um dem Unternehmen damit einen Marktvorteil zu verschaffen, das bei erst bester Gelegenheit wegen mangelnder Wirtschaftlichkeit dann seinen Betrieb einstellen müsste – zum Schaden der Fahrgäste und der nicht zum Zuge gekommenen Verkehrsunternehmen.[17]

Mit der Änderung des RegG zur Einführung des Deutschlandtickets wurde die Zustimmung der Genehmigungsbehörden zum Tarif für den Zeitraum vom 1. Mai bis 31. Dezember 2023 als erteilt erklärt, d. h. die Zustimmung wurde fingiert, was insofern plausibel ist, als das neue Ticketprodukt erst einmal möglichst ohne große administrative Aufwände in den Markt gebracht werden sollte.[18] Seit Ablauf des Jahres 2023 richtet sich die Zuständigkeit für die Tarifgenehmigung in Ermangelung einer Folgeregelung wieder nach den einschlägigen Bestimmungen von PBefG bzw. AEG. Insofern mutet es befremdlich an, dass Bund und Länder beim Deutschlandticket diese seit Jahrzehnten geübte Rechtspraxis durchbrechen und es auch im Falle von mittels allgemeiner Vorschrift finanziertem Tarifausgleich bei der reinen Tarifanzeige belassen wollen. So zumindest wird seit einem entsprechenden Beschluss der Verkehrsminister anlässlich ihrer Sonderkonferenz am 28.09.2023[19] in Übereinstimmung mit dem Bundesverkehrsministerium offensichtlich verfahren. Diese Rechtspraxis dürfte allerdings kaum auf Dauer aufrechtzuerhalten sein. Denn hierdurch werden sowohl genehmigungsrechtliche als auch beihilferechtliche Sachverhalte berührt, da quasi auf dem Verwaltungswege grundrechtlich geschützte Rechte der Verkehrsunternehmen faktisch außer Kraft gesetzt werden (Deuster, Mietzsch 2024 [16]).[20] Eine erste Gelegenheit zur obergerichtlichen Überprüfung dieser Verwaltungspraxis hätte sich dem Oberverwaltungsgericht Lüneburg bezüglich eines von einem eigenwirtschaftlichen Verkehrsunternehmen gestellten Eilantrages

[16] Zum Ausschließlichkeitscharakter der PBeFG-Liniengenehmigungen im EU-rechtlichen Kontext vgl. Ausarbeitung der Wissenschaftlichen Dienste des Deutschen Bundestages: Linienverkehrsgenehmigungen nach Personenbeförderungsgesetz im Lichte der VO (EG) Nr. 1370/2007, WD 5 – 3000 - 003/17, wd-5-003-17-pdf-data.pdf [14] (Zugegriffen: 05.05.2025).

[17] Vgl. § 21 PBefG Betriebspflicht, hier: Abs. 4.

[18] § 9 Abs. 1 Satz 2 RegG.

[19] Sonder-VMK-Beschl-3 (verkehrsministerkonferenz.de) (Punkt 3, Ziffer 9) [15] (Zugegriffen: 14.01.2024).

[20] Vgl. zur Notwendigkeit der Aufrechterhaltung objektiver Marktzugangsbeschränkungen im ÖPNV Weis, Hans-Jörg (2012): Wozu noch objektive Marktzugangsbeschränkungen im straßengebundenen ÖPNV, in: Wirtschaftsdienst, 547–553 [17].

gegen den Erlass einer allgemeinen Vorschrift zur Einführung des Deutschlandtickets auf der Insel Norderney stellen können, wurde aber offensichtlich nicht erkannt (OVG Lüneburg, Beschl. v. 4.12. 2024 – 7 MN 54/24 [18]).[21]

Eine weitere Abkehr von der früheren Rechtspraxis beinhaltete die bis zum 30. September 2023 befristete Anwendbarkeit des Deutschlandtickets. Bereits im Zusammenhang mit der Einführung des 9-Euro-Tickets für den Zeitraum Juni bis August 2022 durch den Bund wurde die Frage nach der Zuständigkeit des Bundes für Tarifvorgaben im ÖPNV gestellt. In einer Ausarbeitung der Wissenschaftlichen Dienste des Deutschen Bundestages kamen die Autoren zu folgendem Schluss: Die Kompetenzen lassen sich im Schienenpersonennahverkehr aus Art. 73 Abs. 1 Nr. 6a GG für Eisenbahnen des Bundes und für Schienenbahnen, die nicht Eisenbahnen des Bundes sind, aus Art. 74 Abs. 1 Nr. 23 GG ableiten (Deutscher Bundestag 2022 [14]). Demgegenüber ist für den Teil des ÖPNV, der durch Kraftfahrzeuge durchgeführt wird, Art. 74 Abs. 1 Nr. 22 GG relevant. Insofern ist der nicht schienengebundene ÖPNV als Teil des Kraftfahrwesens zu verstehen, da hierunter alle Rechts- und Wirtschaftsfragen verstanden werden, die mit der Herstellung und dem Betrieb von Kraftfahrzeugen zusammenhängen. Hierzu gehört explizit auch die Personenbeförderung (Bundessozialgericht, Urt. v. 30.01.2001 – B 3 KR 2/00 R, NZS 2002, 31 [20]).[22]

Allerdings gilt bei der Inanspruchnahme dieser Kompetenz durch den Bund die sog. Erforderlichkeitsklausel des Art. 72 Abs. 2 GG, wobei hier auf die Gleichwertigkeit der Lebensverhältnisse im Bundesgebiet und das Ziel der Wahrung der Rechts- und Wirtschaftseinheit abgestellt wird. Während beim 9-Euro-Ticket aufgrund der zeitlichen Begrenzung dieser Maßnahme unterschiedliche Tarif-Regelungen vermieden werden sollten und sich der Bund mit insgesamt 2,5 Mrd. € zu einer vollständigen Kompensation aller damit verbundenen Mindereinnahmen verpflichtet hatte, stellt sich die Ausgangslage beim Deutschlandticket anders dar. Hier wurde spätestens seit dem Beschluss des Bundeskanzlers und der Regierungschefs der Länder vom 6.11.2023 (Bund-Länder-Besprechung 2023 I Bundesregierung [22]) der Mindereinnahmenausgleich der Höhe nach begrenzt. Es kann daher schon kompetenzrechtlich die Frage aufgeworfen werden, ob der Bund unter Hinweis auf die Rechts- und Wirtschaftseinheit bei eigenwirtschaftlichen Verkehren zu einer so weitgehenden Einschränkung der in Art. 12 GG statuierten Berufsfreiheit der Unternehmen berechtigt gewesen ist.

[21] Vgl. Deuster, Jan; Mietzsch, Oliver (2025): Erfolgloser Normenkontroll-Eilantrag gegen die Festsetzung des Deutschlandtickets als Höchsttarif im ÖPNV durch allgemeine Vorschrift des Aufgabenträgers mit Anmerkungen, Neue Zeitschrift für Verkehrsrecht, 174 f. [19].

[22] Vgl. Kment, in: Jarass/Pieroth, GG, 16. Auflage 2020, Art. 74 Rn. 64 [21].

Literatur

1. Krämer, Andreas (2024): New Mobility – vom 9-Euro-Ticket zur Verkehrswende? Umsetzung, Wirkungen und Herausforderungen für den ÖPNV in Deutschland, Springer Gabler.
2. Böttger, Christian; Ockenfels, Axel Gastkommentar: Warum das Deutschlandticket dem Klima nicht hilft, 2023 (Zugriff: 05.01.2026).
3. Ariadne-Report: Faktencheck Deutschlandticket: Eine Bestandsaufnahme der empirischen Evidenz, Kopernikus-Projekt Ariadne, Potsdam-Institut für Klimafolgenforschung (PIK), April 2025.
4. Heidenreich, Sven u. a. (2008): Flatrates und die Faszination grenzenlosen Konsums. Eine empirische Studie in der Mobilfunkbranche. Instruktiv sind insbesondere die Ausführungen zu sog. Flatrate-Präferenzen und Flatrate-Bias, S. 65 ff.
5. Gramlich, Ludwig; Mietzsch, Oliver (2024): Wie weiter mit dem Deutschlandticket – Bestandsaufnahme und Ausblick aus rechts- und finanzpolitischer Sicht, Junkernheinrich, Martin u. a. (2024): *Jahrbuch der öffentlichen Finanzen, 2–2024*, Berlin
6. „In Siegen alles verlieren", In großer Werbekampagne: Hamburger nehmen Siegen aufs Korn (Zugegriffen: 16.04.2025)
7. Mietzsch, Oliver (2024a): Das 49 € Deutschlandticket. Game Changer für die Zukunft des ÖPNV?, ksv-Verlag 2024, S. 26 ff.
8. Vertrag über die Aufteilung der Einnahmen aus dem Deutschlandticket in der Stufe 2, 20.12.2024, Vertrag (Zugegriffen: 18.12.2025).
9. Mietzsch, Oliver; Fiedler, Lothar H (2025): Vertriebskostenprovision beim Deutschlandticket – Gut gemeint ist noch lange nicht gut gemacht! Gut gemeint ist noch lange nicht gut gemacht! Roter Renner (Zugegriffen: 04.02.2025).
10. Koordierungsrat Deutschlandticket – Infoportal von mobil.nrw (Zugegriffen: 23.04.2025).
11. Mietzsch, Oliver (2024b): Regionalisierung des öffentlichen Schienenpersonennahverkehrs – rechtliche und finanzielle Grundlagen vor dem Hintergrund des Deutschlandtickets. In: Thilo Becker et al. (Hrsg.): *Handbuch der kommunalen Verkehrsplanung, Loseblattsammlung, 4.2.2.* Berlin/Offenbach.
12. Verwaltungsgericht (VG) Aachen, Beschl. v. 21.01.2008 – 2 L 491/07.
13. Linke, Benjamin (2024), *InfrastrukturRecht,* Heft 3, S. 77 f.
14. Deutscher Bundestag, Wissenschaftliche Dienste (2022): Festlegung von Beförderungstarifen im öffentlichen Personennahverkehr (ÖPNV) durch den Bund, 15.07.2022, WD 3 – 3000 – 089/22, WD 5 – 3000 – 080/22.
15. Sonderverkehrsministerkonferenz Sonder-VMK-Beschl-3 (verkehrsministerkonferenz.de) (Zugegriffen: 14.01.2024).
16. Deuster, Jan; Mietzsch, Oliver (2024): Von der Genehmigungs- zur Zustimmungsfiktion für das Deutschlandticket – gilt § 39 Abs. 1 Satz 3 PBefG auch für allgemeine Vorschriften? *InfrastrukturRecht,* Heft 3, S. 68–72.
17. Weiß Hans-Jörg (2012): Wozu noch objektive Marktzugangsbeschränkungen im straßengebundenen ÖPNV, in: *Wirtschaftsdienst, Heft 8*, S. 547–553.
18. Oberverwaltungsgericht (OVG) Lüneburg, Beschl. v. 4.12. 2024 – 7 MN 54/24.
19. Deuster, Jan; Mietzsch, Oliver (2025): Erfolgloser Normenkontroll-Eilantrag gegen die Festsetzung des Deutschlandtickets als Höchsttarif im ÖPNV durch allgemeine Vorschrift des Aufgabenträgers mit Anmerkungen, *Neue Zeitschrift für Verkehrsrecht*, Heft 4, S. 174 – 175.
20. Bundessozialgericht (BSG), Urt. v. 30.01.2001, B 3 KR 2/00 R, NZS 2002, 3.
21. Kment, Martin, in: Jarass/Pieroth, GG, 16. Auflage 2020, Art. 74 Rn. 64.
22. Bund-Länder-Besprechung 2023 I Bundesregierung (Zugegriffen: 05.05.2025).

Oliver Mietzsch nach einer kaufmännischen Berufsausbildung Erwerb der Allgemeinen Hochschulreife auf dem Zweiten Bildungsweg und anschließend Zivildienst. Studium der Politikwissenschaft/Volkswirtschaftslehre und Rechtswissenschaft an der Philipps-Universität Marburg/Lahn, London School of Economics and Political Science sowie Freien Universität Berlin. 2019 berufsbegleitende Promotion an der TU Chemnitz. Erste berufliche Stationen im Europäischen Parlament in Brüssel sowie im Deutschen Bundestag in Bonn. Von 1.9.1995 bis 31.10.2011 Tätigkeit beim Deutschen Städtetag in Köln und Berlin. Von 2011 bis 2021 Geschäftsführer des Zweckverbands für den Nahverkehrsraum Leipzig. Nach weiteren beruflichen Stationen u. a. als Commercial Director von Beacon Rail Leasing Ltd. ist Oliver Mietzsch seit 2022 Geschäftsführer der OWL Verkehr GmbH und in der Geschäftsführung der WestfalenTarif GmbH.

Der Rechtsrahmen des Deutschlandtickets: Organisierte Verantwortungslosigkeit im föderalen Staat und Defizite bei der privatrechtlichen Nutzerfinanzierung

Ludwig Gramlich

Inhaltsverzeichnis

L. Gramlich (✉)
Technische Universität Chemnitz, Chemnitz, Deutschland
E-Mail: l.gramlich@wirtschaft.tu-chemnitz.de

O. Mietzsch und L. Gramlich (Hrsg.), *Wie weiter mit dem Deutschlandticket,*
https://doi.org/10.1007/978-3-658-51318-4_2

Entwicklung des Deutschlandtickets 2023–2025 und vorhergehende ähnliche Regelungen im RegG

Das Staatsziel der Daseinsvorsorge (Bundestag 2024a [32]) legitimiert als gewichtiges öffentliches Interesse eine finanzielle Förderung des Öffentlichen Personennahverkehrs (ÖPNV), die nicht direkt an (fehlenden oder nicht auskömmlichen) Entgelteinnahmen der Verkehrsunternehmen für ihr Leistungsangebot, sondern entweder schon an der Verbesserung der Verkehrsinfrastruktur ansetzt oder aber die Form einer Unterstützung der Aufgabenerfüllung durch die zuständige (Länder-)Ebene annimmt, indem deren eigene finanzielle Aufwendungen im Bundesstaat durch weitere Mittelzuweisungen ergänzt werden. Geldgeber ist dabei der Zentralstaat (Bund), Empfänger sind die Gliedstaaten (Länder). Dabei sieht das Gemeindeverkehrsfinanzierungsgesetz (GVFG) „Finanzhilfen" des Bundes an die Länder vor und bezieht die förderungsfähigen Vorhaben in § 2 auf den ÖPNV, vor allem auf schienengebundene Verkehrswege, deren Bau, Ausbau, Reaktivierung oder auch Grunderneuerung; einbezogen werden zudem Zuwendungen für Verkehrsmittel, nämlich Eisenbahnen des Bundes (§ 11 i. V. m. § 2 Abs. 1–3, Abs. 15 AEG).

Das Regionalisierungsgesetz (RegG) zielt auf ausreichende Bedienung der Bevölkerung mit Verkehrsleistungen im ÖPNV ab (§ 1 Abs. 1) und stützt sich dabei in § 4 Satz 1 („gemeinwirtschaftliche Leistungen") auf eine (nach Art. 288 Abs. 2 AEUV) unmittelbar geltende Regelung des Unionsrechts, die Verordnung (VO) (EG) 1370/2007 (s. Art. 2 e]: „gemeinwirtschaftliche Verpflichtung"). § 3 Satz 1 RegG sieht als Ziel der Regelung auch die (Stärkung der) Wirtschaftlichkeit der Verkehrsbedienung vor, § 5 behandelt die (Mit-)Finanzierung durch den Bund (als „Beitrag zur Länderaufgabe") und die Verteilung dieser (nach § 6) insbesondere für den SPNV bestimmten „Regionalisierungsmittel" zwischen den einzelnen Bundesländern; seit 2008 wurden insoweit in § 5 Abs. 2 ff. Zeiträume und Beträge immer wieder aktualisiert.

Die drei letzten Vorschriften des RegG, Sonderfälle betreffend, wurden aus je konkretem Anlass in das Gesetz aufgenommen: § 7 (seit 2020)[1] regelt die „Unterstützung der Länder" durch den Bund „zum Ausgleich von finanziellen Nachteilen durch COVID-19". § 8[2] bezieht sich auf die „Umsetzung des Vorhabens 9-Euro-Ticket" (für die Monate Juni – August 2022), d. h. das Angebot eines (gesetzlich genehmigten) Tarifs, der für ein Entgelt von 9 € pro Kalendermonat die ÖPNV-Nutzung ermöglichte (Abs. 1); § 8 Abs. 2 legte den diesbezüglichen Ausgleichsbetrag des Bundes fest (2,5 Mrd. €), Abs. 3 ff. (i. V. m. Anlage 6) die Verteilung der Summe zwischen den Ländern. Durch das 9. Änderungsgesetz 2023 wurde schließlich § 9 in das RegG aufgenommen und sodann durch Art. 1 des 10. RegGÄndG mit Wirkung ab 2024 modifiziert; die 11. Novellierung (Bundesrat 2025a [1], Bundesrat 2025b [2], Bundestag 2025b [16]; ferner Bundestag 2025f [20], Bundestag 2025j [24], Bundestag 2025k [25]) wurde am 7.11.2025 vom Bundestag verabschiedet (Bundesrat 2025c [3]), der Bundesrat stimmte am 21.11.2025 zu (s. Art. 106a Satz 2 i. V. m. Art. 78 GG; Bundesrat 2025d [4]).[3] Auch hier geht es wieder nur (zu weitergehenden Vorschlägen Bundestag 2025d [18], Bundestag 2025g [21], Bundestag 2025i [23]) um eine Fortführung der finanziellen Unterstützung der Länder (nunmehr bis 2030) bei der Umsetzung eines „Vorhabens" durch den Bund.

Was ist am Deutschlandticket neu?

Seit 1.5.2023 befasst sich § 9 (Abs. 1) RegG mit dem „Vorhaben Deutschlandticket". Vorgegeben wird dort eine Berechtigung zur „bundesweiten" Nutzung nur von ÖPNV-Leistungen, die räumlich über das Gebiet einzelner Bundesländer hinausreicht und erst an den Grenzen zu anderen Staaten endet, d. h. sich auf das gesamte Territorium der Bundesrepublik Deutschland erstreckt (unten, Abschn. „Öffentliche Aufgabe"). Damit notwendig einher geht ein Auseinanderfallen von Regelungsinhalt des Bundesrechts (samt bundesweiter Geltung) und Anwendung der Regelung auf den und im ÖPNV; diese setzt im Hinblick auf die Legaldefinition (in § 2 RegG) eine Verknüpfung mit den jeweiligen ÖPNVG-Gesetzen der Länder sowie weiteren ÖPNV-relevanten Vorschriften

---

[1] Ursprünglich angefügt durch Art. 5 BeglMaßG, geändert durch die 6., 7. und 8. Änderungsgesetze zum RegG.

[2] Art. 1 Nr. 2 des 8. RegGÄndG 2022.

[3] Verkündung des Gesetzes (v. 25.11.2025) in BGBl. I Nr. 287 v. 28.11.2025; Inkrafttreten des ÄndG (Art. 1) am 1.1.2026 (Art. 2).

des EU-, Bundes- oder Landesrechts voraus. Bereits früher (auf Grundlage von Landesrecht) eingeführte Ländertickets[4] waren räumlich auf das jeweilige Landesgebiet bezogen und begrenzt, daran auch territorial anknüpfende Sozial- oder Jobtickets nur für je spezifische Nutzer bestimmt.[5] Nicht neu ist die zeitliche Komponente der Berechtigung, als Angebot eines „Abonnements" für mindestens 1 Monat bzw. dem Recht zu (ordentlicher) monatlicher Kündigung dieses Dauerschuldverhältnisses, anders als die (über eine „Soll"-Vorschrift) in der Regel nur in digitaler Form (auf einem geeigneten Datenträger) bereitgestellte und erhältliche Ausgabe des Tickets. Das monatliche Entgelt von (ursprünglich) 49 € wurde als Tarif zum Zeitpunkt der Einführung im Gesetzestext normiert, die Erhöhung allerdings nicht durch entsprechende Änderung dort einbezogen; in der 11. Novellierung wurde diese Passage dann sogar ersatzlos gestrichen (Art. 1 Nr. 1 a]). Eine behördliche Genehmigung (aufgrund des Personenbeförderungsgesetzes [PBefG] oder des AEG) wurde nicht gefordert, stattdessen zunächst als erteilt fingiert (§ 9 Abs. 1 Satz 3 i. d. F. des 9. wie des 10. RegGÄndG). Eine inhaltliche Verknüpfung mit den Maßstäben in § 39 PBefG, § 12 AEG unterblieb, auch im RegG selbst erfolgte keine normative Rechtfertigung von Art und Umfang der Pauschalierung bzw. Rabattierung der von Nutzern geforderten Entgelt-Zahlungen.

Die Herabzonung des ÖPNV auf die (Regelungs-)Ebene der Bundesländer ab 1.1.1996 erfolgte bereits durch die Bahnreform 1993,[6] durch Art. 87e Abs. 4 und Art. 143a Abs. 3 GG speziell für den Schienenpersonennahverkehr (SPNV);für den ÖPNV insgesamt über Art. 106a GG, indem dort der Bund verpflichtet wurde, den Ländern Mittel (einen „Beitrag") aus seinem Steueraufkommen zuzuweisen. In den genannten Bestimmungen wurde zudem insoweit die nähere Ausgestaltung dem Bundesgesetzgeber (Bundestag mit Zustimmung des Bundesrates) aufgetragen. Dieser Verpflichtung kam die Legislative im Rahmen des ENeuOG nach, indem als dessen Art. 4 das RegG erlassen wurde (Bundestag 1993a [6]). Die allgemeinen normativen Vorgaben für den ÖPNV ergeben sich (seither) auf Bundesebene aus § 1 Abs. 1 i. V. m. § 2 RegG i. V. m. § 8 Abs. 3, 3a PBefG und § 1 Abs. 1, 5 AEG.

In diesem größeren Zusammenhang soll hier der Frage nachgegangen werden, wer innerhalb des im Verkehrssektors bestehenden Mehrebenensystems von EU über Bund und Land bis zu den Kommunen (rechtlich und rechtmäßig) für die Umsetzung des Vorhabens Deutschlandticket verantwortlich ist und ob dem das aktuelle rechtliche und tatsächliche Vorgehen („Governance", unten, Abschn. „Rechtliche Konstruktion des Deutschlandtickets") gerecht wird. Damit verbunden ist die weitere Frage, wie der ÖPNV angemessen

[4] Vgl. etwa https://bahnland-bayern.de/de/ticket/bayern-ticket (15.12.2025); https://www.bahn.de/angebot/regio/laender-tickets/sachsen-ticket (15.12.2025).

[5] Z. B. Hessenpass mobil, https://wirtschaft.hessen.de/hessenpass-mobil (15.12.2025); zu Firmenangeboten/Jobtickets etc. https://www.rmv.de/s/de/firmenangebote?utm_source=googleads&utm_medium=174513154773&utm_campaign=22199915472&gad_source=1 (15.12.2025).

[6] Gesetz zur Änderung des GG v. 20.12.1993, Art. 1 (BGBl. I, 2089); vgl. Bundestag 1993b [7].

und auskömmlich (re)finanziert werden kann, um den Belangen aller Akteure und der Allgemeinheit hinreichend zu entsprechen und zugleich passende Anreize für die bessere Erreichung übergeordneter Ziele wie Nachhaltigkeit und Klimaschutz zu setzen. Im Mittelpunkt steht dabei die faire Findung eines auf Dauer gemeinverträglichen, Sonderfälle einbeziehenden Entgelts für Nutzer des ÖPNV, was derzeit durch Beschluss der (Länder-) Verkehrsministerkonferenz (VMK) erfolgt (s. zuletzt BayStReg 2025a [56], 2025b [57]; näher unten, Abschn. „Privat(wirtschaftlich)e Akteure"). Um das Problem der (guten) „Governance" – teils auch als „Gouvernanz" bezeichnet – zu analysieren, sind dabei der Ist-Stand und dessen Vereinbarkeit mit höherrangigem Recht, soweit sich daraus ergibt, wer bei der Durchführung des Vorhabens Deutschlandtickets wen bzw. was womit, wie (weit), wann und wozu „steuert", wer also letztlich wer für das Gelingen des Vorhabens verantwortlich ist (bzw. sein müsste), näher zu betrachten.

Governance

Begriffsbildung

„Governance" (lat.: gubernare = steuern) wird seit den 1990er-Jahren vor allem im EU-Rahmen benutzt, um neue, nicht hierarchische Formen politischer Steuerung und eines „Regierens in Netzwerken" (engl.: „network governance") zu beschreiben (Kommission 2001 [67]). Im Unterschied zu traditionellen Formen des Regierens („government") bezeichnet Governance eine auf Koordination und enge vertikale wie horizontale Verflechtung von politischen Entscheidungsebenen (hier: EU, Mitgliedstaaten, Regionen/Länder, Kommunen) angelegte Form der Steuerung in einem Verbund wie (in) der EU. Diese supranationale Organisation gilt als Paradebeispiel für „Mehrebenen"- (engl.: „Multi-Level"-)Governance und für innovative Arten von „Regieren" („Offene Methode der Koordinierung"), vor allem auf Politikfeldern, in denen die je höhere Ebene (noch) keine umfassenden und/oder verbindlichen Kompetenzen hat, aber generelle Zielsetzungen oder Festlegungen sinnvoll erscheinen. Kennzeichnend für „gute" Governance ist zudem eine breite, nicht immer formalisierte Partizipation von nichtstaatlichen Akteuren (Zivilgesellschaft) an politischen Entscheidungen. Das Regel-, Steuerungs- und Koordinationssystem für eine bzw. in einer (nicht notwendig rein staatlichen) „Organisation" benötigt effektive Mechanismen zur Kooperation von diversen Akteuren (Personen, Unternehmen und sonstigen Einrichtungen), ausgerichtet auf die Erfüllung politisch und/oder rechtlich formulierter Ziele. „Good" bzw. „better" governance soll in gemeinwohlrelevanten Bereichen, bezogen auf das Oberziel Schaffung und Erhaltung lebenswerter Gemeinwesen, je spezifische öffentliche Aufgaben (insbesondere der „Daseinsvorsorge" bzw. in Bezug auf „Dienstleistungen von allgemeinem wirtschaftlichen Interesse", s. VÖB [70]) effektiv, effizient und gesellschaftsverträglich erfüllen. Insbesondere im IT-Sektor wird auch in Rechtsvorschriften „governance" in Bezug auf „Daten" (Art. 2 Nr. 1), nicht nur „personenbezogene" (Art. 2 Nr. 3), gefordert; Erwägungsgrund 5 der VO (EU) 2022/868 erläutert hierzu: „Ein unionsweiter Governance-Rahmen sollte zum Ziel haben, das Vertrauen unter Einzelpersonen und Unternehmen in Bezug auf den Zugang zu Daten, deren Kontrolle, gemeinsame Nutzung, Verwendung und Weiterverwendung zu stärken", insbesondere durch „Schaffung geeigneter Mechanismen, die es den betroffenen Personen ermöglichen, ihre Rechte zu kennen und effektiv wahrzunehmen"; hierzu könne insbesondere „durch mehr Transparenz" beigetragen werden (Kommission 2024 [68]).

Bestandteile der aktuellen Governance des Deutschlandtickets

Wesentliche Merkmale des „Konstrukts" Deutschlandticket sind eine vor Beginn einer ÖPNV-Beförderung erworbene, digital nachgewiesene Berechtigung zur eigenen, räumlich und sachlich begrenzten Nutzung von Massen-Verkehrsmitteln auf Schiene und Straße gemäß der Definition von Nahverkehr (näher unten, Abschn. „Öffentliche Aufgabe"). Rechtlich nimmt der (künftige) Fahrgast ein von einem Verkehrsunternehmen/-verbund unterbreitetes Vertragsangebot durch „Wählen" eines „Tickets" (Fahrschein) und Zahlung des dafür geschuldeten Entgelts an einer Verkaufsstelle (Automat etc.) an. Der auf diese Weise „gelöste" elektronische Fahrausweis gilt für die jeweilige Dauer nicht nur im Verhältnis zu der ausgebenden Stelle bzw. den in einem bestimmten Gebiet tätigen, sondern auch allen anderen Verkehrsunternehmen im gesamten Bundesgebiet gegenüber, jedoch nur in Bezug auf Nahverkehrsmittel oder -linien.

Der für Rechtsetzung in der Demokratie in erster Linie zuständige parlamentarische Gesetzgeber (Rechtssatz- bzw. enger Parlamentsvorbehalt; vgl. BVerfGE 159 [80]; BVerfG 2025 [81]) normiert allerdings hierfür im RegG (§ 9) keine detaillierteren Vorgaben, sondern trifft letztlich nur Aussagen in Abs. 1 Sätze 1, 2. Daneben stellt Abs. 1 Satz 3 eine allgemeine Verknüpfung mit EU-Vorgaben her; der maßgebliche Ausgleich den Verkehrsunternehmen durch Inpflichtnahme erwachsender finanzieller Nachteile entsprechend den Regelungen der Verordnung (EG) Nr. 1370/2007 ist von den Ländern bzw. deren zuständigen Behörden (i. S. v. Art. 2 lit. b] VO; §§ 8 ff. PBefG, § 5 Abs. 3, 4 AEG) vorzunehmen Der weitaus überwiegende Teil des § 9 betrifft die für die Verwirklichung des Vorhabens vorgesehenen und erforderlichen ergänzenden staatlichen Finanzmittel (Herkunft, Verteilung auf Geber, Nachweis/Abrechnung, Bericht über Erfolg des Vorhabens).

Das Vorhaben baut auf der Beförderungspflicht von Verkehrsunternehmen nach § 22 PBefG (speziell für Taxen § 47 Abs. 4) als Spezifizierung der Betriebspflicht nach § 21 auf, entsprechend § 10AEG für den Eisenbahnsektor. ÖPNV-Nutzer haben als Gegenleistung einen Anspruch auf Beförderung (aufgrund und im Rahmen des Vertragsschlusses zunächst mit dem ersten und weiteren an der Leistungserbringung beteiligten Unternehmen) nach Maßgabe der je vorgehaltenen Angebotspalette; für nicht oder beschränkt geschäftsfähige Individuen ist die Mitwirkung eines gesetzlichen Vertreters erforderlich (s. §§ 106 ff. BGB). Generell bedarfsgerechte Ausgestaltungen der zu erbringenden Beförderungsleistung (Linien, Takte etc.) resultieren aus ÖPNV-Vorgaben des Landesrechts und werden über Allgemeine Geschäftsbedingungen (AGB) zu Vertragsbestandteilen (unten, Abschn. „Palette von ÖPNV-Angeboten").

Hingegen wurde der Zeitraum, in dem das Deutschlandticket gilt, nur hinsichtlich des Einführungstermins bestimmt; mittelbar ergibt sich die begrenzte Dauer aber aus der Befristung der seitens des Bundes geschuldeten Unterstützungsmittel. Ein Auslaufen Ende 2025 wurde daher durch das Inkrafttreten des 11. RegGÄndG verhindert, eine feste Zeitspanne oder gar eine Entfristung jedoch auch durch die Novelle nicht normiert, sodass weiterhin eine Divergenz im Verhältnis zu § 5 RegG besteht. Auch eine Einordnung als Test- oder Pilotprojekt fehlt, ebenso eine Pflicht zur Evaluation. Das Änderungsgesetz sieht nur, aber immerhin eine Fortführung der Finanzierungsanteile des Bundes und der Länder in Höhe von jeweils 1,5 Mrd., insgesamt also 3 Mrd. Euro/Jahr bis zum Jahr 2030 vor (dazu schon oben, Abschn. „Was ist am Deutschlandticket neu?"; näher unten, Abschn. „Rechtsanwendung (Vollzugs-/Kontrollzuständigkeiten)").

Einführung und Gestaltung des Vorhabens Deutschlandticket

Rechtliche Konstruktion des Deutschlandtickets

Mehrere schriftliche Äußerungen zur Anhörung im Rahmen des Gesetzgebungsverfahrens zur 11. Änderung des RegG sprachen die problematische „governance" beim Deutschlandticket an, ohne aber zu vertiefen, was nachzujustieren sei (hib 2025 [60]). Kurz zuvor, am 18.9.2025, hatte eine Sonder-VMK beschlossen, den monatlichen Fahrpreis ab 2026 auf 63 € zu erhöhen (s. schon oben, Abschn. „Was ist am Deutschlandticket neu?"). Beide Umstände weisen darauf hin, dass Zustandekommen der überregionalen Fahrberechtigung und Ausgestaltung des dafür geschuldeten Entgelts – eines (Höchst-)Tarifs bzw. einer „flatrate" – sich nicht bruchlos in die bundesstaatliche Rechtsordnung einfügen. Letztlich erschöpft sich bisher die Rechtsgrundlage lapidar im ersten Absatz von § 9 RegG (Art. 1 Nr. 2 des 9. RegGÄndG 2023).

Das Deutschland-Ticket knüpft an das befristete 9-Euro-Ticket vom Sommer 2022 an. Als dauerhaftes Angebot soll es einerseits die Bürger finanziell entlasten, andererseits die Attraktivität des ÖPNV deutlich erhöhen, einen stärkeren Anreiz zum Umstieg vom Auto auf Bus und Bahn setzen und somit dazu beitragen, die Klimaziele zu erreichen. Seiner Einführung geht ein Beschluss des („Ampel"-)Koalitionsausschusses auf Bundesebene im September 2022 voraus, ein weiteres Maßnahmenpaket zur Sicherung einer bezahlbaren Energieversorgung und zur Stärkung der Einkommen auf den Weg zu bringen (BMF 2022 [58]). In der Folge vereinbarten Bund und Länder wesentliche Eckpunkte für ein Nachfolgeangebot zum 9-Euro-Ticket und verständigten sich auf die schnellstmögliche Einführung eines digitalen, bundesweit gültigen Deutschland-Tickets für den ÖPNV zu einem Einführungspreis von 49 € pro Monat; beide stellten dafür jeweils 1,5 Mrd. € jährlich zur Verfügung. Darüber hinaus wollte der Bund der grundsätzlichen Forderung der Länder nach einer Erhöhung der Regionalisierungsmittel (§ 5 RegG) nachkommen, indem ab 2022 1 Mrd. € jährlich zusätzlich zur Verfügung gestellt und die Dynamisierung ab 2023 auf 3,0 % angehoben wurde (StMB 2022 [44], StMB 2023a [45]). Im Vorfeld des Vertriebsstarts des Deutschland-Tickets im April 2023 kam es dann zur 9. Änderung des RegG und dessen Finanzierung für die Jahre 2023 bis 2025. Mit der EU-Kommission erfolgten Abstimmungen über die Beihilferelevanz (vgl. EuGH 2023 [88]), auch wurden Tarifbestimmungen für das Deutschland-Ticket formuliert und vom Koordinierungsrat[7] beschlossen (StMB 2023b [46], StMB 2023c [47]). Um möglichst viele Nutzer von Beginn an zu erreichen, wurden Vertrieb, Marketing und Evaluation für das Ticket von den Branchenverbänden (Verband Deutscher Verkehrsunternehmen – VDV –, Bundesverband Deutscher Omnibusunternehmen – BDO –, Bundesverband SchienenNahverkehr – BSN – sowie Deutschlandtarifverbund – DTV –) als Vertreter der Aufgabenträger und Verkehrsunternehmen bestmöglich vorbereitet und abgestimmt, weiterhin Vereinbarungen zum künftigen Einnahmeaufteilungsverfahren getroffen (Infoportal.mobil 2023b [63]; StMB 2023d [48] und 2023e [49] [50]). Die VMK fasste im September 2024 den Beschluss, den Preis für das Deutschland-Ticket ab 2025 auf 58 € pro Monat anzuheben, um auf diese Weise im Rahmen der verfügbaren Finanzmittel Finanzierungssicherheit für Verkehrsunternehmen, Kommunen und Fahrgäste zu schaffen und die höchstmögliche Nutzerzahl zu generieren (VMK 2024a [69]).

Eckpunkte des aktuellen Deutschland-Tickets sind

1. Der Preis von 58 € (ab 1.1.2025) bzw. 63 € (ab 1.1.2026) pro Monat im monatlich kostenfrei kündbaren Jahresabonnement;
2. der Geltungsbereich im gesamten ÖPNV-Angebot im Bundesgebiet; auch im Ausland liegende Strecken können befahren werden, wenn sich das Tarifgebiet des jeweiligen Verbundes/Verkehrsunternehmens auf das jeweils fremde Staatsgebiet erstreckt.[8] Ausgenommen ist der Fernverkehr (z. B. Fernzüge oder -busse).
3. Das Ticket wird nur für die 2. Klasse angeboten. Ein Übergang in die 1. Klasse („upgrade“) ist jedoch innerhalb der Geltungsbereiche von Verbünden, landesweiten Tarifen und des Deutschland-Tickets nach den jeweiligen Tarifbestimmungen möglich. Im Gegensatz zu verschiedenen anderen schon vorhandenen Abo-Angeboten ist das Deutschland-Ticket nicht übertragbar. Die Regelung zur Personenmitnahme schließt ausschließlich Kinder unter 6 Jahren ein.

Für bestimmte Nutzergruppen bestehen besondere Deutschland-Ticket-Angebote: Unternehmen können ihren Beschäftigten ein Jobticket bereitstellen. Wenn sie dabei einen Zuschuss von mindestens 25 % leisten, gewähren die Verkehrsunternehmen einen weiteren Abschlag von fünf Prozent. Einige Bundesländer (wie etwa NRW) haben ein „Deutsch-

[7] Zur Begleitung der Umsetzung des Deutschland-Tickets ist durch die Verkehrsministerkonferenz ein Koordinierungsrat eingerichtet worden; vgl. Infoportal.mobil 2025 [66]; unten, Abschn. „Privat(wirtschaftlich)e Akteure“.

[8] In Einzelfällen gilt das Ticket daher auch in angrenzenden Regionen/Gemeinden der Nachbarstaaten Deutschlands; vgl. Gilt das Deutschland-Ticket auch für Fahrten ins Ausland? (15.12.2025).

land-Ticket Schule“ geschaffen; ob und wann das Ticket an einer Schule angeboten wird, obliegt dem jeweiligen Schulträger, über den dann Schüler mit Anspruch auf eine Übernahme von Schulwegkosten ein solches Ticket erhalten. Selbstzahlende Schüler können das Deutschland-Ticket in NRW zu einem um 20 € rabattierten Preis erwerben.[9] Für Studierende haben sich im November 2023 Bund und Länder auf die Einführung eines bundesweit einheitlichen solidarischen Semestertickets geeinigt („Deutschlandsemesterticket“), das zum Sommersemester 2024 startete und von den Verkehrsunternehmen zum Preis von 60 % (des Regelentgelts) ausgegeben wird. Schließlich fördern Länder wie etwa NRW ein „Deutschland-Ticket Sozial“ für Personen, die Hilfen zum Lebensunterhalt beziehen (u. a. Bürgergeld, Sozialhilfe, Wohngeld), ebenfalls über einen um 10 € rabattierten Preis. Voraussetzung ist die Vorlage des in der jeweiligen Region festgelegten Nachweises zum Erwerb eines Sozialtickets (kritisch zum „Flickenteppich“ DPW 2025 [61]). Weil das Deutschland-Ticket in vielen Fällen ein günstigeres Angebot als die bisher verfügbaren Nahverkehrstarife in Deutschland darstellt, wurden deutliche Wirkungen auf die Nachfrage nach den Tickets der regionalen Nahverkehrs- und der Ländertarife vor allem im Zeitkartenbereich ausgelöst – zugleich aber erwuchsen den Verkehrsunternehmen entsprechende Mindereinnahmen.

Das Deutschland-Ticket ist ausschließlich digital über die Vertriebskanäle der Verkehrsunternehmen, Verkehrs- und Tarifverbünde verfügbar; es wird entweder als Barcode in einer Smartphone-App (HandyTicket, Barcode-basiert) oder als eTicket auf Chipkarte (nach VDV-Kernapplikation bzw. UIC-Standard[10]) ausgegeben. Damit hat der Ticketvertrieb in Deutschland einen Digitalisierungsschub erhalten. Insbesondere in kleineren Verkehrsverbünden und verbundfreien Räumen ohne bereits etablierte eTicket-Lösungen oder HandyTicket-Systeme war das Ausrollen eines digitalen Vertriebs innerhalb kürzester Zeit herausfordernd.

Praktische Umsetzung des § 9 RegG (Governance i. e. S.)

§ 9 RegG als spezielle Einführungsvorschrift zum Deutschlandticket fügt sich in einem größeren und vielfältigen Kontext ein; privatrechtlich-vertragliche und diverse hoheitliche Regelungen tragen in ihrem Zusammenwirken zur Realisierung des Vorhabens bei. Die von verschiedenen (generell zugelassenen) Verkehrsunternehmen erbrachte Beförderungsleistung wird als Angebot im Straßen- oder Schienenverkehr vor allem durch Bundesgesetze geprägt. Sowohl „Beförderungsbestimmungen“ (betr. Leistung) als auch „Beförderungstarife“ (für Gegenleistung/Entgelt) werden privatautonom seitens der Unternehmen festgelegt (in Form von AGB), ihre Wirksamkeit den Fahrgästen gegenüber hängt jedoch von staatlicher Genehmigung ab, muss daher diversen öffentlich-rechtlichen

---

[9] Gemeinsamer Runderlass von drei NRW-Ministerien v. 2.7.2023, https://bass.schule.nrw/19879.htm (15.12.2025).

[10] Während die VDV-Kernapplikation im Bereich der zumeist kommunalen Verkehrsunternehmen Anwendung findet, ist der UIC-Barcode der digitale Vertriebsstandard im Eisenbahnverkehr. Vgl. vdv-ets_whitepaper-barcode_oepnv.pdf, Januar 2021 (15.12.2025); https://www.eticket-deutschland.de/eticket/vdv-ka-und-eticore/ (15.12.2025).

Anforderungen genügen. Die Beeinflussung sowohl des räumlichen Geltungsbereichs als auch des Preises eines Fahrscheins zur Förderung wichtiger Gemeinwohlbelange muss insbesondere den hiervon (finanziell) negativ betroffenen Unternehmen angemessen, also auch rechtsverbindlich kompensiert werden, wenn und soweit (verringerte) Nutzerzahlungen keinen auskömmlichen Ertrag mehr bewirken und/oder kein zeitgleicher Anstieg der Nachfrage erfolgt. Ausgabenansätze in staatlichen Haushaltsplänen genügen nicht dem Entschädigungsgebot, denn sie begründen keinen Rechtsanspruch des ausgleichsberechtigten (Zuwendungs-)Empfängers (Bundestag 2025a [34]).

Der Berechtigung zu nahverkehrs- bzw. verbundübergreifender Beförderung kann nur im Zusammenwirken aller zwischen Beginn und Ende einer Reise Verkehrsmittel anbietenden Unternehmen entsprochen werden; daher müssen auch die je vor/zu Reisebeginn vom Ticket-„Verkäufer" erzielten Einnahmen zwischen allen am Vorhaben mitwirkenden Stellen, insbesondere im Verhältnis der Verkehrsunternehmen untereinander so verteilt und verrechnet werden, dass die je erbrachte Teilleistung jedem Beförderer fair entgolten wird. Die Organisation des Ausgleichs von Überschüssen oder Defiziten kann dabei durch multilaterale Vereinbarung ausgestaltet werden, deren Zustandekommen und Inhalt wiederum staatlicher Aufsicht unterliegt, um auch insoweit eine reibungslose, dauerhafte Daseinsvorsorge durch ÖPNV zu gewährleisten.

Der Bund hat im Hinblick auf fehlende (inhaltliche) Zuständigkeiten, die Länder haben wegen ihrer räumlich begrenzten Hoheitsrechte je nur Teilaspekte des Deutschlandtickets regeln können (und dürfen). Anders als bei den privatrechtlichen horizontalen Beziehungen zwischen den (Verkehrs-)Unternehmen und auch den Beförderungsverträgen mit ÖPNV-Nutzern bildet staatliches (und ggf. zudem unmittelbar geltendes EU-)Recht freilich nicht nur die Grenze rechtmäßigen Handelns, sondern wird bereits die Grundlage der Betätigung der Öffentlichen Hand durch (Verfassungs-)Recht geschaffen und (bundes-, sozial-, rechtsstaatlich und demokratisch) legitimiert. Nur auf ihrerseits formell und materiell verfassungsgemäß zustande gekommene Parlamentsgesetze gestützte oder zumindest bezogene Maßnahmen staatlicher Stellen können umfassende und strikte Rechtswirkung erlangen, ohne deren Vorhandensein weder Eingriffe in Rechtspositionen Privater noch (Un-) Gleichbehandlungen ohne sachlich hinreichenden Grund (rechtsförmlich) zulässig sind.

Bei der Realisierung des Deutschlandtickets spielt die Exekutive von Bund und Ländern – zudem gemeinsam handelnd – eine wesentliche Rolle, auf deren politische Ergebnisse dann im eigentlichen Gesetzgebungsverfahren maßgeblich Bezug genommen wird.[11] Regelmäßige Besprechungen zwischen Bundeskanzler und Regierungschefs der Länder münden in Beschlüsse, auch für den Verkehrsbereich agieren eine Konferenz der (Länder-)Ressortminister (VMK)[12] und andere Gremien wie etwa der von dieser eingerichtete

[11] Insofern ist das Vorgehen beim Deutschlandticket nicht unähnlich der Governance bei der Bekämpfung der Corona-Pandemie.

[12] https://www.verkehrsministerkonferenz.de/VMK/DE/homepage/homepage-node.html (15.12.2025).

Koordinierungsrat (StMB 2025a [51], der durch 5 Unterarbeitsgruppen (UAG) unterstützt wird (Infoportal.mobil 2023a [62]). Auch die VMK greift zur Vorbereitung ihrer Sitzungen auf die Ergebnisse der Gemeinsamen Konferenz der Verkehrs- und Straßenbauabteilungsleitungen der Länder (GKVS) zurück.[13] Von den 4 (Branchen-)Organisationen zu gleichen Teilen getragen wird die 2024 gegründete D-TIX GmbH Co. KG, der das Clearing (der Zahlungen im Rahmen) des Deutschlandtickets obliegt; sie ist der einzige Partner des bundesweiten Einnahmeaufteilungsvertrags (bEAV), der nicht aus dem Bereich der Verkehrsunternehmen oder Verbünde/Tariforganisationen stammt.[14] Von diesen erhält sie monatlich Meldungen der Einnahmen aus dem Ticketverkauf. Nicht einbezogen in die Zusammenarbeit zwischen staatlichen Stellen und Marktteilnehmern sind hingegen Nutzer-/Verbraucher(organisationen). Nur für den Schienenpersonennahverkehr wurde die Deutschlandtarifverbund-GmbH (DTV) gegründet, mit ca. 70 Gesellschaftern, teils Aufgabenträger, überwiegend Eisenbahnverkehrsunternehmen. Im Hinblick auf das Deutschlandticket bewirkt die DTV die Verwendung des UIC-Barcode als Standard für elektronische Tickets (oben, Abschn. „Öffentliche Aufgabe").

„Informelle" Kooperation zwischen staatlichen Stellen/Ebenen und die Beteiligung Privater an solchen Verfahren ist sinnvoll und zulässig; werden aber nur kraft staatlicher Organisationsgewalt institutionalisierte Formen der Zusammenarbeit geschaffen, so fehlt es an normativen Vorgaben für Zusammensetzung, Aufgaben, Funktionen und Verfahren und damit an einer Rechtsbindungswirkung gegenüber Außenstehenden, Privaten wie anderen juristischen Personen öffentlichen Rechts. Zudem ist in der Regel keine Sitzungsöffentlichkeit vorgeschrieben und fehlt daher Transparenz.

Die deutschlandweite Nutzung des Deutschlandtickets stellte die Branche vor die Herausforderung, Einnahmenaufteilungsverfahren einzurichten, die fair, transparent und gerecht die Aufteilung zwischen Öffentlichem Straßenpersonenverkehr (ÖSPV) und regionalem bzw. überregionalem SPNV lösen; damit ist eine UAG „Einnahmenaufteilung" des Koordinierungsrates befasst. Der Rat selbst einigte sich auf ein Verfahren in drei Stufen nach dem sog. Leipziger Modell. Nachdem zunächst Ticket-„Verkäufer" die erzielten Einnahmen weitestgehend behalten durften (Stufe 1), sieht die im Januar 2025 von der VMK beschlossene 2. Stufe eine marktorientierte Aufteilung auf die Bundesländer unter Berücksichtigung des Wohnortes der Ticket-Nutzer (postleitzahlenbasiert) vor; sie wurde (rückwirkend) zum 1. September 2025 eingeführt (StMB 2025b [52]). In einer künftigen 3. Stufe sollen die Einnahmen „nachfrageorientiert" dorthin fließen, wo die Tickets konkret genutzt wurden; für die Umsetzung wurde zunächst 2026 angestrebt, sie wird aber wohl erst später (frühestens wohl ab 2027) erfolgen (zum Änderungsvertrag für 2026 StMB 2025d [54], ferner StMB 2025e [55]).

---

[13] https://www.verkehrsministerkonferenz.de/VMK/DE/aufgaben/aufgaben-node.html (15.12.2025).

[14] https://www.deutschlandticketclearing.de/UeberUns (15.12.2025).

Auch im Verhältnis zu im ÖPNV tätigen Unternehmen ist die Einflussnahme staatlicher Stellen außerhalb der ÖPNV-Gesetze nur partiell und nicht immer klar geregelt. So sind sowohl Unternehmen als auch Verkehrsverbünde Gesellschafter der DTV, beim bEAV kommt noch die D-TIX hinzu. Aufteilung, Abrechnung und Clearing sind andererseits verknüpft mit (Muster-)Ausgleichsrichtlinien der Länder, die öffentlichem Recht unterliegen und als interne Konkretisierung von Haushaltsrecht („Billigkeitsleistungen", etwa nach § 53 SächsHO) keine Rechtsansprüche für Verkehrsunternehmen begründen (StMB 2025c [53]). Auch stellen solche Bestimmungen nur dann eine „allgemeine Vorschrift" i. S. v. Art. 3 Abs. 2, 3 VO (EG) 1370/2007 dar, wenn sie die Form einer Rechtsnorm (wie Gesetz oder Rechtsverordnung[15]) erhalten. Ohne verbindlichen Nachteilsausgleich bleibt das Vorhaben Deutschlandticket daher strukturell prekär.

Zusammenspiel öffentlicher und privater Akteure im ÖPNV

Die Umsetzung des Deutschland-Tickets ist organisatorisch, rechtlich und finanztechnisch nur gemeinschaftlich, d. h. im Zusammenwirken von Bund, Ländern, Kommunen, Aufgabenträgern und Verkehrsunternehmen zu lösen. Die Nutzer sollten künftig ebenfalls ihre spezifischen Interessen in das Verfahren der Entscheidungsfindung einbringen können, nicht nur beim Preis, sondern auch bei wesentlichen Leistungsmerkmalen.

Öffentliche Aufgabe

Dienstleistungen im ÖPNV werden von unterschiedlichen Unternehmen oder Organisationen angeboten und erbracht (z. B. Infoportal.mobil 2024a [64]). Im Hinblick auf die EU-rechtliche Vorgaben einer „offenen Marktwirtschaft mit freiem Wettbewerb" (Art. 119 Abs. 1, 120 Satz 2 AEUV) und angesichts der hohen grundrechtlichen Hürden für eine Wahrnehmung öffentlicher Aufgaben durch staatliche Stellen (vor allem wenn und soweit sie als objektive Schranke der Berufs[wahl]freiheit ein Verbot wirtschaftlicher Aktivitäten durch private natürliche oder juristische Personen beinhaltet [BVerfGE 108 [74]) ist es politisch wie rechtlich naheliegend, ein geordnetes Nebeneinander privatgewerblicher Anbieter und öffentlicher Verkehrsbetriebe zu organisieren und dabei die verschiedenen Verkehrsunternehmen auch je nach ihren Besonderheiten und ergänzend-abrundend in die bestmöglichste Erfüllung des spezifischen Daseinsvorsorgeauftrags (§ 1 Abs. 1 RegG) einzubinden. Verfassungs- und auch EU-Recht lassen insoweit

---

[15] So § 9 ThürÖPNVG. Teils soll Verbindlichkeit über eine Allgemeinverfügung i. S. v. § 35 Satz 2 VwVfG erreicht werden; etwa https://www.aschaffenburg.de/PDF/Bekanntmachung_Allgemeinverfügung_Deutschlandticket.PDF?ObjSvrID=4173&ObjID=1058&ObjLa=1&Ext=PDF&WTR=1&_ts=1761292205 (15.12.2025); s. a. Muster aus der UAG Finanzierung zum Deutschland-Ticket für eine Allgemeine Vorschrift über die Festsetzung des Deutschland-Tickets als Höchsttarif (StMB 2023 f. [50]).

bei der näheren Ausgestaltung des Angebots bzw. der Art und Weise, wie die Aufgabe am besten bewältigt werden kann, erheblichen Spielraum für die jeweils zuständigen (hoheitlichen) Stellen. Sowohl die EU-Grundrechte-Charta (Art. 15, 16 i. V. m. Art. 52 EuGRCh) als auch das GG schützen Verkehrsunternehmen vor übermäßigen Eingriffen (Einschränkungen wie Verpflichtungen), soweit die Akteure sich generell im Rahmen der allgemeinen Rechtsordnung bewegen; auf beiden Verfassungsebenen gelten zudem allgemeine (und einige spezifische) Gleichbehandlungsvorschriften (Art. 20 f., 23 ff. EuGRCh, Art. 3 GG), die sachliche und/oder persönliche Differenzierungen von wesentlich Gleichem nur bei hinreichend triftigem Grund gestatten. Indirekt sind auch die Belange der Fahrzeughersteller bzw. der gesamten Verkehrsbranche als bedeutender Teil der Volkswirtschaft bei der Feinjustierung von Regelungen angemessen zu berücksichtigen, zumal aufseiten reisewilliger Personen Mobilität sichergestellt werden soll (als Element auch des Grundrechts auf Freizügigkeit gem. Art. 11 GG, vgl. Kingreen [37]) und zahlreiche Individuen insoweit auf ÖPNV-Angebote angewiesen sind. Die je konkrete Gewichtung der positiven oder negativen Effekte für Verkehrsteilnehmer wie für betroffene Dritte, die beim Austarieren zwischen Fahrbedürfnis oder -wunsch und Verkehrsmittel und -dichte letztlich ein den nachhaltigen ÖPNV-Zielen (vor allem beim Klimaschutz) förderliches Ergebnis herbeiführen kann, wird dadurch der Politik bzw. der Rechtsetzung zugewiesen. Dabei sind neben dem motorisierten Individualverkehr (MIV) auch die teils kollidierenden Interessen anderer Verkehrsteilnehmer einzubeziehen und muss nicht zuletzt Vorsorge für Schnittstellen und Übergänge zwischen verschiedenen Verkehrsarten, -mitteln und -wegen getroffen werden (wie P[ark]+R[ide] oder Mitbeförderung von Rädern, [E-]Rollern oder ähnlichen Mobilitätshilfen im ÖPNV).[16]

Privat(wirtschaftlich)e Akteure

ÖPNV wird in § 2 RegG definiert als allgemein zugängliche Beförderung von Personen mit Verkehrsmitteln im Linienverkehr, die überwiegend dazu bestimmt sind, die Verkehrsnachfrage im Stadt-, Vorort- oder Regionalverkehr zu befriedigen; das ist im Zweifel der Fall, wenn in der Mehrzahl der Beförderungsfälle eines Verkehrsmittels die gesamte Reiseweite 50 km oder die gesamte Reisezeit eine Stunde nicht übersteigt (Sätze 1, 2);[17] Erfasst wird seit 2021 auch der Verkehr mit Taxen, wenn dieser die örtliche oder regionale Verkehrsnachfrage zur Beseitigung einer räumlichen oder zeitlichen Unterversorgung befriedigt (Satz 3).[18] Für das Personenbeförderungsgewerbe gilt zum einen das auf Straßenverkehr fokussierende PBefG, das Unternehmer (§ 2 Abs. 1 Satz 2) einer (zeitlich befristeten, § 16, und) laufenden Aufsicht für eine je bestimmte Verkehrsart

[16] https://www.aktion-mensch.de/inklusion/mobilitaet/hintergrundwissen/barrierefreiheit-im-oepnv (15.12.2025).

[17] In der Praxis gibt es allerdings wesentlich längere räumliche und zeitliche Verkehrsangebote insbesondere im SPNV; vgl. Glossar – NWL Mediathek (15.12.2025).

[18] Art. 2 des Gesetzes v. 16.4.2021 (BGBl. I, 822).

unterwirft (§ 3 i.Vm. §§ 9 ff., §§ 54 ff.). Als Verkehrsmittel erfasst (und in § 4 näher definiert) werden Straßenbahnen, O(berleitungs)busse und Kraftfahrzeuge, für die dann noch je „besondere Bestimmungen" gelten (§§ 28 ff.). Taxis sind ein wichtiger, aber nicht der einzige Fall des Gelegenheitsverkehrs (§ 46 ff., speziell § 47); hierfür sieht § 13 Abs. 4, 5 modifizierte Genehmigungsvoraussetzungen vor. Andererseits gelten bei juristischen Personen öffentlichen Rechts als Unternehmern die allgemeinen Zulassungsvoraussetzungen als erfüllt (§ 13 Abs. 6 i. V. m. Abs. 1). Für das Betreiben von Eisenbahnverkehrsdiensten bedarf es ebenfalls einer behördlichen Genehmigung (§ 6 Abs. 1 Satz 1 Nr. 1 AEG) nach Maßgabe der §§ 6a ff.; auch hier werden für staatseigene Anbieter Zuverlässigkeit und finanzielle Leistungsfähigkeit als vorhanden erachtet (§ 6e). Von Eisenbahnverkehrsunternehmen (§ 2 Abs. 1, 3 i. V. m. § 1 Abs. 2) erbrachte Dienste schließen SPNV mit ein (§ 2 Abs. 2); dabei deckt sich die Definition in § 2 Abs. 12 AEG mit der des RegG, wird aber noch vertieft durch die Unterscheidung von Stadt- und Vorort- (§ 2 Abs. 16) und Regionalverkehr (§ 2 Abs. 18). Das AEG nennt als eines seiner Ziele in § 1 Abs. 1 die „Gewährleistung eines attraktiven Verkehrsangebots auf der Schiene"; zudem postuliert § 1 Abs. 5 AEG allgemein, Bundes- und Landesregierungen müssten darauf hinwirken, dass die Wettbewerbsbedingungen der Verkehrsträger angeglichen würden und durch deren lauteren Wettbewerb eine volkswirtschaftlich sinnvolle Arbeitsteilung ermöglicht wird, zwecks „bester Verkehrsbedienung". Ähnlich verlautet § 8 Abs. 3, 3a PBefG, betont wird dort speziell (auch in § 1a) die Berücksichtigung von Klimaschutz und Nachhaltigkeit.

Im Hinblick auf Art. 12, 19 Abs. 3 GG (und Art. 15, 16 EuGRCh) darf ein Antrag auf Genehmigung nur bei Vorliegen von Versagungsvoraussetzungen abgelehnt werden, angesichts der Gleichheit im Wettbewerb gilt dies im Ergebnis auch für „öffentliche" Unternehmen. Auch die Betriebspflicht (nach § 21 PBefG) greift in Berufs- bzw. Unternehmensfreiheit ein, weil und soweit sie eine Aufgabe der wirtschaftlichen Tätigkeit erschwert, wird jedoch ebenfalls gerechtfertigt durch die Daueraufgabe Daseinsvorsorge im Verkehrssektor.

Öffentliche (einschl. kommunale) Akteure im ÖPNV

§ 6 RegG nennt explizit den SPNV als Bestandteil des ÖPNV. Das AEG erfasst allgemein auch „Eisenbahnen des Bundes" (§ 2 Abs. 15), sowohl öffentliche Einrichtungen als auch privatrechtlich organisierte (Eisenbahnverkehrs-)Unternehmen; für jene ist diese Rechtsform durch Art. 87e Abs. 3 GG festgelegt und wurde die Umwandlung der Bundes-/Reichsbahn in die Deutsche Bahn AG 1994 nach Maßgabe von Art. 1, 2 ENeuOG durchgeführt. Der SPNV blieb zunächst ausgenommen (Art. 143a Abs. 3 GG), wurde danach regionalisiert, d. h. in die Verantwortung der Länder übergeben (RegG = Art. 4 ENeuOG). 1999 gründete die Deutsche Bahn AG die DB Regio als Tochtergesellschaft, die sowohl im Schienen- als auch im Straßenpersonennahverkehr (Bus) agiert.[19] Weitere öffentli-

[19] https://www.dbregio.de/wir/organisation (15.12.2025).

che Verkehrsunternehmen stehen im (Mit-)Eigentum oder unter Kontrolle ausländischer Staatsbetriebe (wie SNCF oder ÖBB), von Bundesländern (z. B. Hessische Landesbahn) oder von Kommunen (im Rahmen des jeweiligen Haushalts- bzw. kommunalen Wirtschaftsrechts; explizit etwa § 107 Abs. 1 Satz 1 Nr. 3 GO NRW). Auch bei privatrechtlichen (Kapital-)Gesellschaften führt eine (haushaltsrechtlich geforderte) wesentliche Beteiligung von (Gebiets-)Körperschaften dazu, dass das Unternehmen als solches kein Grundrechtsträger (i. S. v. Art. 19 Abs. 3 GG) ist (vgl. BVerfG 2015 [77]); andererseits kann der staatliche oder kommunale Gesellschafter seinen Einfluss intern nur nach Maßgabe der je gewählten Rechtsform geltend machen.

ÖPNV-Nachfrager und -Nutzer

Der hoheitlichen Lenkung der Anbieter und des ÖPNV-Angebots zur Erfüllung grundlegender gesellschaftlicher Ziele (wirtschaftsrelevante Mobilität,, generell Nachhaltigkeit, s. Art. 37 EuGRCh, Art. 20a GG) stehen aufseiten der (potenziellen) Kunden in der Regel keine Nutzungspflichten von natürlichen Personen allgemein wie als Angehörige bestimmter Gruppen gegenüber, sondern sollen als ebenso geeignetes, aber milderes Mittel Anreize („incentives") eine verstärkte Nutzung (Zahl der Personen, der Fahrten) der ÖPNV-Angebote bewirken. Solches „nudging" erfolgt vor allem über die Gestaltung, insbesondere aber über die Höhe der zu entrichtenden Fahrpreise. Wird durch diesbezügliche Vorgaben die Rentabilität der Verkehrsunternehmen nicht nur unerheblich geschmälert, muss dieser Eingriff in Eigentums- und berufliche Vertragsfreiheit der Anbieter durch den hoheitlichen Verursacher angemessen, zumindest aber hinreichend finanziell (mit und) aus staatlichen Mitteln kompensiert werden. Weitere indirekte Einflussnahme auf das Nutzerverhalten kann auch über Beschränkungen oder Erschwerungen des individuellen Kfz-Verkehrs (aus legitimen Gemeinwohlgründen) erfolgen, wodurch insbesondere Pkw-Fahrten auf das Notwendige reduziert werden sollen, weil sie als „lästiger" (umweltschädlicher) empfunden werden als die (Mit-)Fahrt in öffentlichen Verkehrsmitteln.[20]

Die angestrebte Konvergenz unterschiedlicher (Freiheits-)Grundrechte verschiedener Personen(gruppen) herbeizuführen, ohne dabei eine ungerechtfertigte Ungleichbehandlung (in sachlicher und räumlicher Hinsicht, bei Leistung wie bei Entgelt) im Verhältnis zu Nutzern regulärer Fahrangebote zu bewirken, ist primär Aufgabe der Volksvertretungen auf der jeweiligen Ebene, denen die Konkretisierung durch (aufeinander abgestimmte, konsistente) Rechtsetzung obliegt. Dabei geht es um wirtschaftsverwaltungsrechtliche Anforderungen an Verkehrsunternehmen und (vor allem technische) Vorgaben für die jeweiligen Verkehrsmittel, aber auch um notwendige oder zumindest sinnvolle Abweichungen von Ge- und Verboten für sicheren (und flüssigen) Verkehr.

[20] Vgl. https://gis.uba.de/website/umweltzonen/#dfv, Durchfahrtsbeschränkungen (§ 41 Abs. 1 StVO, Anlage 2, Abschn. 6, Vorschriftzeichen 250 ff.); https://gis.uba.de/website/umweltzonen/#uwz, Verkehrsverbote nach § 40 Abs. 1 BImSchG und Ausnahmen gem. 35. BImSchV.

Nach wie vor gelten diverse Besonderheiten für den Eisenbahnverkehr, auch in Bezug auf die Rechtsverhältnisse zu Nutzern. Ebenfalls teils historisch erklärbar, jedoch weiterhin verfassungsrechtlich vorgegeben sind die Verteilung der Verwaltungszuständigkeiten zwischen Bund und Ländern (Art. 30, 83 ff. GG) und die Vielfalt der (Genehmigungs- und Aufsichts-)Behörden.

Beim Deutschlandticket wird eine an sich dem Landesrecht zugewiesene Materie überlagert und modifiziert, indem einseitig-hoheitlich (bundesrechtlich, durch § 9 RegG) eine Deckelung von regulären Einnahmen der Verkehrsunternehmen aus Nutzerentgelten normiert und dadurch trotz einer gewissen tatsächlichen Saldierung mit angesichts des günstigeren Tarifs steigenden Nutzerzahlen Erträge bzw. Gewinne der Unternehmen geschmälert werden; zugleich wird der Inhalt von deren Beförderungsleistungen räumlich (erweiternd) und sachlich (begrenzend) determiniert. Ungeachtet der bereits generell nicht an Ländergrenzen ausgerichteten ÖPNV-Definition in § 2 RegG wird ein Recht jeder natürlichen Person auf (preiswerte) bundesweite Nutzung der (wichtigsten) Nahverkehrsmittel (auf Schienenwegen und Straßen) begründet, wobei Länderinteressen immerhin durch das Erfordernis einer Zustimmung durch den Bundesrat (Art. 78 i. V. m. Art. 50 GG) zumindest ausreichend Beachtung finden. Insbesondere für Bahnnutzer ergeben sich hieraus Konsequenzen für die Nutzung des bzw. den Übergang zum Fernverkehr, während im allgemeinen Verhältnis von Schiene und Straße keine grundsätzlich neuen Probleme erwachsen, wenngleich ein möglichst reibungsloser Wechsel von (motorisiertem) Individual- zum öffentlichen Personenverkehr (und zurück) die Schaffung und Unterhaltung von mehr und/oder besser geeigneten Übergangspunkten erfordern mag. Hier wird zugleich die Verknüpfung von Basis (Infrastruktur/Verkehrswege) und Überbau (Verkehr i. e. S., d. h. Eigen- und/oder Fremd-Beförderung von Menschen mit je wegespezifischen Verkehrsmitteln) bedeutsam, weil bei Schienen, aber auch bei Straßen die Nutzung mit für Massenverkehr tauglichen und bestimmten Fahrzeugen entsprechende Organisation (Linien, Haltestellen, Taktung etc.) bedingt, der auf Nutzerseite möglichst einfache, leichte und rasche Zugänglichkeit entspricht. Dies ist umso wichtiger, wenn und soweit MIV räumlich, zeitlich und sachlich beschränkt wird, weil nur dann angemessene Mobilität für möglichst alle sicherzustellen ist. „Öffentlich" umfasst eine tatsächliche Nutzungsmöglichkeit für jedermann, also auch altersunabhängig, wozu kind- wie seniorengerechte Optionen gehören, wie die Einbeziehung Dritter in Abschluss und Erfüllung des Beförderungsvertrags (einschließlich Entgeltzahlung). Differenzierungen bleiben legitim oder sogar notwendig, wenn bei bestimmten Personengruppen Besonderheiten vorliegen, wie vor allem bei Schülern (Schulpflicht, Art. 7 GG), Studierenden (Art. 5 Abs. 3 GG), behinderten Personen (Barrierefreiheit, Art. 3 Abs. 3 GG; Bundestag 2025h [22]) oder Arbeitnehmern (Art. 12 GG). Dass beim Deutschlandticket nur die Beförderung des jeweiligen Inhabers (mit Handgepäck) geschuldet, eine Mitnahme insbesondere von anderen Geräten für den Individualverkehr hingegen nicht vorgesehen ist, verdeutlicht das Konzept eines Grundversorgungsangebots (unten, Abschn. „Nachhaltige Mobilität im und durch ÖPNV") – und ist zudem ein sachlicher Grund für die Rabattierung (infoportal.mobil 2024 [65]).

Planung und Organisation der öffentlichen Personenbeförderung

Die landesrechtlichen Vorschriften zum ÖPNV (z. B. HessÖPNVG, NVG RhPf) stecken dessen „Ziele“ innerhalb und als „Teil des Gesamtverkehrssystems“ ab (§ 3 HessÖPNVG) und formulieren allgemeine Anforderungen (§ 4 HessÖPNVG). Sie bestimmen die (in der Regel) überörtlichen kommunalen Aufgabenträger und die Art des Daseinsvorsorgeauftrags (oft als Pflichtaufgabe, so § 5 Abs. 1 NVG RhPf, anders § 5 Abs. 1 Satz 2 HessÖPNVG); die Aufgabenträger sind auch „zuständige Behörde“ i. S. der VO (EG) 1370/2007 (§ 5 Abs. 4 HessÖPNVG, § 9 NVG PhPf) und verantwortlich für die Finanzierung (§ 11 HessÖPNVG). Belange von SPNV und Busverkehr werden in der Regel durch Aufgabenträger-, speziell Nahverkehrsorganisationen (s. § 2 Abs. 6 HessÖPNVG) repräsentiert, welche die Aufgaben ihrer kommunalen Mitglieder in oft als Zweckverbände (s. nur § 6 i. V. m. § 5 NVG RhPf; offener § 6 HessÖPNVG) organisierten größeren Verkehrsverbünden realisieren (denen auch die Nahverkehrsplanung obliegt, §§ 7 Abs. 2, 14 HessÖPNVG); Verbünde (§ 6 Abs. 1) beteiligen ihrerseits die Nahverkehrsorganisationen an der Entscheidungsfindung zu wichtigen verkehrlichen und tariflichen Vorhaben (§ 7 Abs. 4 HessÖPNVG). Die Durchführung des ÖPNV in der Praxis obliegt Verkehrsunternehmen (Ersteller) aufgrund öffentlicher Dienstleistungsaufträge (Art. 2 lit. i] (i. V. m. Art. 3) VO (EG) 1370/2007; s. a. unten, Abschn. „Recht der Europäischen Union [EU]“) mit Aufgabenträgern oder deren Organisationen als Besteller (§§ 8, 9 HessÖPNVG; § 10 NVG RhPf). Verkehrsverbünde können auch landesgrenzenübergreifend errichtet werden, wenn dies zwischen den beteiligten Bundesländern vereinbart ist (s. § 6 Abs. 2, 6 HessÖPNVG; § 14 NVG RhPf). Innerhalb eines Landes werden zur Koordination der Zusammenarbeit auch Mobilitätsbeauftragte bestellt (z. B. § 15 HessÖPNVG).

Die verschiedenen Angebote des ÖPNV sollen untereinander und mit den Angeboten anderer Verkehrssysteme verknüpft werden. Dabei ist Umweltverträglichkeit als besondere Stärke weiterzuentwickeln und der sozialen Bedeutung besonders Rechnung zu tragen (so § 4 Abs. 3 HessÖPNVG, § 1 Abs. 2 NVG RhPf). Speziell das Fahrpreissystem (Beförderungstarife) ist so zu gestalten (vgl. § 4 Abs. 5 HessÖPNVG, § 1 Abs. 8 NVG PhPf), dass innerhalb der Verkehrsverbünde mit einem einzigen Fahrschein, auch und zunehmend einem solchen in elektronischer Form, alle öffentlichen Nahverkehrsmittel unternehmensübergreifend nutzbar sind. Verkehrsunternehmen sind verpflichtet, einen solchen „Verbundtarif“ anzuwenden. Die Tarifstruktur soll überschaubar und allgemein verständlich sein. An den räumlichen Grenzen der Verkehrsverbünde sind Übergangstarife oder andere gemeinsame Tarifangebote zu schaffen; darüber hinaus sind Tarife anzustreben, die landesweit gelten. Für die Beförderung von bestimmten Personengruppen, wie etwa Auszubildende, können (Zeit-)Fahrausweise zu ermäßigten Fahrpreisen angeboten werden. Zu berücksichtigen sind auch die Belange von Menschen mit Mobilitätsbeeinträchtigungen durch so viel Barrierefreiheit wie möglich (§ 4 Abs. 6 HessÖPNVG,

§ 1 Abs. 3, § 4 Abs. 2 NVG PhPf).[21] Zentrale Aufgaben von Verkehrsverbünden beinhalten ferner das Festlegen von elektronischen (Systemen von) Fahrscheinen sowie den Abschluss von Vereinbarungen über Verbund-, Übergangs- und landesweit geltende Tarife einschließlich Vertrieb und Vermarktung (s. § 7 Abs. 1 Satz 2 Nr. 1, 3 HessÖPNVG; § 4 Abs. 5 NVG RhPf).

Rechtlich wird bislang Schienen- und Straßenpersonenverkehr formal und inhaltlich deutlich unterschieden, sind unterschiedliche Gesetze und technische Regelwerke maßgeblich und werden diese von zahlreichen verschiedenen Behörden auf Bundes- wie auf Landesebene ausgeführt. Die Mischform Straßenbahn wird dabei generell dem Regime des (Straßen-)Personenbeförderungsrechts unterworfen (s. § 2 Abs. 1 Nr. 1, §§ 28 ff. PBefG), (Mit-)Nutzung auch von Eisenbahninfrastruktur findet nur ausnahmsweise statt (etwa beim „Chemnitzer Modell“[22]). Speziell im Bereich von Städten und Ballungsräumen, aber auch in deren regionalem Umfeld kann der Bedeutung des ÖPNV im Rahmen der Daseinsvorsorge nur durch hoheitliche Planungs- und Organisationsmaßnahmen sowie über Mechanismen vertikaler und horizontaler Kooperation hinreichend Rechnung getragen werden. „Nah“verkehr erfordert eine gesetzliche Konkretisierung des davon erfassten relevanten Raums (s. RegG, ÖPNV-Gesetze) durch Entfernungs- und Fahrzeitangaben, aber auch der einbezogenen Verkehrsmittel und für diese vorgesehenen Verkehrswege. Weiter besteht die Notwendigkeit einer Verknüpfung mit (direkt) anschließenden (Nah-)Verkehrsräumen und zwischen Nah-Verkehrsmitteln der gleichen oder anderer Art. Insoweit wäre ein Abstellen auf rechtliche Gebietsabgrenzungen zu eng, weil und soweit es mit tatsächlichen Nutzungsbedarfen und -wünschen kollidiert, ist aber letztlich doch der territoriale Bezug der Aufgabenträger auf ein je bestimmtes Bundesland entscheidend und können daher wichtige Aufgaben nur in notwendiger, aber auch zulässiger landesgrenzenüberschreitender Kooperation effektiv und angemessen erfüllt werden. Derartiges Zusammenwirken umfasst das Angebot an Leistungen und die Festlegung des obligatorischen oder optionalen Inhalts der Personenbeförderung, beim Erbringen wie der Vernetzung der jeweiligen (Teil-)Leistungen, aber überdies auch Vorkehrungen zur (Sicherstellung der) Einhaltung der externen (hoheitlichen) Vorgaben durch Verkehrsunternehmen. Auch das Verhältnis von Einzel- und Verbundplanung sowie der verschiedenen (lokalen, regionalen, gliedstaatlichen) Ebenen zueinander bedarf einer Abgrenzung und Zuordnung. Kommunale Nahverkehrspläne müssen sich (sachlich und zeitlich) in (Raumordnungs- und Verkehrs-)Pläne eines Landes einfügen, ÖPNV-Gesetze der einzelnen Bundesländer sich in Voraussetzungen und Vorgaben der Globalplanung einpassen (vgl. etwa § 2 Abs. 7 NVG RhPf).

Für Errichtung und Instandhaltung oder -setzung von Wegeinfrastruktur ergeben sich für Schiene und Straßen unterschiedliche (verfassungsrechtliche) Festlegungen

---

[21] https://www.aktion-mensch.de/inklusion/mobilitaet/hintergrundwissen/barrierefreiheit-im-oepnv (15.12.2025).

[22] https://www.vms.de/chemnitzer-modell/ (15.12.2025).

für Form und Inhalt staatlicher Gewährleistungsverantwortung und auch Art und Umfang der Einbindung Privater. Auf der über diesem Unterbau liegenden, für Eigen- oder Fremd-Beförderung bestimmten Verkehrsschicht sind die Zulassung von und die Abgrenzung zwischen gewerblichen und öffentlichen Verkehrsunternehmen Voraussetzung für eine zielführende Organisation des Nahverkehrs. Wenn insoweit die Verfassungs- und Gesetzeslage grundsätzlich zwischen Eisenbahn- und (Land-)Straßenbereich unterscheidet, wird dies den Erfordernissen der Verknüpfung und von Übergängen zwischen unterschiedlichen Verkehrsmitteln bzw. -arten zunehmend weniger gerecht. Hingegen ist es beim Nahverkehr nach wie vor sinnvoll, die Regelung des Näheren den Bundesländern zuzuweisen, jedoch dürfte Nachholbedarf bei der normativen Ausgestaltung landesgrenzenüberschreitender Verkehrsangebote bestehen. Sowohl Verkehrsflächen als auch Verkehrsmittel betreffend sind bereits heute die wesentlichen Bestimmungen (teils EU-rechtlich veranlasst oder geprägt) auf Bundesebene vorhanden, ein besserer Mix zwischen nahverkehrsrelevanten Verkehrsmitteln und deren Verknüpfung mit Individualverkehr (nicht nur im Übergangsbereich hin zu oder zurück von Haltestellen) ist freilich ebenfalls nicht ohne (örtliche) Planung zu erreichen, mittels Festsetzung von „Verkehrsflächen“ in Bebauungsplänen (§ 9 Abs. 1 Nr. 1 i. V. m. § 1 Abs. 2, 3 BauGB). Für die Kooperation insbesondere privater Verkehrsunternehmen lässt das geltende Recht (s. § 8 Abs. 3b PBefG, § 12 Abs. 7 AEG) die durch Vorteile der Vernetzung gerechtfertigten Ausnahmen vom allgemeinen Wettbewerbsrecht zu, nicht zuletzt bei der Vergabe öffentlicher Dienstleistungsaufträge, und Ähnliches gilt für den Anwendungsbereich und sachlich plausible Durchbrechungen des Beihilfeverbots (Art. 107 ff. AEUV; unten Abschn. „Finanzierung von Daseinsvorsorgeaufgaben“). Darauf konnte und kann sich auch das „Vorhaben Deutschlandticket“ stützen.

Anbieter-, Nutzer- und öffentliche Interessen im Hinblick auf eine Verkehrswende

Palette von ÖPNV-Angeboten

Bislang wird Mobilität im ÖPNV in Legaldefinitionen (weit gefasst etwa § 2 NVG RhPf) auf bestimmte wichtige Landverkehrsmittel (energiebetriebene Fahrzeuge) und -wege (Straße, Schiene) sowie Übergänge zwischen diesen begrenzt; Verkehr auf Wasserstraßen bzw. mit Wasserfahrzeugen ist regelmäßig ausgenommen (s. aber BVerwG 2018 [84] betr. § 230 Abs. 1 Nr. 7 Hs. 1 SGB IX), ebenso (im Einklang mit der räumlichen Begrenzung) der Flugverkehr. Im Hinblick auf Gleichbehandlung wesentlich gleicher Sachverhalte ist die geltende Einschränkung zumindest technologieneutral zu verstehen und sind neue Entwicklungen angemessen zu berücksichtigen. Das Ausmaß des Nahbereichs wird sowohl durch räumliche als auch durch zeitliche Höchstgrenzen abgesteckt (50 km bzw. 1 h Reisezeit, z. B. § 2 Abs. 1 HessÖPNVG, § 2 Abs. 1 NVG RhPf) und ist zunächst auf das jeweilige Landesgebiet bezogen; darüber hinaus bestehender Mobilitätsnachfrage kann daher nur mittels Kooperation zwischen Bundesländern und/oder Aufgabenträgern Rechnung getragen werden (s. § 14 NVG RhPf). Als (Nah-)Verkehrsdienst erbracht werden Beförderungen von Menschen (und ggf. mitgeführten Gegenständen) durch hierzu beauftragte Verkehrsunternehmen nach Fahrplänen (für bestimmte Strecken/„Linien") und teils auch als („gebündelter") Bedarfsverkehr (s. §§ 44, 50 PBefG). Die Beförderung basiert auf einem (Werk-)Vertrag zwischen Unternehmen und individuellem Nutzer; dessen Abschluss (zu den allgemeinen Beförderungsbedingungen und -tarifen) nicht bloß im ÖPNV nur ausnahmsweise abgelehnt werden darf (§ 22 PBefG, § 10 AEG). Die Entgeltzahlung wird regelmäßig vor Fahrtantritt fällig, die erworbene Berechtigung umfasst die gesamte gebuchte Strecke, unabhängig vom Ort des Erwerbs, von genutztem Verkehrsmittel oder -unternehmen.

Konvergenzen und Konflikte

Bereits die wirtschaftsgrundrechtlich (durch Art. 12, 14 GG) untermauerten Interessen privater ÖPNV-Dienstleister sind sowohl innerhalb des je angebotenen und eingesetzten Verkehrsmittels zwischen den einzelnen Verkehrsunternehmen als auch im Verhältnis vor allem zwischen Schienen- und Straßenverkehr unterschiedlich, selbst wenn ein und dasselbe Unternehmen zugleich und aufeinander abgestimmt Dienste auf beiden Verkehrswegen anbieten kann. Beim Verkehrsgewerbe steht dabei Gewinnerzielung im Vordergrund, aber auch öffentliche Verkehrsunternehmen sollen zumindest kostendeckend agieren (zu weithin übereinstimmenden Anforderungen des kommunalen Wirtschaftsrechts etwa § 121 Abs. 8 bzw. Abs. 2 Satz 2 HGO, Art. 95 Abs. 1 BayGO, § 94a Abs. 4 i. V. m. Abs. 3 SächsGemO). Züge, Straßenbahnen oder Busse haben eine mehr oder weniger lange Lebensdauer, ihre konkrete Verwendung hängt aber auch von äußeren Rahmenbedingungen ab, nicht nur von einer durchweg geeigneten Infrastruktur, sondern zudem von einsetzbaren Treibstoffen, für den Betrieb passender baulich-wirtschaftlicher Umgebung und ausreichendem Fachpersonal. Beförderungswillige Personen (Nutzer) nehmen ÖPNV-Angebote aus verschiedenen Gründen in Anspruch, für lebenswichtige oder „nur" für sie nützliche Zwecke, aus beruflichem oder privatem Anlass; vor allem Kinder haben oft keine Alternative für den Schulweg. Auch andere, vielfach sozial schwächere Gruppen sind in Ermangelung eines eigenen (Kraft-)Fahrzeugs auf funktionierenden, erschwinglichen ÖPNV angewiesen (und werden daher insoweit staatlich gefördert; dazu schon oben, Abschn. „Öffentliche Aufgabe"; unten, Abschn. „Rechtsanwendung (Vollzugs-/Kontrollzuständigkeiten)". Zur Frage nach einem „subjektiven Recht auf öffentlichen Verkehr" bereits Martini 2006 [39]). Aktuelle ÖPNV-Gesetze nennen zudem als Zielsetzung eine im öffentlichen Interesse liegende Verkehrsbedienung explizit als Aufgabe der „Daseinsvorsorge" (§ 4 Abs. 1 HessÖPNVG, § 1 Abs. 2 NVG RhPf, § 1 Abs. 1 RegG), um nachhaltige, erschwingliche Mobilität für möglichst alle, gerade auch beeinträchtigte Menschen sicherzustellen.

ÖPNV-Dilemma: Begrenzte Reichweite von Zuständigkeiten versus Vernetzung von Infrastruktur und Verkehrsdienstleistungen

Im föderal gegliederten Staat, zudem mit einer ebenfalls gebietsbezogenen kommunalen Ebene (z. B. §§ 1, 2 HGO, §§ 1 ff. SächsGemO, Art. 1, 3 BayGO), fallen Zuständigkeiten für Rechtsetzung und für Rechtsanwendung einerseits, tatsächliche Bedarfe oder Wünsche nach Beförderung in öffentlichen Verkehrsmitteln andererseits auseinander. Die Siedlungsstruktur (Stadt/Land, Zentrum/Peripherie, Ballungsraum/ländliches Gebiet) entwickelt sich trotz Vorgaben der Raumordnung, Landes- und Bauleitplanung (vgl. § 1 Abs. 7 NVG RhPf) nicht nur entlang rechtlich festgelegter (Binnen-)Grenzen, sondern auch, wenn nicht vor allem nach den Vorstellungen von Unternehmen und Individuen, zumal deren Freiheitsrechte auch bei der Ortswahl maßgebliche Bedeutung haben (Art. 11 GG). Selbst die Zulässigkeit von Gebietsreformen auf Bundes-, gliedstaatlicher oder kommunaler Ebene (s. Art. 29 GG, Art. 88 SächsVerf) kann den Konflikt von gesellschaftlich-wirtschaftlicher Realität und rechtlicher Gebietseinteilung allenfalls im Nachhinein und vorübergehend bereinigen oder zumindest mildern.

Nicht nur Grenzen zu auswärtigen Staaten, sondern auch und mehr noch Grenzen zwischen einzelnen Ländern oder Kommunen sind zwar Hindernisse im menschlichen Alltag (etwa bei unterschiedlichen Spurbreiten für Eisenbahnen), bleiben aber gleichwohl (bewusst) durchlässig für Personen- und Güterverkehr. So enden Verkehrswege in der Regel nicht an der Grenze eines Territoriums, sondern setzen sich jenseits desselben fort, wenn und weil dadurch eine Vernetzung von hierüber stattfindenden Verkehrsströmen bewirkt werden soll. Planung und Bau solcher Infrastrukturen, aber auch deren bestimmungsgemäße Nutzung können und müssen daher einerseits durch regionale oder lokale Stellen, Regelungen und Besonderheiten geprägt werden, jedoch stets mit Bedacht auf die Einbindung in größere, überregionale, bundesweite oder gar internationale (Verkehrs-)Systeme und -Netze.

Lösungsoptionen und -methoden für dieses ÖPNV-Dilemma sind dauerhaft „gute", reibungslose Kooperationen vor allem der beteiligten Stellen bei Rechtsetzung und -anwendung, sowohl vertikal zwischen verschiedenen staatlichen Ebenen (nach dem Gegenstromprinzip, als „Leitvorstellung" nach § 1 Abs. 2, 3 ROG) als auch horizontal zwischen diversen Aufgabenträgern innerhalb des jeweiligen Gemeinwesens. Dazu taugliche Instrumente können formaler wie informeller Art und unterschiedlich strikt in einen institutionellen Rahmen eingebunden sein, der freilich stets demokratisch-rechtsstaatlichen Anforderungen (aus Art. 20 GG) genügen und überdies anderen Staatsstrukturprinzipien (wie Sozial-, Umweltstaat) Rechnung tragen muss. Auch beim Deutschlandticket hängen Umfang, Grad und Zeitpunkt des Erreichens der damit angestrebten wirtschaftlichen und gesamtgesellschaftlichen Ziele in hohem Maße von je adäquaten Finanzierungskonzeptionen ab: Verkehrsunternehmen müssen zumindest kostendeckend, private Anbieter gewinnbringend tätig sein können, sodass zur Förderung von Gemeinwohlbelangen normierte Vorgaben auf Leistungs- wie auf Entgeltseite und damit einhergehende finanzielle Belastungen den hiervon Betroffenen adäquat kompensiert werden müssen, um dem Verfassungsgebot der Verhältnismäßigkeit der Mittel zu genügen (vgl. etwa BVerfGE 41 [72]).

Entgelte und andere Finanzierungsquellen im und für den ÖPNV

Entgeltlichkeit im ÖPNV-Sektor als Vorgabe sowohl des Gewerbe- als auch des Rechts staatlicher wirtschaftlicher Betätigung

Selbst wenn nicht nationales Recht (§ 8 Abs. 4 PBefG) in Ausführung der Vorgaben der VO (EG) 1370/2007 für Beförderungsunternehmen den Grundsatz der „Eigenwirtschaftlichkeit" (Bundestag 2017 [29]) statuieren würde, wäre es auch ohne diese normative Prägung für jede (verkehrs)gewerbliche, aber auch für eine mit privaten Angeboten konkurrierende wirtschaftliche Betätigung der Öffentlichen Hand, speziell von kommunalen Unternehmen, naheliegend, dass eine Refinanzierung der Kosten/Aufwendungen für deren Dienstleistungsangebote zuerst über eine monetäre Gegenleistung der Nutzer (als den primär Begünstigten) erfolgt.[23] Damit sind andere Finanzierungsquellen für den ÖPNV nicht ausgeschlossen, insbesondere wenn Verkehrsunternehmen rechtlich verpflichtet werden, bestimmte (Gruppen von) Personen unentgeltlich oder zu ermäßigten Tarifen zu befördern. Mit solchen Vorgaben wird jedoch zugleich in die berufsgrundrechtlich gewährleistete Preisgestaltungsfreiheit der Unternehmen eingegriffen und ist diese Ungleichbehandlung nur zu rechtfertigen, wenn und soweit für Einnahmeneinbußen ein Ausgleich aus staatlichen Mitteln möglichst in Höhe der Differenz zu regulären Fahrpreisen gewährt wird – was bisher allerdings nicht generell gesetzlich vorgeschrieben ist.

Ob die Gegenleistung seitens des Nutzers nur für eine einzelne bestimmte Fahrt entrichtet wird oder aber die ihm ausgehändigte Beförderungsberechtigung („Fahrschein") weitere Ansprüche dokumentiert (für mehrere Fahrten, für einen Tag oder mehrere, für Wochen, Monate oder gar Jahre) oder ob dann ein Abonnement (Dauerschuldverhältnis) zustande kommt, darf ein Unternehmen im Hinblick auf seine Geschäftspolitik bzw. Erwartungen an die Marktentwicklung autonom festlegen. Ebenfalls Teil seiner (wirtschaftlichen) Vertragsfreiheit ist es, welche Kontrollen auf gültige Fahrausweise hin erfolgen und welche Nachteile (Vertragsstrafen, § 339 BGB) einem „Schwarzfahrer" angedroht werden. Debattiert wird allerdings zu Recht darüber, ob und wann zusätzlich eine Strafsanktion wegen „Erschleichens" von Leistungen gelten soll (§ 265a StGB; vgl. Mietzsch 2024 [42], ferner Bundestag 2022b [9], Bundestag 2025e [19]).

Auch im ÖPNV ist die Preisgestaltung bei Beförderungsentgelten zunächst gewinn- bzw. kostenorientiert und wird (in der Regel) durch AGB, welche nach § 305a Nr. 1 BGB Vertragsbestandteil werden, konkretisiert; das gilt auch für Rabatte oder Pauschalierungen, jedenfalls soweit diese nicht Gegenstand von speziellen Vereinbarungen sind (etwa mit Arbeitgebern von hierdurch nach §§ 328 ff. BGB begünstigten ÖPNV-Nutzern, „Job-Ticket"). Dass insbesondere auf die Entgelthöhe durch staatliche Maßnahmen

[23] Zu den Prinzipien von Wirtschaftlichkeit und Sparsamkeit sowie der vorgegebenen Rangfolge der Einnahme(quelle)n etwa §§ 92 Abs. 2, 93 Abs. 2 Satz 1 Nr. 1 HGO, Art. 61 Abs. 2, 62 Abs. 2 Nr. 1 BayGO, §§ 72 Abs. 2, 73 Abs. 2 Nr. 1 SächsGemO.

eingewirkt werden darf, wird durch die Zielsetzung Daseinsvorsorge bei der Mobilität sowohl legitimiert als auch (nach Umfang und im Ergebnis) begrenzt. Benutzungs „gebühren“ sind bei kommunalen Verkehrs-„Einrichtungen“ zulässig, aber nicht zwingend (vgl. Bundestag 2012 [28]).

Neben und ergänzend zu diesem als konkrete Gegenleistung konzipierten Preis für Beförderungsleistungen denkbar, aber bisher noch nicht realisiert wäre auch ein Anlieger-Beitrag, der Eigentümer haltestellen-/stationsnaher Grundstücke („Nutznießer“) hoheitlich auferlegt würde, wenn, weil und soweit diesen Personen ein mess- bzw. quantifizierbarer Vorteil aus der besseren ÖPNV-Anbindung erwächst (; s. bereits Mietzsch 2019 [40]; unten, Abschn. „Finanzierungsoptionen“).

Entgelte im ÖPNV-Sektor und Zahlungsströme zwischen Beteiligten

Bereits beim „Lösen“ eines Fahrscheins erfolgt die Zahlung an das jeweils erste Verkehrsunternehmen in der Kette, auch wenn die Berechtigung sich auf Leistungen aller anderen (ÖPNV-)Beförderer auf dem Linienweg (beim Einzelfahrschein) bzw. beim Deutschlandticket der im entsprechenden Postleitzahlbezirk tätigen Verkehrsunternehmen erstreckt (bei sonstigen Pauschalangeboten hängt dies von den jeweils geltenden Regelungen innerhalb des betroffenen Verkehrsgebiets ab). Insofern ist daher zwischen den je eine Teilleistung erbringenden Unternehmen ein (interner) Ausgleich erforderlich, um im konkreten Fall Äquivalenz von Zahlung und Beförderungs(teil)leistung herzustellen. Daher enthalten bereits ÖPNV-Gesetze Vorgaben für „Verbund“- oder „Ländertickets“ und damit zusammenhängende Einnahmenaufteilungen (s. § 7 Abs. 2, 7 HessÖPNVG, § 7 Abs. 4 NVG RhPf). Komplexer ist die Situation von Fahrscheinsubstituten, bei denen immer nur bestimmten Gruppen angehörende Nutzer – Schüler (§ 43 Satz 1 Nr. 2 PBefG, § 161 HSchulG; s. etwa BVerwG 2021 [85]), Studierende (im Rahmen des Semesterbeitrags bei der Immatrikulation, etwa § 18a BerlHG i. V. m. § 4 BerlMobG), ferner die unter SGB IX (§§ 228 ff.) fallenden Personenkreise (Behinderte; vgl. BVerwG 2010 [82]; BVerfG 2014b [76]; BVerfG 2018 [78]) – das ihren speziellen Status ausweisende Dokument auch zur ÖPNV-Nutzung einsetzen (dürfen), ferner bei „Sozialtickets“ im Rahmen von SGB II und für pflegebedürftige Heimbewohner (nach SGB XII). Die zur Beförderung verpflichteten Unternehmen erhalten hier das Entgelt von Dritten (i. S. v. § 267 BGB), nämlich der je zuständigen staatlichen Kasse. Auch hier muss sich aber eine interne Ver- und Zuteilung auf der Ebene einzelner Beförderer anschließen.

Die Palette wählbarer ÖPNV-Leistungen wird in erster Linie vom jeweiligen Beförderer näher bestimmt, die verschiedenen Inhalte/Preise in dessen AGB. Schon hier finden sich auch Abonnements und räumlich, zeitlich, leistungsmäßig komplexere Angebote, die nur bei Kooperation lokaler Verkehrsunternehmen im Rahmen eines Verbundes funktionieren. Der Maßstab für Rabattierungen von Entgelten wird jedoch (innerhalb der allgemeinen Bandbreite des § 3 Satz 1 RegG, § 8 Abs. 3, 3a, 4 PBefG, § 12 AEG) privatautonom-unternehmerisch festgelegt. Für die Umsatzsteuerpflicht von Personenbeförderungsleistungen, die Unternehmen gegen Entgelt erbringen (§ 1 Abs. 1

Nr. 1, § 3 Abs. 9, § 3b UStG), sieht § 12 Abs. 2 Nr. 10 UStG (EU-rechtskonform, basierend auf Rats-RL 2006/112/EG) einen ermäßigten Steuersatz von 7 % vor, andererseits gelten Ausnahmen für bestimmte Verkehrswege und -mittel nach § 4 UStG.

Bereits für die Erfüllung des Anspruchs auf Leistung des Beförderungsentgelts durch den Nutzer wird die Verwendung gesetzlicher Zahlungsmittel (Bargeld) durch andere (unbare, elektronische) Optionen ergänzt, zunehmend sogar ersetzt. Ob eine derartige Bestimmung (zumal in AGB) durch die Vertragsgestaltungsfreiheit des Anbieters legitimiert ist, scheint zumindest dann währungsrechtlich fraglich, wenn und soweit keine normative Gestattung (wie in § 9 Abs. 1 RegG) besteht, weil ansonsten die Beförderungspflicht unterlaufen werden könnte (vgl. Art. 128 Abs. 1 AEUV, Rats-VOen (EG) 974/98, 975/98, § 14 Abs. 1 Satz 2 BBankG, § 1 MünzG). Hingegen muss der Einsatz von Zahlungsdienstleistern bzw. das Erbringen von Zahlungsdiensten bei der Entgeltab-/-verrechnung zwischen Verkehrsunternehmen den (EU-geprägten) Vorgaben des Zahlungsdiensteaufsichtsgesetzes (ZAG) genügen; auch insoweit wäre aber eine Präzisierung der Reichweite der aktuellen gesetzlichen Vorschriften sowie der Ausnahmen hiervon gerade beim Zusammenwirken mehrerer Beförderer beim Erbringen des geschuldeten Transports wichtig (vgl. Mietzsch/Gramlich 2025 [43]; Conreder/Niemann/Bess 2025 [5]).

Speziell: Deutschlandticket

Aktuell wird das in § 9 Abs. 1 Satz 1 RegG legal definierte Deutschlandticket in ganzen zwei Sätzen normativ vorgeprägt: zum einen (Satz 1) als Pflicht der Länder, eine Berechtigung zur bundesweiten Nutzung des ÖPNV einzuführen (zunächst faktisch bis Ende 2025 begrenzt durch die Befristung der Bundesförderung in Abs. 2), zum andern durch zwei Vorgaben: Erhältlichkeit in „digitaler Form“ und Angebot in einem monatlich kündbaren Abonnement (Abs. 1 Satz 2). Die Entgelt-Höhe (49 €, für den Zeitpunkt der Einführung bestimmt) ist seit der 11. Novelle nicht mehr gesetzlich normiert. Schließlich stellt § 9 Abs. 1 Satz 3 RegG den Zusammenhang mit der VO (EG) 1370/2007 her (wie schon § 4) und sieht vor, der danach maßgebliche Ausgleich finanzieller Nachteile werde „abgewickelt“ von den Bundesländern bzw. den „zuständigen Behörden“. Der Regierungsentwurf führte dazu aus, aufgrund des großen Erfolges des befristeten 9-Euro-Tickets 2022, welches die Ausgaben der „Bürger“ für Mobilität deutlich gedämpft habe, sowie aufgrund der weiterhin steigenden Lebenshaltungskosten solle ein „preislich attraktives bundesweit gültiges Nahverkehrsticket“ eingeführt werden. Bundeskanzler und Regierungschefs der Länder hätten im Oktober 2022 „begrüßt“, dass die Verkehrsminister von Bund und Ländern ein digitales, deutschlandweit gültiges Deutschlandticket für den ÖPNV „vorgesehen“ haben, und nach einem weiteren „Beschluss“ würden Bund und Länder die notwendige Auskömmlichkeit des Tarifs für dieses Ticket sicherstellen. Etwaige Mehrkosten, die den Unternehmen im Einführungsjahr durch Mindereinnahmen entstehen, würden Bund und Länder je zur Hälfte tragen und „gemeinsam“ festlegen, wie in den Folgejahren die Finanzierung durch Ticketeinnahmen und die vereinbarten Zuschüsse in Höhe von je 1,5 Mrd. € gesichert werde.

Die „Bundesregierung“ fördere damit die dauerhafte Vereinfachung des Tarifsystems im ÖPNV durch die Länder und setze einen Anreiz zum Umstieg auf den ÖPNV sowie zur Energieeinsparung. Außerdem trage das Deutschlandticket zum Erreichen der Klimaziele des Bundes im Verkehrssektor bis 2030 bei und solle die Bürger finanziell entlasten (Bundestag 2023a, 1 f. [10]). Zur Gesetzgebungskompetenz heißt es dann, über die Vorgaben zur hälftigen Teilung der finanziellen Nachteile zwischen Bund und Ländern und zur Nachweisführung „wirke“ der Bund auf bundesweit einheitliche Bedingungen „hin“. Unterschiedliche Regelungen durch einzelne Länder würden die Akzeptanz und damit die beabsichtigte Lenkungswirkung des bundesweit gültigen Tarifs erheblich beeinträchtigen, Schwierigkeiten im Vollzug auslösen und Verkehrsverbünde wie ÖPNV-Unternehmen „erheblich belasten“. Eine bundesrechtliche Regelung sei deshalb nach Art. 72 Abs. 2 GG zur Wahrung der Rechts- und Wirtschaftseinheit erforderlich (Bundestag 2023a, 10 [10]). Die Umsetzung der „Tarifmaßnahme“ liege in der Zuständigkeit der Länder. Diese organisierten das Verfahren und stellten Aufgabenträgern und Verkehrsunternehmen die um den Länderanteil ergänzten Mittel „in Höhe der entgangenen Fahrgeldeinnahmen und der Umsetzungskosten“ zur Verfügung. Der Nachteilsausgleich unterliege, wie schon sein pandemiebedingter Vorläufer (nach § 7 RegG), nicht der Umsatzsteuer; zudem würden finanzielle Nachteile des Aufgabenträgers bzw. des Verkehrsunternehmens beihilferechtskonform ausgeglichen. Bund und Länder würden sich über weitere Details und Rahmenbedingungen einschließlich Einführungskosten im Sinne der Beschlüsse von 2022 „verständigen“ und diese „in geeigneter Form politisch vereinbaren“.

Offen gelassen wird, wie, in welcher Form und in welchem Verfahren Rechtsverbindlichkeit des Vorhabens herbeigeführt werden soll; nichtssagend ist der Hinweis, § 9 Abs. 1 Sätze 1, 2 RegG knüpften „deklaratorisch“ (Bundestag 2023a, 12 [10]) an Regierungsbeschlüsse an. Der Gesetzestext enthält nichts zu Beförderungsbedingungen und zum (Pauschal-)Tarif lediglich die zunächst maßgebliche Höhe; es fehlen explizite Bestimmungen zum Kreis der Berechtigten/Begünstigten wie der durch Entgelthöhe und -gestaltung verpflichteten Gegenseite; der Bezug zum PBefG in der Erstfassung von Abs. 1 Satz 3 (im 9. ÄndG) wurde alsbald (durch das 10. ÄndG) gestrichen.

In § 9 Abs. 2 Satz 1 RegG wurde bei der Schaffung 2023 den Ländern zur Umsetzung des Deutschlandtickets ein Betrag aus dem Steueraufkommen des Bundes „zuerkannt“, indem ihnen 2023 bis 2025 Regionalisierungsmittel in Höhe von jeweils 1,5 Mrd. € im Jahr zur Verfügung gestellt werden. Da die „bundesweite Gültigkeit von auf Dauer angelegten Tarifen bzw. Abonnements im ÖPNV“ ein „Novum“ sei, müsse nach einem angemessenen Zeitraum eine Überprüfung der Regionalisierungsmittel erfolgen. Um die Ergebnisse der von den Ländern vorgesehenen Evaluation für 2023 und 2024 berücksichtigen zu können, würden die Beträge für drei Kalenderjahre festgelegt. Dies sichere zunächst die Bereitstellung der Mittel auch für 2025 ab, ohne Gesetzgebungsverfahren schon zu einem früheren Zeitpunkt zu verhindern (Bundestag 2023a, 12 f. [10]).

Obwohl im Laufe des Verfahrens sowohl diverse Kritik an der Ausgestaltung des Vorhabens geübt worden war und die verschiedenen Fraktionen etliche rechtliche Änderungsvorschläge gemacht hatten (Bundestag 2023b, 7 ff. [11]), wurde der Regierungsentwurf fast unverändert als Gesetz beschlossen (oben, Abschn. „Governance"); auch ein 11 kritische Punkte auflistender Antrag einer Oppositionsfraktion wurde abgelehnt (Bundestag 2023c [12]).

Rückwirkend ab Anfang 2024 erging kurz vor Ende dieses Jahres das 10. Änderungsgesetz. Dabei wurde zunächst die (nur für 2023 geltende) Fiktion (in § 9 Abs. 1 Satz 3 RegG), dass die (auch) für Beförderungsentgelte nötige behördliche Zustimmung (§ 39 PBefG) bzw. Genehmigung (§ 12 AEG) als erteilt zu erachten sei, ebenso gestrichen wie die direkt auf § 9 Abs. 1 Satz 4 RegG beruhende „vorläufige Anwendbarkeit" des Tarifs. Die befristete Genehmigungsfiktion für eine besondere Tarifmaßnahme sei „ausgesprochen" worden, um die kurzfristige und bundeseinheitliche Umsetzung des Tickets zu gewährleisten; ab 2024 müssten die Länder dies sicherstellen. Die Fiktion beziehe sich auf alle notwendigen Tarifänderungen mit Bezug zu § 9 Abs. 1 Sätze 1 und 2. Die Pflicht zur Aufstellung und Veröffentlichung der Tarife bleibe davon unberührt, auch verändere die Genehmigungsfiktion die bestehende Zuständigkeitsverteilung zwischen Bund und Ländern nicht; insbesondere handele es sich bei ihr nicht um eine „Tarifvorgabe": Der Bund sei keine zuständige Behörde im Sinne der VO (EG) 1370/2007, die Länder würden hier Bundesrecht als eigene Angelegenheit vollziehen (Bundestag 2023a, 12 [10]). Ob diese (frühere) Regelung als Hinweis auf eine generelle Anwendung des PBefG zu verstehen war, nicht zuletzt auch auf dort normierte Maßstäbe oder Kriterien, wurde nicht vertieft. Zur Aufhebung der (bisherigen) Sätze 3 und 4 des § 9 Abs. 1 RegG hieß es lapidar, diese für einen Übergangszeitraum getroffenen Bestimmungen hätten sich durch Zeitablauf erledigt (Bundestag 2024c, 10 [13]). Allgemein wurde auch zur Novelle 2024 bekundet, der Bund unterstütze die Länder bei der Umsetzung eines bundesweit gültigen Nahverkehrstickets; hierdurch würden die Attraktivität des ÖPNV deutlich erhöht und ein Anreiz zum Umstieg auf den ÖPNV und zur Energieeinsparung gesetzt. Der Bund fördere damit die „dauerhafte Vereinfachung des Tarifsystems im ÖPNV durch die verbundübergreifende, deutschlandweite Gültigkeit des Tickets" (Bundestag 2024c, 8 [13]).

Erneut heißt es, mit dem Gesetzentwurf werde ein „Beschluss des Bundeskanzlers mit den Regierungschefinnen und -chefs der Länder" (vom November 2023) umgesetzt. Die „vereinbarte gemeinsame Abrechnung" der Ausgleichsbeträge erfordere eine Änderung des § 9, um hierfür eine „rechtliche Grundlage" zu schaffen. „Klargestellt" werde durch Modifizierung des Abs. 6 Satz 4, dass der Ausgleich finanzieller Nachteile aus dem Deutschlandticket sowie Tarifmaßnahmen der Länder, die in Verbindung mit diesem Ticket stehen, nicht aus Regionalisierungsmitteln nach § 5 finanziert werden dürften (kritisch dazu Bundestag 2024d [14], offenlassend Bundestag 2024e [15]). Dies betreffe u. a. den zusätzlichen Ausgleich für im Preis reduzierte Tickets für Personengruppen wie Schüler, Auszubildende, Senioren und Geringverdienende. Solche Maßnahmen seien vom jeweiligen Land aus eigenen Landesmitteln zu finanzieren (Bundestag 2024c, 2 [13]; vgl. bereits Bundestag 2008 [27]).

Die Regierungsbegründung zum Entwurf eines 11. Änderungsgesetzes (Bundesrat 2025a [1], Bundestag 2025b [16]) nimmt zunächst auf die im Koalitionsvertrag (unten, Abschn. „Koalitionsvertrag 2025") „verankerte" Fortsetzung des Deutschlandtickets über 2025 hinaus Bezug; die Mittelbereitstellung im Jahr 2026 erfordere eine erneute Änderung des § 9 RegG (Bundestag 2025b, 8 [16]). Da eine Regelung zur Höhe des Ticketpreises nur zum Zeitpunkt der Einführung „erforderlich" gewesen sei, sei diese zu streichen. Zum fortbestehenden Teil von Abs. 1 Satz 2 heißt es: Die Erhältlichkeit in digitaler Form umfasse derzeit „z. B. Smartphone-Apps und Smartcards (Herausgabe als Chipkarte)". Damit solle gewährleistet werden, dass die Vorteile von digitalen Tickets kombiniert werden mit einer Verfügbarkeit für den gesamten Personenkreis der Nutzer; Papiertickets seien ausgeschlossen. Die Regelung sei jedoch „offen für weitere technische Entwicklungen" (Bundestag 2025b, 10 [16)]. Eine wichtige Neuerung betrifft die Mittelverteilung im eingefügten Abs. 3a: Aufgrund der zwischenzeitlich gemäß § 9 Abs. 5 Satz 1 erfolgten länderinternen Mittelumverteilung folge eine Abweichung von den Vorjahren (2023–2025). Der Bund erwarte, „dass die Länder entsprechend § 9 Abs. 1 Satz 1 das Deutschlandticket verpflichtend einführen und dies durch geeignete Maßnahmen sicherstellen, beispielsweise durch einen Anwendungsbefehl in den ÖPNV-Gesetzen der Länder" (Bundestag 2025b, 10 [16]).

Der Bundesrat sprach sich in seiner Stellungnahme dafür aus, noch im laufenden Verfahren eine dauerhafte Finanzierung für das Deutschlandticket sicherzustellen, mindestens jedoch bis Ende 2030. Der Mit-Gesetzgeber betonte den engen Zusammenhang zwischen dem Erfolg des Deutschlandtickets und der Qualität des Verkehrsangebotes und sah in einer auskömmlichen Finanzierung eines attraktiven Angebotes eine Grundvoraussetzung für noch mehr Nutzer des Deutschlandtickets; daher bekräftigte er den Beschluss der VMK vom Sept. 2025, auch die regulären Regionalisierungsmittel gemäß § 5 RegG dauerhaft zu erhöhen. Um die Ziele im SPNV – „Sicherung Status quo, Auffangen steigender Kosten und Schaffung von Spielräumen für neue Verkehre" – zu erreichen, sei neben einer Anhebung der Dynamisierung eine Erhöhung des Grundbetrags erforderlich. Für die Länder sei wichtig, zeitnah eine verlässliche und auskömmliche Perspektive für die Zukunft zu bekommen, um Planungssicherheit bei anstehenden Ausschreibungsverfahren für SPNV-Leistungen zu haben. Daher solle eine Kommission aus Bund, Ländervertretern und Experten bis spätestens Mitte 2026 den Bedarf feststellen und konkrete Vorschläge einschließlich eines Umsetzungszeitplans erarbeiten (Bundesrat 2025b [2]); auch hier werden die Forderungen der VMK aufgegriffen.

Die VMK hielt auf einer Sondertagung am 18.9.2025 fest, Bund und Länder seien sich „einig", für 2025 bis 2030 jeweils jährlich 1,5 Mrd. € für das Deutschlandticket bereitzustellen; die Übertragbarkeit im jeweiligen Kalenderjahr nicht verbrauchter Mittel auf die Folgejahre sei im RegG festzuschreiben (Ziff. 1). Zur Sicherstellung der Finanzierung werde der Ticketpreis zum 1.1.2026 auf 63 € pro Monat angehoben; ab 2027 werde er anhand eines von der VMK zu erarbeitenden, nach 3 Jahren zu evaluierenden

„Kostenindexes“ fortgeschrieben, um insbesondere Personal- und Energiekosten abzubilden; dabei sei die Branche zu beteiligen. Mehrerlöse durch Mengeneffekte sollten anteilig „zur Dämpfung der Steigerung des Ticketpreises“ eingesetzt werden (Ziff. 2).

Die Änderungsrechtsetzung ist rechtzeitig vor Jahresende 2025 abgeschlossen worden, der gefundene Kompromiss umfasst jedoch wieder nur einen begrenzten Zeitraum (bis 2030).

Breiterer rechtlicher Rahmen

Recht der Europäischen Union (EU)

Sowohl äußerer Rahmen als auch inhaltliche Vorgaben für die Ausgestaltung mitgliedstaatlichen Rechts ergeben sich für Deutschland als EU-Mitgliedstaat aus primärem und sekundärem Unionsrecht. Im Vertrag über die Arbeitsweise der Europäischen Union werden Verkehrspolitik (Art. 90 ff.) und Transeuropäische (Verkehrs-)Netze (Art. 170 ff.) als zwischen Union und Mitgliedstaaten geteilte Zuständigkeit eingeordnet (Art. 4 Abs. 2 lits. g], h] AEUV), die Festlegungen der für das Funktionieren des Binnenmarktes (Art. 26) erforderlichen Wettbewerbsregeln hingegen als ausschließliche Unionskompetenz (Art. 3 Abs. 1 lit. b] i. V. m. Art. 2 Abs. 1), wobei Wettbewerbs- auch Beihilfe-„Politik“ umfasst (Art. 101 ff., 107 ff.). Binnenmarkt und Kohäsion (wirtschaftlicher, sozialer und territorialer Zusammenhalt, Art. 174 ff.) zählen zur geteilten Zuständigkeit (Art. 4 Abs. 2 lits. a], c]), während „Wirtschaftspolitik“ nur allgemein zwischen den Mitgliedsstaaten zu koordinieren ist (Art. 5 Abs. 1 AEUV). Die EU verfügt durchweg nur über begrenzte Kompetenzen (Art. 2 Abs. 6 AEUV, Art. 4 Abs. 1, 5 Abs. 1, 2 EUV); bei geteilter Zuständigkeit greift zudem das Subsidiaritätsprinzip (Art. 5 Abs. 3 EUV) zugunsten der mitgliedstaatlichen Ebene ein. Unionsorgane sind bei der Rechtsetzung seit Dezember 2009 förmlich zur Beachtung der Europäischen Grundrechtscharta gehalten (Art. 6 Abs. 1 EUV), dürfen also sowohl verbindliche als auch „weichere“ Rechtsakte (Art. 288 AEUV) nur im Einklang mit deren Vorgaben erlassen. Die EuGRCh und sonstiges Primärrecht wie auch sekundärrechtliche Vorschriften gehen, wenn und soweit sie wirksam zustande gekommen sind, in ihrem Anwendungsbereich jeglichem nationalem Recht vor; insoweit hat die Regierungskonferenz anlässlich des Abschlusses des Vertrags von Lissabon 2007 eine auf die ständige Rechtsprechung des EuGH gestützte Erklärung (Nr. 17) publiziert.

Speziell im Bereich öffentlicher Personenverkehrsdienste auf Schiene und Straße sind bereits seit Ende der 60er Jahre Verordnungen (heute: Art. 288 Abs. 2 AEUV) ergangen, gestützt zunächst auf Art. 75, 94 EWGV, sodann auf Art. 16, 73 (und Art. 86 Abs. 2) EG(V), aktuell auf Art. 14, 93 (und Art. 106 Abs. 2) AEUV. Weil Personen(landverkehrs)dienste (Art. 2 lit. a]), die im „allgemeinen wirtschaftlichen Interesse“ erforderlich sind, nicht kommerziell betrieben werden könnten, sei regulierter Wettbewerb zwischen „Betreibern öffentlicher Dienste“ (Art. 2 lit. d]) zielführend (so ErwGr 7 der VO [EG] 1370/2007). Die VO-Bestimmungen selbst wurden seither kaum verändert; die EU-Kommission hat jedoch zweimal Auslegungsleitlinien hierzu publiziert (Mietzsch 2023 [41]). Nach wie vor besteht die Option jeder „zuständigen örtlichen Behörde“ (Art. 2 lit. c], Dienste selbst zu erbringen, sie direkt an „interne Betreiber“ (Art. 2 lit. j], Art. 5 Abs. 2) zu vergeben (Art. 2 lit. h] oder über „öffentliche Dienstleistungsaufträge“ (Art. 2 lit. i] im Wege eines wettbewerblichen Vergabeverfahrens dritte Unternehmen in Anspruch zu nehmen (Art. 5 Abs. 1, 3 ff. VO; vgl. BGH 2019 [71]).

Nationales (deutsches) Recht

Verfassungs- und wirtschaftsrechtlicher Rahmen

Dem Anspruch des EU-Rechts auf Vorrang vor jeglichem mitgliedstaatlichen Recht entspricht im Grundgesetz Art. 23 GG. Die Bindung an europäische Vorgaben betrifft die Bundesrepublik als Ganzes, unabhängig von der internen Verteilung der Gesetzgebungskompetenzen zwischen Bund und Ländern (Art. 30, 70; Art. 104a, 105 GG; s. Bundestag 2024b [33]; zu einer Nahverkehrsabgabe bereits Manssen 1996 [38]). Für den Verkehrssektor weist Art. 73 Abs. 1 Nr. 6a GG dem Bund eine ausschließliche Zuständigkeit (Art. 71) zu im Hinblick auf „Eisenbahnen des Bundes“ (die ganz oder mehrheitlich in dessen Eigentum stehen), betreffend den Bahn-Verkehr, zudem auch für Bau, Unterhaltung und Betreiben von Schienenwegen und Erhebung von Entgelten für deren Benutzung. In die konkurrierende Kompetenz nach Art. 72 (Abs. 1) GG fallen hingegen andere Schienenbahnen (Art. 74 Abs. 1 Nr. 23) sowie der „Straßenverkehr“, zudem das „Kraftfahrwesen“, Bau und Unterhaltung von „Landstraßen für den Fernverkehr“ sowie Erhebung und Verteilung von Gebühren oder Entgelten für die Benutzung öffentlicher Straßen mit Fahrzeugen (Art. 74 Abs. 1 Nr. 22), ferner das „Recht der Wirtschaft“ (einschl. Zahlungsverkehr) gem. Art. 74 Abs. 1 Nr. 11 GG. In diesem Fall hängt das Gesetzgebungsrecht des Bundes auch davon ab, dass (und wie weit) die Herstellung gleichwertiger Lebensverhältnisse im Bundesgebiet oder die Wahrung der Rechts- und Wirtschaftseinheit im gesamtstaatlichen Interesse eine bundesgesetzliche Regelung erforderlich macht (Art. 72 Abs. 2), dann ist aber eine abweichende landesgesetzliche Vorschrift vorbehaltlich von Art. 72 Abs. 4 nicht mehr zulässig (Art. 72 Abs. 3 GG). Spezielle Bestimmungen trifft (seit 1.1.1996, Art. 143a Abs. 3) Art. 106a GG, demzufolge ein der Zustimmung des Bundesrates (Art. 80) bedürfendes Bundesgesetz Näheres dazu besagt, wie es sich mit dem an die Länder zu leistenden Betrag aus dem Steueraufkommen des Bundes (Art. 106 Abs. 1, 3) für den ÖPNV verhält. Hierauf stützt sich das im Kontext der Bahnreform erlassene, Anfang 1996 in Kraft getretene RegG (oben, Abschn. „Was ist am Deutschlandticket neu?“). Im Bereich der Finanzverfassung besteht eine konkurrierende Gesetzgebungskompetenz (Art. 105 Abs. 2 Satz 2 i. V. m. Art. 106 Abs. 3, 4 GG) für die Umsatzsteuer, die (in ermäßigter Höhe) beim Empfänger („Unternehmer“) für das seitens des Nutzers entrichtete Beförderungsentgelt anfällt (oben, Abschn. „Nationales (deutsches) Recht“). Mineralölsteuer (als Verbrauchsteuer in ausschließlicher Bundeszuständigkeit, Art. 106 Abs. 1 Nr. 2 GG) schuldet der Hersteller dieses (Treib-) Stoffes (§ 1 Abs. 1, 2, § 3 MinöStG); anders als im Regelfall ist deren Aufkommen (teils) für das „Straßenwesen“ – und nur dafür – zweckgebunden (Art. 1 Straßenbaufinanzierungsgesetz) und im Rahmen von § 5 RegG einsetzbar, auch nachdem der ausdrückliche Bezug auf das Mineralölsteueraufkommen weggefallen ist.[24] Ausnahmen für Omnibusse, die überwiegend Linienverkehr bedienen (§ 3 Abs. 1 Nr. 6 KraftStG), bestehen bei der von Fahrzeughaltern geschuldeten Kraftfahrzeugsteuer (gem. Art. 106 Abs. 1 Nr. 3 GG; s. § 1 Abs. 1, § 2 KraftStG).

Das MinöStG wurde 2006 vom Energiesteuergesetz abgelöst. Die Bindung für „verkehrspolitische Zwecke" besteht aber fort (s. zuletzt § 7 Abs. 7 des Haushaltsgesetzes 2025). Nach §§ 7–9 RegG dem Bund obliegende Aufwendungen für Zahlungen an Bundesländer werden über die jeweiligen Haushalte abgewickelt, hierfür sind also das Haushaltsgrundsätzegesetz des Bundes (s. Art. 109 Abs. 4 GG) sowie die Haushaltsordnungen von Bund (§§ 70 ff. BHO) und Ländern (z. B. §§ 70 ff. SäHO) maßgeblich. Im Hinblick auf die Infrastruktur („Basis"), auf der Beförderungsdienste erbracht werden, sind Kompetenzen für das Straßen- und Wegerecht (Eigentum, Baulast, Gemeingebrauch, Sondernutzung etc.) je nach Bedeutung (örtlich bis überregional) zwischen Bund und Ländern aufgeteilt.[25] Insofern existieren für den „Überbau" Landesstraßen- und Landeseisenbahngesetze sowie, zur Ausfüllung des RegG, je eigene ÖPNV-Gesetze der Bundesländer. Zuständigkeiten der Gliedstaaten umfassen schließlich auch Zulässigkeit und Grenzen „wirtschaftlicher" Betätigungen auf kommunaler Ebene, in öffentlich- und privatrechtlichen Rechtsformen (z. B. §§ 85 ff. GemO RhPf; §§ 121 ff. HGO). Einrichtungen mit Beteiligungen von Gemeinden, Städten oder anderen kommunalen Körperschaften handeln weithin autonom, müssen jedoch auch Vorgaben des jeweiligen kommunalen Hauptorgans etwa zu Tarifen Folge leisten (z. B. 32 Abs. 2 Nr. 10 GemO RhPf; § 51 Nr. 10 HGO). Nur wenn (eigene) Verkehrsbetriebe zu „öffentlichen Einrichtungen" (etwa nach § 14 Abs. 2 GemO RhPf, § 20 HGO) gewidmet sind, kann deren Nutzung durch Satzung öffentlich-rechtlich geregelt werden (einschließlich der Beförderungs-„Gebühren"), die Regelung einer Benutzungspflicht scheidet jedoch bis auf weiteres aus (s. §§ 24, 26 GemO RhPf, § 19 Abs. 2, § 20 Abs. 1 HGO).

Finanzierung von Daseinsvorsorgeaufgaben

Nur bei kommunalen Verkehrsunternehmen ist aufgrund von Kommunalverfassungs- und -abgabenrecht (z. B. § 28 Abs. 2 Nr. 4, 15 SächsGemO, § 1 Abs. 2 i. V. m. § 2 SächsKAG) im Hinblick auf das Rechtsverhältnis zu Nutzern eine Wahl zwischen (verwaltungs)privatrechtlich-vertraglicher und einseitig gebührenrechtlicher Ausgestaltung eröffnet. Gerade auch ÖPNV-Anbieter können aber (zulässigerweise) auch Einnahmen aus dem Ertrag von (anderen) Abgaben (etwa nach dem Konzept von Nutznießer-Beiträgen) sowie aus Zuwendungen aus öffentlichen Haushalten erlangen. Freilich sind staatliche

[24] Vgl. Art. 2 Nr. 1 des (3.) Änderungsgesetzes v. 20.12.2015 (BGBl. I, 2322); dazu Bundestag 2015 [8].

[25] Für Bundesfernstraßen (nach § 1 des Bundesfernstraßengesetzes) s. §§ 5–7, 8 FStrG; für andere „öffentliche Straßen" (etwa gem. §§ 2, 3 SächsStrG s. §§ 9, 11 ff., 14 f., § 18 SächsStrG.

Einnahmen aus Steuern prinzipiell nicht für bestimmte Zwecke oder Leistungen bestimmt; die Mineralölsteuer stellt insoweit eine Besonderheit dar, deren Bedeutung freilich mit dem Übergang zur Verwendung anderer Treibstoffe bzw. zu E-Mobilität schwinden dürfte. Insofern verhält es sich anders beim Schienenwegeausbaugesetz, nach dessen § 8 eine Investitionsfinanzierung durch Bund im Rahmen der jeweiligen (Bundes-) Haushaltsmittel erfolgt, abgerundet durch §§ 11 – 11b und umgesetzt in Leistungs- und Finanzierungsvereinbarungen (LuFV[26]) nach § 9.

Staatliche Mittelzuflüsse wie wirkungsgleiche Abgabenverschonungen oder -vergünstigungen dürfen zum einen einzelne Empfänger(gruppen) weder ohne hinreichenden Grund besser oder schlechter stellen als andere, zum andern dürfen sie entweder bereits überhaupt nicht als „Beihilfe" (Art. 107 Abs. 1 AEUV) einzuordnen sein (grundlegend EuGH 2003 [86]) oder aber formell und inhaltlich in den Anwendungsbereich von Ausnahmeregelungen fallen (vgl. EuGH 2025 [89]).[27] Insoweit muss dann auf nationaler Ebene auch die einschlägige Rechtsprechung des EuGH beachtet werden,

Zwischen Schiene und Straße unterscheidet sich – und ist dies daher im Hinblick auf Art. 3 Abs. 1 GG rechtfertigungsbedürftig – die Besteuerung der Eigentümer/Halter der je typischen Verkehrsmittel. Kfz-Steuer erfasst freilich regelmäßig nur den Individualverkehr und nimmt vorübergehend E-Autos aus (§ 3d KraftStG). Bei schienengebundenen Verkehrsmitteln muss ggf. Stromsteuer bezahlt werden, gilt für Bahnstrom ein zwar reduzierter, aber im internationalen Vergleich hoher Steuersatz (§ 9 Abs. 2 StromStG). Speziell für den ÖPNV normiert § 56 EnergieStG eine Entlastung von der Energiesteuer auf Energieerzeugnisse (§ 1, § 2 dieses Gesetzes).

Nur für Bundes-Fern-Straßen ist auf Basis einer EU-Richtlinie (1999/62/EG) vom Halter oder anderen dem betreffenden Motorfahrzeug affinen Personen (§ 2 Ans. 1) eine „Maut"-Gebühr für die Infrastrukturnutzung an den Bund zu zahlen, bislang aber nur bei Güterverkehr und größeren Kfz (§ 1 Abs. 1 BFStrMG); auch hier sind u. a. Kraftomnibusse ausgenommen (§ 1 Abs. 3 Nr. 1). Für den Zugang zu „Eisenbahnanlagen" (i. S. v. § 2 Abs. 6a AEG/Anl. 1 ERegG) oder „Serviceeinrichtungen" (§ 2 Abs. 9 AEG/ Anlage 2 Nr. 2 ERegG) müssen demgegenüber nach § 10 i. V. m. § 1 Abs. 12 „Zugangsberechtigte" „regulierte" Nutzungs-, insbesondere Trassenentgelte (§ 20, §§ 23 ff. ERegG) an den Betreiber der Schienenwege (§ 2 Abs. 7a AEG) zahlen (dazu auch Bundestag 2025c [17]; Huwe/Illenseer/Sigl-Glöckner 2025 [36]).

Rechtsanwendung (Vollzugs-/Kontrollzuständigkeiten)

Unionsebene

EU-Recht wird nur selten von eigenen Organen oder Stellen der Union durchgeführt. Lediglich die EU-Kommission ist im Bereich der Wettbewerbs- und Beihilfepolitik mit

[26] https://www.eba.bund.de/DE/Themen/Finanzierung/LuFV/lufv_node.html.

[27] Allgemein https://eur-lex.europa.eu/DE/legal-content/summary/internal-market-and-state-aid-public-passenger-transport-services-by-rail-and-road.html?fromSummary=32 (15.12.2015).

behördlichen Befugnissen betraut, die auch für den ÖPNV überaus wichtig sind. Regelmäßig wird aber selbst unmittelbar anwendbares Unionsrecht durch mitgliedstaatliche „zuständige" Behörden vollzogen und obliegt es den einzelnen EU-Ländern, die notwendigen Vorschriften zu Einrichtung, Organisation und Verfahren ihrer Verwaltungen zu treffen. Ob dabei dann EU-Recht eingehalten wird, unterliegt weithin (vorbehaltlich des Art. 4 Abs. 2 EUV) einer gerichtlichen Kontrolle durch den EuGH, die auch seitens der EU-Kommission über die Einleitung eines Vertragsverletzungsverfahrens (Art. 258 AEUV) herbeigeführt werden kann.

Nationale Ebene

Bundes- und Landesbehörden

In Deutschland gilt als Prinzip, dass auch Bundesgesetze (denen EU-Vorschriften insoweit gleichstehen) durch Behörden der Länder ausgeführt werden (Art. 83, 84, Art. 108 Abs. 2, 3 GG). Für den Verkehrssektor bedeutsame Sonderregeln betreffen zum einen das (privatrechtlich zugeordnete) Bundesvermögen (s. Art. 133, 134 GG), das auch die Bundesstraßen des Fernverkehrs (Art. 90 Abs. 1) und Bundes-Eisenbahnen (im Rahmen des Art. 87e Abs. 3 Satz 2) umfasst. In Bezug auf Fernstraßen kann staatliche Verwaltung als unmittelbare Bundes- (Art. 86, 87 GG) oder als Bundesauftragsverwaltung durch die Länder (Art. 85) ausgestaltet sein (Art. 90 Abs. 2–4). Bundeseigenverwaltung gilt jedenfalls für die Verkehrsverwaltung für Eisenbahnen des Bundes (Art. 87e Abs. 1, 2 GG). Art. 87e Abs. 4 Satz 1 GG nimmt andererseits SPNV betreffende Angebote der Bundes-Eisenbahnen auf deren Schienennetz von der Pflicht des Bundes aus zu gewährleisten, dass dem Wohl der Allgemeinheit, insbesondere den Verkehrsbedürfnissen Rechnung zu tragen ist; insofern ist (nur) Art. 106a GG relevant. Bundes-Oberbehörden (i. S. v. Art. 87 Abs. 3 GG) sind eingerichtet allein für den Eisenbahnbereich, zum einen das Eisenbahn-Bundesamt (EBA) gem. § 2 BEVVG i. V. m. § 5 Abs. 1a Nr. 1 AEG, zum andern (zunächst nur bezogen auf Art. 87 f. Abs. 2 GG) die Bundesnetzagentur (BNetzA), § 2 Abs. 1 Nr. 4, Abs. 3 BEGTPG (2005) i. V. m. §§ 66 ff. ERegG. Auch für Eisenbahnaufsicht (s. § 5a AEG) und für Genehmigungen sind ansonsten Landesbehörden zuständig, speziell für SPNV (§ 5 Abs. 3, 4 AEG).

Im Anwendungsbereich des PBefG (s. § 1, 10 dieses Gesetzes) werden ebenfalls von Landesregierungen bestimmte Stellen als „Genehmigungsbehörden" (§ 11) tätig, auch im Hinblick auf Beförderungsentgelte und -bedingungen (§§ 39, 41 Abs. 3, 45 Abs. 2). Die für die Sicherstellung einer ausreichenden Bedienung der Bevölkerung mit Verkehrsleistungen im ÖPNV zuständigen Stellen werden durch Landesrecht bestimmt (§ 1 Abs. 2 RegG), gleiches gilt für die Zuständigkeiten für dessen Planung, Organisation und Finanzierung (§ 3 RegG). Soweit in kommunaler Hand oder unter kommunaler Kontrolle stehende Unternehmen als „interne Betreiber" ÖPNV-Leistungen erbringen, ist zudem im Hinblick auf die Einhaltung der kommunalwirtschaftsrechtlichen Vorgaben als Rahmen der kommunalen Selbstverwaltung die Kompetenz der jeweiligen Kommunalaufsicht gegeben (z. B. §§ 111 ff. SächsGemO, §§ 135 ff. HGO).

Raumbezogene Zuständigkeiten
Behördenkompetenzen, aber auch die Tätigkeitsgebiete (kommunaler) öffentlicher Unternehmen sind stets bezogen auf die räumliche (territoriale) Zuständigkeit ihres jeweiligen Trägers; auch innerstaatlich bildet die Gebiets-Hoheit rechtliche Grundlage und zugleich Grenze zulässigen Handelns. Jenseits des eigenen Raums bedarf es immer einer Gestattung der je von Aktivitäten betroffenen Einheit, die bei Planung, Realisierung und Management grenzüberschreitender Betätigungen und Vorhaben die Form einer zwischen den Beteiligten abgeschlossenen Vereinbarung oder informellen Absprache annehmen kann. Innerhalb eines (Flächen-)Bundeslandes eröffnen gliedstaatliche Gesetze eine insbesondere in Zweckverbänden (z. B. § 6 NVG RhPf i. V. m. § 2 KomZG RhPf) institutionalisierte oder andere vertragliche Kooperation zwischen Gebietskörperschaften, oft mit Beteiligung privatrechtlicher Unternehmen; zwischen Bundesländern und auch im Verhältnis zu fremden Staaten gestatten das GG (Art. 32 Abs. 3) und die Landesverfassungen (etwa Art. 74a, 89b, 101 Verf RhPf) im Rahmen gliedstaatlicher Zuständigkeit den Abschluss sowohl von (parlamentarischer Billigung bedürfenden) Staatsverträgen als auch von Verwaltungsvereinbarungen zwischen (Stellen der jeweiligen) Exekutive. ÖPNV-Gesetze der Länder normieren insoweit für die jeweiligen (Pflicht-) Aufgabenträger ein Kooperationsgebot gerade bei Landes- oder Staatsgrenzen überschreitenden Verkehren, um Bedienungslücken zu vermeiden oder doch nach Möglichkeit zu schließen (z. B. § 14 und § 4 Abs. 5, § 7 Abs. 6 NVG RhPf).

Auch EU-Recht wird hier maßgeblich. Die VO (EU) 1370/2007 bezieht sich mehrfach (in Art. 2 f.], j], l] m]) auf einen „geografischen" Zuständigkeitsbereich, der nicht das gesamte Staatsgebiet umfasst. Keine derartige Begrenzung wird hingegen im Hinblick auf Betreiber eines öffentlichen Personenverkehrsdienstes und deren Angebote aufgestellt, sodass auch öffentlich(-rechtlich)e Unternehmen oder Einrichtungen (ähnlich wie kommunale Sparkassen) Leistungen grenzüberschreitend erbringen dürfen (vgl. ErwGr 14, 18 der VO [EG] 1370/2007).

Zwischenfazit

Beide im Beitragstitel angedeuteten Kritikpunkte sind mithin derzeit weithin berechtigt, die Defizite und Schwächen aber zuweilen auch dem vorhandenen rechtlichen Rahmen zuzuschreiben, sodass Änderungs- bzw. Verbesserungsmöglichkeiten gefragt sind. Was die aktuelle Governance i. e. S. betrifft, so geht die Verwirklichung des Vorhabens Deutschlandticket zwar in Ausfüllung eines parlamentsgesetzlichen Rechtsrahmens vonstatten, existiert dieser selbst aber nur partiell und fragmentarisch sowie auf begrenzte Zeit (insbesondere im Hinblick auf die staatliche Mit-Finanzierung). Demgegenüber nimmt die Exekutive (Ministerien, behördlicher Unterbau) in der Praxis eine zentrale Rolle ein, ohne dass (Regierungs-)Beschlüsse auf einer transparenten rechtsstaatlichen Verankerung beruhen, etwa auf einer Verankerung in Organisationsgesetzen oder -staatsverträgen bzw. einer Präzisierung eines der vollziehenden Gewalt vorbehaltenen „Kernbereichs“ (vgl. BVerfGE 67 [73]; Bundestag 2006 [26]). Gleiches gilt für die horizontale (und z. T. auch vertikale) Kooperation diverser Ebenen und Stellen in den Phasen von Willensbildung und (Vor-)Entscheidung, aber auch die Einrichtung bzw. organisatorische Anbindung von Geschäftsstellen – beim Bundesrat, wegen dessen Mitwirkung auch im Bereich der Verwaltung (Art. 50 GG). Allerdings müsste hier wohl (wie bei den in Art. 91b, 91c GG erfassten Sachverhalten) eine weitere Ausnahme vom prinzipiellen Verbot der Mischverwaltung (vgl. BVerfG 2014a [75]) geschaffen werden; hingegen liegt eine Anlehnung an die Stellung von Minister-Räten als Haupt-Organe intergouvernementaler Organisationen eher fern, weil diese auf die völkervertragliche Verankerung solcher Gremien zurückzuführen ist. Eine wesentliche Rolle kommt überdies Branchenverbänden der Verkehrsunternehmen (nicht auch der Fahrzeughersteller oder anderer Teile der Automobilwirtschaft) und von diesen gebildeten Einrichtungen zu. Hingegen ist ein Fehlen entsprechender Einbindung von Nutzer- oder (allgemeiner) Verbraucherverbänden zu konstatieren, sodass eine gleichgewichtig erzeugte Legitimation durch Arbeitgeber- und Arbeitnehmerseite wie bei der Allgemeinverbindlicherklärung von Tarifverträgen (nach § 5 i. V. m. §§ 1, 2 TVG) nicht vorhanden ist. Insgesamt greifen daher teils hoheitliche, aber nicht rechtsverbindliche Maßnahmen (des Haushalts- und anderen „Binnenrechts“), teils (Kollektiv-)Vereinbarungen zwischen (wichtigen, aber nicht allen berührten) Verbänden mit (ebenfalls privatrechtlicher) Durchgriffswirkung für ihre Mitglieder (private und öffentliche Unternehmen) ineinander, speziell im Hinblick auf (Re-)Finanzierungsregeln und -verfahren, aber auch in Bezug auf Beförderungsbedingungen samt -tarifen (im Vergleich zu Nutzern) sowie bei der Einnahmenaufteilung (zwischen Verkehrsunternehmen). Selbst wenn dabei auf im öffentlichen Bereich erarbeitete Mustertexte rekurriert wird, so gleicht deren Geltung und Wirkung nur bzw. erst dann derjenigen von Rechtsvorschriften, wenn eine Übernahme für eigene (Geschäfts-)Zwecke allen ÖPNV-Unternehmen möglich ist, entweder als Einzelne oder zumindest vermittelt durch eine Verbandszugehörigkeit, deren Erlangung ihnen grundsätzlich ohne besondere Anforderungen offensteht.

Staatliche (Wirtschafts-)Aufsicht und Kontrolle besteht in vielerlei Hinsicht bezüglich der Einhaltung diverser (Haupt- und Neben-)Genehmigungspflichten, Verkehrsarten, Verkehrsmittel, Entgelte betreffend; eine „Regulierung“ i. e. S. (wie bei anderen Netzwirtschaften[28]) ist freilich nur für den Eisenbahnsektor (durch das ERegG) eingerichtet, sodass z. B. die Wirkung der Tarifgenehmigung (nach § 39 PBefG) gegenüber diese beantragenden Verkehrsunternehmen und (mittelbar) deren Nutzern als vertragliche „Abnehmer“ der Beförderungsleistungen diskussionsbedürftig bleibt.[29] Auch Personenbeförderung wird außer durch Vorschriften des Bundes (PBefG, AEG/ERegG, RegG) und Länder-ÖPNV-Gesetze durch etliche Rechtsverordnungs-Regelungen (des

[28] In den Sektoren Energie (EnWG 2005), Telekommunikation (TKG 2021), Post (PostG 2024).

[29] Zum PostG (1997) – und zum TKG 2004/2012 – s. BVerwG 2015 [83]; zu Flughafenentgelten nach § 19b LuftVG s. EuGH 2019 [87].

Bundes) normativ eingebunden, etwa durch Anforderungen an Fahrzeuge und Fahrer (nach Maßgabe des StVG, wieder teils, wie die FeV auf Grundlage der RL 2006/126/EG, EU-rechtlich basiert, oder auch der auf § 26 AEG gestützten EVO).

Wie weiter? Offene Fragen – Ausblick

Konkretisierung von Governance in Bezug auf das Deutschlandticket

Rechtlich wie politisch von zentraler Bedeutung ist die Schaffung eines (höherrangigen, verbindlichen) normativen Rahmens, innerhalb von dessen Grenzen eine Ausfüllung von durch staatliche Stellen und Private in Kooperation angebotenen/erbrachten Leistungen und Gegenleistungen (Entgelte, andere Refinanzierung der Kosten) vor sich gehen kann. Diese Vorgaben könnten weiterhin auch für konkrete Vorhaben (wie das Deutschlandticket in § 9 RegG) abgesteckt werden, müssten aber weiter reichen, also nicht „nur" auf das Verhältnis Bund und Länder (Bundesbeteiligung aus Steuermitteln, jährliche Höhe, Verteilung zwischen Ländern, Abrechnung, § 9 Abs. 2–8) bezogen sein. Denn bislang finden sich im RegG selbst keine vertiefenden Festlegungen (einschließlich der zur Zielerreichung geeigneten und erforderlichen Verfahren und Instrumente), wie die beim ÖPNV in Pflicht genommenen (privaten wie öffentlichen) Akteure die Umsetzung bewerkstelligen sollen, sondern ergeben sich lediglich partiell Lückenschlüsse durch allgemeineres (öffentliches und privates) Recht. Sinnvoll, wenn nicht gar geboten wäre daher die Normierung der Möglichkeiten wie der Grenzen einer (ggf. „regulierten")Selbstregulierung (durch Bereitstellen von Kooperationsmechanismen) innerhalb eines weiten rechtlichen Rahmens; derartige „Spielregeln" (teils hoheitlich gesetzt, teils vertragsförmig oder als „best practices" anerkannt) könnten ein milderes Mittel im Verhältnis zu direkter staatlicher Aufsicht, Regulierung oder anderer Intervention bilden. Dabei müsste auch eine angemessene (verfahrensmäßige oder sonst etwa über Beiräte institutionalisierte) Einbeziehung nicht nur der Verpflichteten, d. h. der Verkehrsunternehmen, sondern gleichermaßen der nutzungswilligen Personen sichergestellt werden, ggf. durch diese jeweils repräsentierende Verbände, und nicht zuletzt die Wahrung der Interessen von durch Verkehr (etwa zur Nachtzeit oder aufgrund des unvermeidbaren Lärms) negativ betroffenen Dritten. Ziel einer „guten" „public-private governance" sollte sein, die im Verkehrssektor vorhandene (und noch zunehmende) tatsächliche wie rechtliche „Vernetzung", sowohl horizontal als auch in föderalistischen Mehrebenensystemen vertikal, normativ adäquat abzubilden, speziell dort, wo – wie beim ÖPNV – Einigkeit darüber besteht, dass hier auf Dauer nachhaltige Daseinsvorsorge bzw. „Grundversorgung" gewährleistet werden muss (Koalitionsvertrag 2025 [59]).

Reformbedarf bei Zielen und Wegen zu deren Erreichen

Koalitionsvertrag 2025

Das Programm der aktuellen Bundesregierung stellt zu dieser Thematik in Aussicht, zur „Stärkung des ÖPNV" würden „Bund und Länder die ÖPNV-Finanzierung auf eine neue gesetzliche Grundlage stellen und einen Modernisierungspakt starten“, sodann, das Deutschlandticket werde „über 2025 hinaus fortgesetzt“. Der „Anteil der Nutzerfinanzierung“ werde dabei „ab 2029 schrittweise und sozialverträglich erhöht“; um „Planungssicherheit für die Kunden beim Ticket, aber auch für Bund und Länder bei der Finanzierung zu gewährleisten“, würden die Kosten für das Ticket „nach einem festen Schlüssel“ aufgeteilt, und schließlich solle eine „Flottenumrüstung auf klimaneutrale Busse im ÖPNV“ gefördert werden.

Präzisierung der Ziele

Von einer einheitlichen, konsistenten Formulierung und Reihung von Zielen ist das ÖPNV-Recht freilich weit entfernt; insoweit wäre primär dies Aufgabe der Landesgesetzgebung, wo sich bisher zahlreiche, zuweilen unterschiedliche Details finden, jedoch kaum ein Gesamtkonzept. Orientieren könnte sich die Verkehrs-Politik auch insoweit an Normtext und -strukturen in (Bundes-)Gesetzen zu anderen Netz-Wirtschaften, wie EnWG (§ 1), TKG 2021 (§§ 1 f.) oder PostG 2024 (§ 2), einschließlich dort bereits erprobter Regulierungsregimes, auch deshalb, weil trotz Unterscheidung von Infrastruktur und Dienstleistungen (auch im Verkehrssektor) die jeweiligen (Re-) Finanzierungsmechanismen Wechselwirkungen zwischen beiden Ebenen nicht ausblenden können.

Nachhaltige Mobilität im und durch ÖPNV

Finanzierungsoptionen

Werden bundesweite Fahrpreisrabatte für Nutzer als Anreiz für die möglichst ausschließliche Wahl von ÖPNV-Angeboten eingesetzt, liegt der Gedanke an ein Gratisticket nahe.[30] Nicht nur so weit höherrangiges Recht einer Rückkehr zu staatlichen Verkehrsbetrieben entgegensteht, würde auch diese Art von Verkehrswende aber aus anderen Einnahmen (als Fahrscheinentgelten) finanziert werden müssen. Als insoweit noch nicht erprobtes Modell kämen hier eher Nutznießerbeiträge in Betracht, indem (fair und belastbar zu quantifizierende) Wertsteigerungen von Wohn- und anderen Grundstücken im ÖPNV-Erschließungsbereich (partiell) über Beitragspflichten der Begünstigten abgeschöpft werden. Zusätzliche oder andere Steuereinnahmen als bisher (im Hinblick auf die schwindende Bedeutung einer Mineralölsteuer bei Zunahme von E-Autos) müssten nicht nur die Hürde des Zweckbindungsverbots (vgl. Bundestag 2019 [30]; Bundestag 2022 [31]) überspringen, vielmehr sollten Regelungen auch so konzipiert werden, dass sie zugleich Anreize für ÖPNV bieten, ohne motorisierten Individualverkehr übermäßig zu beschränken. Ein Weg dorthin wäre die Durchsetzung des Verursacherprinzips zum einen beim Straßenverkehr (mit Differenzierungen der Gebührenhöhe vor allem je nach

[30] Zur Situation in Luxembourg https://transports.public.lu/de/plus/faq/gratuite-transports-publics.html (15.12.2025); ferner https://www.navit.com/ressourcen/49-euro-ticket-eu-vergleich-oepnv-angebote-in-europa (15.12.2025).

Einsatz umweltverträglich-nachhaltiger Verkehrsmittel), zum anderen aber auch eine Angleichung der von (Kraft-)Fahrzeugnutzern (unbeschadet des Gemeingebrauchs) geschuldeten Straßen-Maut[31] und der Entgelte, die (allein zugangsberechtigte) Eisenbahnverkehrsunternehmen an Betreiber der Schienen-Infrastruktur entrichten müssen, in Art und Lenkungswirkung. Freilich setzt die je andere Art der Verpflichteten (Infrastrukturbetreiber) und/oder Berechtigten (Verkehrsunternehmen und andere Fahrzeughalter) wie auch der Zahlungsempfänger (Bund, Land, Kommune) Grenzen, weil Ungleiches nicht ohne hinreichenden Grund gleichbehandelt werden darf und politische Spielräume für Umfang und Grad einer Vereinheitlichung verbleiben.

Eine stärkere Verrechtlichung, genauer: Vergesetzlichung des Vorhabens müsste national („untere Ebene“) bis auf weiteres vorab seitens der Länderparlamente stattfinden, solange das GG die „Sperre“ des Art. 106a normiert. Ein Beispiel hierfür ist der Freistaat Thüringen, der die aus dem RegG im Zusammenhang mit dem Deutschlandticket erwachsenden Verpflichtungen in gesetzliche Form gegossen hat.[32] Eine sachlich durchaus gebotene Kooperation zwischen Bund und Ländern wie der Gliedstaaten untereinander (auch zur Mindestharmonisierung gemeinsamer grenzüberschreitender Belange) sollte ebenfalls stärker als bisher dem Parlamentsvorbehalt Rechnung tragen. Bei der näheren normativen Ausgestaltung der Aufgaben- und Ausgabenverantwortung nach Art. 104a GG ist ohnehin ein enges Zusammenwirken von Bundestag und Bundesrat geboten. Im Hinblick auf Kommunen verbietet es zum einen Art. 84 Abs. 1 Satz 7 GG, durch Bundesgesetz (neue/andere) Aufgaben auf Gemeinden oder Gemeindeverbände zu übertragen (BVerfG 2020 [79]); soweit dies jedoch im landes(verfassungs)rechtlichen Kontext erfolgt, sehen Landesverfassungen überwiegend strikte Konnexität von Aufgaben und dafür notwendigen (Mehr-)Ausgaben vor, indem ein entsprechender finanzieller Ausgleich erfolgen muss, dem übertragenden Land jedoch auch Weisungsbefugnisse verbleiben dürfen (etwa Art. 78 Abs. 1, 70 Satz 2 Verf NRW; dazu VerfGH NRW 2016 [90])

Des Weiteren dürfte eine Aktualisierung des (übergeordneten) fachlich einschlägigen EU-Sekundärrechts angezeigt sein (etwa im Hinblick auf stärkere Konstitutionalisierung durch die EuGRCh). Ungeachtet der Grenzen insbesondere durch das primärrechtlich verankerte generelle Beihilfenverbot könnten nicht nur politisch, sondern auch im Rahmen geltenden Unionsrechts sowohl durch allgemeine öffentliche Interessen legitimierte gesellschaftliche Daseinsvorsorge-Aufgaben klarer ausgeprägt werden, und zum anderen – als Ergänzung hierzu – wäre eine stärkere Betonung der mitgliedstaatlichen „Rest“-Zuständigkeiten gerade im Governance-Bereich (vgl. Art. 4 Abs. 2 EUV, aber auch Art.

[31] „Die Erhebung von Gebühren für den Gemeingebrauch bedarf einer besonderen gesetzlichen Regelung“ (§ 7 Abs. 1 Satz 4 FStrG).

[32] Mit Wirkung ab 1.10.2023 ist dort den jeweiligen Aufgabenträgern (Landkreise und kreisfreie Städte) die Einführung von „Landestarifen“ zur Erfüllung des Verpflichtung des Bundeslandes nach § 9 Abs. 1 Satz 1 RegG durch § 9 ThürÖPNVG vorgeschrieben worden; § 10 ThürÖPNVG ermächtigt die Landesregierung zur näheren Ausgestaltung durch Rechtsverordnung.

345 AEUV) zur effektiven Erfüllung wesentlicher (Staats- wie EU-)Ziele von höchster Bedeutung, für lebenswerte Mobilität und nicht zuletzt für wirklich „guten" ÖPNV (vgl. Hermes/Kramer/Weiß 2022 [35]).

Literatur

1. Bundesrat (BR), Drucksache (Drs.) 402/25 v. 15.8.2025, Entwurf eines Elften Gesetzes zur Änderung des Regionalisierungsgesetzes (Bundesrat 2025a)
2. Bundesrat, Drs. 402/25(B) v. 26.9.2025, Entwurf eines Elften Gesetzes zur Änderung des Regionalisierungsgesetzes – Stellungnahme des Bundesrates, 5 f. (Bundesrat 2025b)
3. Bundesrat, Drs. 632/25 v. 7.11.2025, Gesetzesbeschluss des Deutschen Bundestages – Elftes Gesetz zur Änderung des Regionalisierungsgesetzes (Bundesrat 2025c)
4. Bundesrat, Drs. 632/25(B) v. 21.11.2025, Beschluss des Bundesrates – Elftes Gesetz zur Änderung des Regionalisierungsgesetzes (Bundesrat 2025d)
5. Conreder, Christian/Niemann, Jörg/Bess, Hanna, Deutschlandticket und ZAG – zahlungsdiensteaufsichtsrechtliche Herausforderungen bei der Mobilitätswende, RdZ 2025, 170 ff. (Conreder/Niemann/Bess 2025)
6. Deutscher Bundestag, Drs. 12/6269 v. 30.11.1993, Beschlussempfehlung und Bericht des Ausschusses für Verkehr zum Entwurf eines Eisenbahnneuordnungsgesetzes, 136 ff. (Bundestag 1993a)
7. Deutscher Bundestag, Drs. 12/6280 v. 30.11.1993, Beschlussempfehlung und Bericht des Rechtsausschusses zum Entwurf eines Gesetzes zur Änderung des Grundgesetzes, 9 (Bundestag 1993b)
8. Deutscher Bundestag, Drs. 18/6370 v. 14.10.2015, Beschlussempfehlung des Vermittlungsausschusses zu dem Dritten Gesetz zur Änderung des Regionalisierungsgesetzes (Bundestag 2015)
9. Deutscher Bundestag, Drs. 20/2081 v. 1.6.2022, Fraktion DIE LINKE, Entwurf eines Gesetzes zur Änderung des Strafgesetzbuches – Straffreiheit für Fahren ohne Fahrschein, 4 ff. (Bundestag 2022b)
10. Deutscher Bundestag, Drs. 20/5548 v. 7.2.2023, Fraktionen SPD, BÜNDNIS 90/DIE GRÜNEN und FDP, Entwurf eines Neunten Gesetzes zur Änderung des Regionalisierungsgesetzes (Bundestag 2023a)
11. Deutscher Bundestag, Drs. 20/6018 v. 15.3.2023, Beschlussempfehlung und Bericht des Verkehrsausschusses, Entwurf eines Neunten Gesetzes zur Änderung des Regionalisierungsgesetzes, 7 ff. (Bundestag 2023b)
12. Deutscher Bundestag, Drs. 20/6040 v. 15.3.2023, Fraktion CDU/CSU, Entschließungsantrag, Entwurf eines Neunten Gesetzes zur Änderung des Regionalisierungsgesetzes (Bundestag 2023c)
13. Deutscher Bundestag, Drs. 20/12773 v. 10.9.2024, Entwurf eines Zehnten Gesetzes zur Änderung des Regionalisierungsgesetzes, 10 (Bundestag 2024c)
14. Deutscher Bundestag, Drs. 20/13168 v. 2.10.2024, Entwurf eines Zehnten Gesetzes zur Änderung des Regionalisierungsgesetzes, Stellungnahme des Bundesrates und Gegenäußerung des Bundesregierung, 2 (Bundestag 2024d)
15. Deutscher Bundestag, Drs. 20/14304 v. 18.12.2024, Beschlussempfehlung und Bericht des Verkehrsausschusses, Entwurf eines Zehnten Gesetzes zur Änderung des Regionalisierungsgesetzes, 7(Bundestag 2024e)

16. Deutscher Bundestag. Drs. 21/1495 v. 8.9.2025, Entwurf eines Elften Gesetzes zur Änderung des Regionalisierungsgesetzes (Bundestag 2025b)
17. Deutscher Bundestag, Drs. 21/1499 v. 8.9.2025, Entwurf eines Gesetzes zur Abmilderung des Trassenentgeltanstiegs bei den Eisenbahnen des Bundes (Bundestag 2025c)
18. Deutscher Bundestag, Drs. 21/1543 v. 9.9.2025, Fraktion BÜNDNIS 90/DIE GRÜNEN, Antrag, Deutschlandticket weiterentwickeln und langfristig sichern (Bundestag 2025d)
19. Deutscher Bundestag, Drs. 21/1757 v. 22.9.2025, Fraktion DIE LINKE, Entwurf eines Gesetzes zur Änderung des Strafgesetzbuchs – Straffreiheit für Fahren ohne Fahrschein (Bundestag 2025e)
20. Deutscher Bundestag, Drs. 21/1932 v. 1.10.2025, Entwurf eines Elften Gesetzes zur Änderung des Regionalisierungsgesetzes, Stellungnahme des Bundesrates und Gegenäußerung der Bundesregierung (Bundestag 2025f)
21. Deutscher Bundestag, Drs. 21/2160 v. 9.10.2025, Antwort der Bundesregierung auf Kleine Anfrage der Fraktion BÜNDNIS 90/DIE GRÜNEN (BT-Drs. 21/1879), Aktuelle und geplante Finanzierung des öffentlichen Personennahverkehrs (Bundestag 2025g)
22. Deutscher Bundestag, Drs. 21/2340 v. 21.10.2025, Antwort der Bundesregierung auf Kleine Anfrage der Fraktion BÜNDNIS 90/DIE GRÜNEN (BT-Drs. 21/1946), Aktueller Stand der Barrierefreiheit im öffentlichen Personennahverkehr und im Schienenpersonennahverkehe (Bundestag 2025h)
23. Deutscher Bundestag, Drs. 21/2628 v. 5.11.2025, Beschlussempfehlung und Bericht des Verkehrsausschusses (zum Antrag der Fraktion BÜNDNIS 90/DIE GRÜNEN, BT-Drs. 21/1543), Deutschlandticket weiterentwickeln und langfristig sichern (Bundestag 2025i)
24. Deutscher Bundestag, Drs. 21/2639 v. 5.11.2025, Beschlussempfehlung und Bericht des Verkehrsausschusses, Entwurf eines Elften Gesetzes zur Änderung des Regionalisierungsgesetzes (Bundestag 2025j)
25. Deutscher Bundestag, Drs. 21/2640 v. 5.11.2025, Bericht des Haushaltsausschusses, Entwurf eines Elften Gesetzes zur Änderung des Regionalisierungsgesetzes (Bundestag 2025k)
26. Deutscher Bundestag. Wissenschaftliche Dienste, Der Kernbereich exekutiver Eigenverantwortung, WD 3 – 383/06, 10.11.2006, 4 ff. (Bundestag 2006)
27. Deutscher Bundestag. Wissenschaftliche Dienste. Soziale Qualitätsstandards im öffentlichen Personennahverkehr, WD 7 – 3000 – 058/08, 6.5.2008, 6 ff. (Bundestag 2008)
28. Deutscher Bundestag. Wissenschaftliche Dienste. Umlagefinanzierung für den fahrscheinlosen Öffentlichen Personennahverkehr (ÖPNV), WD 4 – 3000 – 268/12, 10.12.2012 (Bundestag 2012)
29. Deutscher Bundestag. Wissenschaftliche Dienste. Vorrang der Eigenwirtschaftlichkeit von Verkehrsdienstleistungen nach § 8 Abs. 4 PBefG, WD 7 – 3000 – 031/17, 15.3.2017, 4 ff. (Bundestag 2017)
30. Deutscher Bundestag. Wissenschaftliche Dienste. Haushaltsrechtliche Aspekte der Zweckbindung von Steuereinnahmen, WD 4 – 3000 – 152/19, 25.11.2019, 4 f. (Bundestag 2019)
31. Deutscher Bundestag. Wissenschaftliche Dienste. Zweckbindungsverbot bei Steuern, WD 4 – 3000 – 009/22, 26.1.2022, 4 (Bundestag 2022a)
32. Deutscher Bundestag. Wissenschaftliche Dienste, Daseinsvorsorge. Begriff und Rechtsgrundlagen, WD 3 – 3000 – 059/24, 12.6.2024, 6 f f. (Bundestag 2024a)
33. Deutscher Bundestag. Wissenschaftliche Dienste. Gesetzgebungskompetenzen der Länder im Bereich des Öffentlichen Personennahverkehrs (ÖPNV) und zur Erhebung von Abgaben zur Finanzierung des ÖPNV, WD 3 – 3000 – 089/24, WD 4 – 3000 – 067/24, 13.9.2024, 4 ff., 15 ff. (Bundestag 2024b)

34. Deutscher Bundestag. Wissenschaftliche Dienste. Förderungen von Maßnahmen durch Zuwendungen im Sinne des § 23 der Bundeshaushaltsordnung, WD 3 – 3000 – 040/25; WD 4 – 3000 – 019/25, 27.6.2025, 5 (Bundestag 2025a)
35. Hermes, Georg/Kramer, Urs/Weiß. Holger, Der verfassungsrechtliche Rahmen für ein Mobilitätsgesetz. Rechtsgutachten, Februar 2022 (Hermes/Kramer/Weiß) 2022)
36. Huwe, Vera/Illenseer, Niklas/Sigl-Glöckner, Philippa, Best Practices für die Schiene statt deutscher Sonderweg, WD 2025, 610 f. (Huwe/Illenseer/Sigl-Glöckner 2025).
37. Kingreen, Thorsten, Der verfassungsrechtliche Schutz der Mobilität, JURA 2023, 43 ff. (Kingreen 2023)
38. Manssen, Gerrit, Die finanzverfassungsrechtliche Zulässigkeit der Einführung einer sog. Nahverkehrsabgabe durch Landesgesetz, DöV 1996, 12 ff. (Manssen 1996)
39. Martini, Stefan, Gibt es ein subjektives Recht auf öffentlichen Verkehr? Grundrechte statt Daseinsvorsorge. WZB Discussion Paper, SP III 2006–103 (Martini 2006)
40. Mietzsch, Oliver, ÖPNV-Infrastruktur in Städten – Modell der Nutznießerfinanzierung, 2019, 48 ff., 60 ff. (Mietzsch 2019)
41. Mietzsch, Oliver, Kommission beschliesst neue Auslegungsleitlinien zur VO 1370, IR 2023, 284 ff. (Mietzsch 2023)
42. Mietzsch, Oliver, Entkriminalisierung des sog. Schwarzfahrens – oder was hat der § 265a StGB mit „Nudging" zu tun? NZV 2024, 577 ff. (Mietzsch 2024)
43. Mietzsch, Oliver/Gramlich, Ludwig, Einnahmenaufteilung in Verkehrsverbünden – ein Anwendungsfall für das Zahlungsdiensteaufsichtsgesetz, WM 2025, 2001 ff. (Mietzsch/Gramlich 2025)
44. Bayerisches Staatsministerium für Wohnen, Bau und Verkehr (StMB), Beschluss der Sonder-VMK v. 19.9.2022, TOP 3, https://www.stmb.bayern.de/assets/stmi/vum/handlungsfelder/11_beschluss_der_sonder-%E2%80%8Bverkehrsministerkonferenz_vom_19.09.2022.pdf (StMB 2022)
45. Bayerisches Staatsministerium für Wohnen, Bau und Verkehr, Beschluss der länderoffenen Arbeitsgruppe zum bundesweiten ÖPNV-Ticket v. 27.1.2023, https://www.stmb.bayern.de/assets/stmi/vum/handlungsfelder/12_beschluss_der_l%C3%A4nderoffenen_arbeitsgruppe_zum_bundesweiten_%C3%96pnv-%E2%80%8Bticket_vom_27.01.2023.pdf (StMB 2023a)
46. Bayerisches Staatsministerium für Wohnen, Bau und Verkehr, Grundlegende Festlegungen zu den Tarifbestimmungen für das Deutschland-Ticket v. 27.1.2023, https://www.stmb.bayern.de/assets/stmi/vum/handlungsfelder/13_grundlegende_festlegungen_tarifbestimmungen_deutschlandticket_aktualisiert.pdf (StMB 2023b)
47. Bayerisches Staatsministerium für Wohnen, Bau und Verkehr, Beschluss über die Tarifbestimmungen v. 8.3.2023 (Stand Okt. 2025), https://www.stmb.bayern.de/assets/stmi/vum/handlungsfelder/16_anlage_1_muster_av_beschluss_tarifbestimmungen_deutschlandticket.pdf (StMB 2023c)
48. Bayerisches Staatsministerium für Wohnen, Bau und Verkehr, Beschluss v. 20.3.2023 zur Zuscheidung der Einnahmen, https://www.stmb.bayern.de/assets/stmi/vum/handlungsfelder/17_anlage_5_muster_av_beschluss_des_kr_zur_zuscheidung_der_einnahmen_deutschlandticket_230320.pdf (StMB 2023d)
49. Bayerisches Staatsministerium für Wohnen, Bau und Verkehr, Beschluss v. 20.3.2023 zu Verfahrensbeschreibung Datenmeldung, https://www.stmb.bayern.de/assets/stmi/vum/handlungsfelder/18_anlage_6_zur_muster_av_zuscheidung_verfahrensbeschreibung_datenmeldung.pdf (StMB 2023e)
50. Bayerisches Staatsministerium für Wohnen, Bau und Verkehr, Muster-AV aus der UAG Finanzierung zum Deutschlandticket, https://www.stmb.bayern.de/assets/stmi/vum/handlungs-

felder/15_muster-av_aus_der_uag_finanzierung_zum_deutschland-%E2%80%8Bticket.pdf (StMB 2023f)
51. Bayerisches Staatsministerium für Wohnen, Bau und Verkehr, https://www.stmb.bayern.de/assets/stmi/vum/handlungsfelder/10_organisation_koordinierungsrat.pdf (StMB 2025a)
52. Bayerisches Staatsministerium für Wohnen, Bau und Verkehr, EA-Vertrag 2025, https://www.stmb.bayern.de/assets/stmi/min/verkehrsministerkonferenz/00_vertrag_eav_d-ticket_2025.pdf (StMB 2025b)
53. Bayerisches Staatsministerium für Wohnen, Bau und Verkehr, Muster-Richtlinien zum Ausgleich nicht gedeckter Ausgaben im ÖPNV im Zusammenhang mit dem Deutschland-Ticket im Jahr 2026 aus Bundes- und Landesmitteln, 6.11.2025, https://www.stmb.bayern.de/assets/stmi/vum/handlungsfelder/3_kr_06.11.2025_anlage_-_musterrichtlinien_ausgleich_deutschlandticket_2026.pdf (StMB 2025c)
54. Bayerisches Staatsministerium für Wohnen, Bau und Verkehr, EA-Vertrag 2026, https://www.stmb.bayern.de/vum/handlungsfelder/deutschlandticket/gremienbeschluesse_deutschlandticket/index.php (StMB 2025d)
55. Bayerisches Staatsministerium für Wohnen, Bau und Verkehr, Muster-Richtlinien Ausgleich Deutschlandticket 2026, https://www.stmb.bayern.de/assets/stmi/vum/handlungsfelder/32_kr_06.11.2025_beschluss_muster-ril.pdf (StMB 2025e)
56. Bayerische Staatsregierung (BayStReg), Sonder-Verkehrsministerkonferenz: Einigung bei der künftigen Finanzierung des Deutschlandtickets, https://www.bauen.bayern.de/med/aktuell/archiv/2025/250918sonder-vmk/index.php, 18.9.2025 (BayStReg 2025a)
57. Bayerische Staatsregierung, Verkehrsministerkonferenz in Straubing, https://www.bayern.de/verkehrsministerkonferenz-in-straubing/, 30.10.2025 (BayStReg 2025b)
58. Bundesministerium der Finanzen (BMF), Schlaglicht: Entlastungspaket III, https://www.bundesfinanzministerium.de/Monatsberichte/2022/09/Inhalte/Kapitel-2b-Schlaglicht/2b-drittes-entlastungspaket.html (BMF 2022)
59. CDU, CSU, SPD, Verantwortung für Deutschland, 2025, Zeilen 875 ff.; https://www.koalitionsvertrag2025.de/sites/www.koalitionsvertrag2025.de/files/koav_2025.pdf (Koalitionsvertrag 2025)
60. Deutscher Bundestag, Experten fordern Klarheit beim Deutschlandticket bis 2030, hib 465/25, 6.10.2025 (hib 2025)
61. Deutscher Paritätischer Wohlfahrtsverband (DPW), Sozialticket-Atlas: Mobilität als Wohnort-Lotterie, https://www.der-paritaetische.de/themen/sozialpolitik-europa-klima/sozialpolitik/deutschlandticket-sozial/ (DPW 2025)
62. Infoportal.mobil, Beschl. der GKVS zum Koordinierungsrat v. 1./2.3.2023, https://infoportal.mobil.nrw/fileadmin/02_Wiki_Seite/01_Organisation_Finanzierung/17_Deutschlandticket/Beschluss_GKVS_zu_Koordinierungsrat_230301_02.pdf (Infoportal.mobil 2023a)
63. Infoportal.mobil, Beschluss v. 20.3.2023 zum Marketing für das Deutschland-Ticket, https://infoportal.mobil.nrw/fileadmin/02_Wiki_Seite/01_Organisation_Finanzierung/17_Deutschlandticket/Beschluss_Marketing_Deutschlandticket_230320.pdf (Infoportal.mobil 2023b)
64. Infoportal.mobil, ÖPNV-Organisationsstruktur, https://infoportal.mobil.nrw/organisation-finanzierung/oepnv-organisationsstruktur.html, 7.3.2024 (Infoportal.mobil 2024a)
65. Infoportal.mobil, Wettbewerb im ÖPNV, 6.11.2024, https://infoportal.mobil.nrw/organisation-finanzierung/wettbewerb-1.html (Infoportal.mobil 2024b)
66. Infoportal.mobil, Koordinierungsrat Deutschlandticket, https://infoportal.mobil.nrw/koordinierungsrat.html, 15.1.2025 (Infoportal.mobil 2025)
67. Kommission der EU, Europäisches Regieren – Ein Weißbuch, KOM(2001) 428 endgültig (ABl. EG C 287/1, 12.10.2001) (Kommission 2001)

68. Kommission der EU, European Data Governance Act, https://digital-strategy.ec.europa.eu/en/policies/data-governance-act, 10.10.2024 (Kommission 2024)
69. Verkehrsministerkonferenz, Beschl. v. 23.9.2024, TOP 3, Ziff. 6; https://www.verkehrsministerkonferenz.de/VMK/DE/termine/sitzungen/24-09-23-sonder-vmk-telefonschaltkonferenz/24-09-23-beschluss.pdf?__blob=publicationFile&v=3 (VMK 2024)
70. VÖB, Beihilfevorschriften für Dienstleistungen von allgemeinem wirtschaftlichen Interesse (DAWI), https://www.voeb.de/fileadmin/Dateien/Fachthemen/Europa_Beihilferecht_PDFs/beihilferecht-4.1-kurzfassung.pdf (VÖB) (auf Links zugegriffen jeweils am 30.12.2025)

Rechtsprechung

71. BGH, Beschl. v. 12.11.2019, XIII ZB 120/19, Rn. 24 ff. (BGH 2019)
72. BVerfG, Beschl. v. 13.1.1976, 1 BvR 631/69 und 24/70 = BVerfGE 41, 126 ff., 153 f. (BVerfGE 41)
73. BVerfG, Urt. v. 17.7.1984, 2 BvE 11, 15/83 = BVerfGE 67, 100 ff., 139 (BVerfGE 67).
74. BVerfG, Beschl. v. 7.10.2003. 1 BvR 1712/01 = BVerfGE 108, 370, 388 ff. (BVerfGE 108)
75. BVerfG, Urt. v. 7.10.2014, 2 BvR 1641/11, Rn. 87 (BVerfG 2014a).
76. BVerfG, Beschl. v. 10.10.2014, 1 BvR 856/13, Rn. 5 f. (BVerfG 2014b)
77. BVerfG, Beschl. v. 2.11.2015, 1 BvR 1530/15, 1 BvR 1531/15, Rn. 5 (BVerfG 2015)
78. BVerfG, Beschl. v. 5.10.2018, 1 BvR 2926/24, Rn. 23 (BVerfG 2018)
79. BVerfG, Beschl. v. 7.7.2020, 2 BvR 696/12, Rn. 31 ff. (BVerfG 2020)
80. BVerfG, Beschl. v. 19.11.2021, 1 BvR 781, 798, 805, 820, 854, 860 und 889/21 = BVerfGE 159, 223 ff., 292 f. (BVerfGE 159)
81. BVerfG, Beschl. v. 2.7.2025, 2 BvL 12/23, Rn. 10 ff. (BVerfG 2025).
82. BVerwG, Urt v. 18.3.2010, 3 C 26.09, Rn. 13 ff. (BVerwG 2010)
83. BVerwG, Urt. v. 5.8.2015, 6 C 9.14, Rn. 12 ff. (BVerwG 2015)
84. BVerwG, Urt. v. 27.9.2018, 5 C 7/17, Rn. 12 ff. (BVerwG 2018)
85. BVerwG, Urt. v. 28.7.2021, 8 C 33.20, Rn. 19 ff. (BVerwG 2021)
86. EuGH, Urt. v. 24.7.2003, Rs. C-280/00, Altmark Trans, Rn. 74 ff., ECLI:EU:C:2003:415 (EuGH 2003)
87. EuGH, Urt. v. 21.11.2019, Rs. C-379/18, Deutsche Lufthansa/Land Berlin, Rn. 65 ff., ECLI:EU:C:2019:1000 (EuGH 2019)
88. EuGH, Urt. v. 19.10.2023, Rs. C-156/22, Sad Trasporto Locale SpA/Provincia autonoma di Bolzano, Rn. 33 ff., ECLI:EU:C:2023:795 (EuGH 2023)
89. EuGH, Urt. v. 8.5.2025, Rs. C-615/23, Dyrektor Krajowej Informacji Skarbowej/P. S.A., Rn. 22 ff., ECLI:EU:C:2025:320 (EuGH 2025)
90. VerfGH NRW, Urt. v. 10.5.2016, VerfGH 24/13, Rn. 40 ff. (VerfGH NRW 2016)

Univ.-Prof. i.R. Dr. Ludwig Gramlich, 1992–2016 Inhaber der Professur für Öffentliches Recht und Öffentliches Wirtschaftsrecht an der TU Chemnitz, 1998–2014 Mitglied des Wissenschaftlichen Arbeitskreises für Regulierungsfragen bei der Bundesnetzagentur, 1999–2024 Mitglied des Wissenschaftlichen Beirats des WIK. Publikationen und Gutachten zu Themen des deutschen, europäischen und internationalen Wirtschaftsrechts, einschließlich Probleme der Netzwirtschaften, im Verkehrsbereich insbesondere zur Finanzierung des ÖPNV. Nutzer vor allem des SPNV seit 1961.

Die Finanzierung des Nahverkehrs unter besonderer Berücksichtigung des Deutschlandtickets – staatliche Ausgleichsleistungen und Beiträge der Nutzer

Oliver Mietzsch

Inhaltsverzeichnis

Die Finanzierung des ÖPNV

Die Finanzierung des öffentlichen Personennahverkehrs in Deutschland ist so vielschichtig und komplex wie das System des öffentlichen Verkehrs (ÖV) insgesamt. Neben dem Entfernungsbereich – der Fernverkehr wird im Folgenden nicht weiter betrachtet – sind weitere Unterscheidungsmerkmale die Spurbindung (spurgebunden oder Fahrwegunabhängig), die fahrzeugspezifische Technik, die Betriebsform sowie der formale Angebotstyp. Zum Regelungsbereich des Nahverkehrs gehören sowohl die Verkehrsangebote im Geltungsbereich des Personenbeförderungsgesetzes (PBefG) als auch der Schienenpersonennahverkehr (SPNV) und der sog. übrige ÖPNV auf Fähren und Schiffen oder neuerdings auch mit Seilbahnen.[1]

[1] Vgl. Wirtschaftsverband Westfalen e. V.: Wege gestalten – Urbane Seilbahnen als Bestandteil des ÖPNV Handlungsempfehlungen aus regionaler Sicht, Juni 2022, Druckversion_Neue_Wege_gestalten_-_Urbane_Seilbahnen_als_Bestandteil_des_PNV.pdf [2] (Zugegriffen: 28.07.2025).

O. Mietzsch (✉)
WestfalenTarif GmbH, Bielefeld, Deutschland
E-Mail: oliver.mietzsch@westfalentarif.de

O. Mietzsch und L. Gramlich (Hrsg.), *Wie weiter mit dem Deutschlandticket*,
https://doi.org/10.1007/978-3-658-51318-4_3

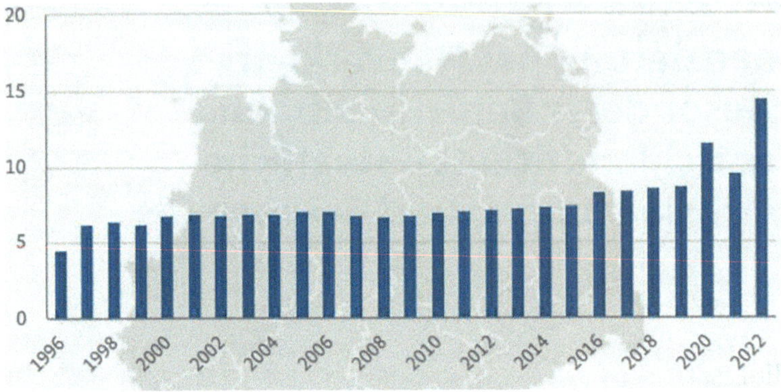

Abb. 1 Reg-Mittel 1996 bis 2022 in Mrd. €. (Quelle: Bundesministerium der Finanzen; https://www.bundesfinanzministerium.de/Monatsberichte/2023/08/monatsbericht-08-2023.html [8] (Zugegriffen: 25.11.2025))

Regionalisierungsmittel als originäres Finanzierungsinstrument für das Deutschlandticket

Für viele dieser unterschiedlichen Kategorien von ÖV gibt es eigene Finanzierungsinstrumente, die sich danach unterscheiden, ob sie investiv oder konsumtiv ausgerichtet sind, nur öffentlichen oder auch privaten Akteuren zufließen, additiv oder substitutiv wirken und auf bundesstaatlicher, landesgesetzlicher oder rein kommunaler Initiative beruhen. Für das Deutschlandticket relevant sind hier insbesondere die sog. Regionalisierungsmittel, die der Bund den Ländern seit 1996 zur Finanzierung des Nahverkehrs auf der Schiene überweist (Mietzsch 2024a [3]).

Seit 1996 hat der Bund den Ländern einen – bis auf die Maßnahmen im Rahmen des sog. Koch-Steinbrück-Papiers[2] – ansteigenden Betrag überwiesen, der infolge der Einführung des Deutschlandtickets zum 1. Mai 2023 weiter erhöht wurde (vgl. Abb. 1). So betrug die Höhe der Regionalisierungsmittel zwischen 1997 und 2008 jährlich rund 6,7 Mrd. € im Durchschnitt; ab dem Jahr 2009 wurde eine jährliche Dynamisierung von 1,5 % vereinbart. Im Jahr 2016 erfolgte eine Aufstockung auf 8,7 Mrd. € zuzüglich einer Erhöhung der jährlichen Aufwuchsrate auf 1,8 %. Zusätzlich erhielten die Länder Berlin, Brandenburg, Mecklenburg-Vorpommern, Saarland, Sachsen, Sachsen-Anhalt und Thüringen für das Jahr 2016 zusammen Regionalisierungsmittel in Höhe von 200 Mio. €, die von 2017 bis 2022 mit jährlich 1,8 % und ab 2023 bis einschl. 2031 mit jährlich 3 % dynamisiert werden. Mit dem Klimaschutzprogramm 2030 wurden dann die Regionalisierungsmittel in den Jahren 2020 bis 2031 erneut um insgesamt knapp

[2] Infolge des Koch-Steinbrück-Papiers wurden die Regionalisierungsmittel 2006 bis 2008 einschließlich um insgesamt 12 % – pro Jahr 4 % – gekürzt; erstmals im Jahr 2006 erfolgte eine Absenkung der Regionalisierungsmittel um 270,9 Mio. € auf 6,7 Mrd. €.

5,3 Mrd. € angehoben und im Jahr 2020 um weitere 2,5 Mrd. € erhöht, um die finanziellen Nachteile des ÖPNV infolge der durch das SARS-CoV-2-Virus ausgelösten Pandemie auszugleichen; für den gleichen Zweck wurde 2021 eine weitere Mrd. Euro zur Verfügung gestellt, die wiederum bis 2031 jährlich um 3 % dynamisiert werden.

Mit der Einführung des 9-Euro-Tickets (als Vorläufer des Deutschlandtickets) für den Zeitraum Juni bis August 2022 kamen dann insgesamt 3,7 Mrd. € hinzu, wovon rd. 2,5 Mrd. € als Ausgleich für die Mindereinnahmen der Verkehrsunternehmen gedacht waren; 1,2 Mrd. € gingen erneut in den pandemiebedingten Nachteilsausgleich. Von 2024 bis einschl. 2031 werden diese Mittel jährlich ebenfalls um 3 % im Vergleich zum Vorjahr angehoben. Mit dem 9. Gesetz zur Änderung des Regionalisierungsgesetzes beschlossen Bund und Länder, in den Jahren 2023 bis 2025 jährlich jeweils 1,5 Mrd. €, zusammen also 3 Mrd. €, als Ausgleich der den Verkehrsunternehmen aus der gesetzlich beschlossenen Tarifabsenkung auf zunächst 49 € monatlich, seit dem 1. Januar 2025 dann 58 € pro Monat entstehenden Mindereinnahmen zur Verfügung zu stellen (BGBl. I 2023, 107). Am 18.09.2025 beschlossen die Verkehrsminister und -senatoren der Länder eine weitere Preisanhebung auf 63 € ab 01.01.2026.[3]

Hinsichtlich der Verwendung der Regionalisierungsmittel gibt es seit vielen Jahren Kritik, insbesondere vonseiten des Bundesrechnungshofes.[4] Dabei konzentriert sich die Kritik auf die fehlende Ausweisung von Ausgabenresten in den Verwendungsnachweisen durch die Länder. Allein im Jahr 2018 seien in den Ländern mehr als 4,6 Mrd. € der Regionalisierungsmittel noch nicht für den ÖPNV verausgabt worden. Ein weiterer Kritikpunkt ist der aus Sicht des Bundesrechnungshofes unzureichende Einsatz originärer Landesmittel für den ÖPNV; im Jahr 2018 habe das Verhältnis von Eigenmitteln zu den vom Bund bereitgestellten Regionalisierungsmitteln lediglich 1:3 betragen. Dahinter steht der Vorwurf, dass die Länder Aufgaben des eigenen Zuständigkeitsbereichs überwiegend mit Bundesmitteln finanzierten, wie z. B. bei den Ausgleichsleistungen im Ausbildungsverkehr (Bericht der Bundesregierung zur Verwendung der Regionalisierungsmittel durch die Länder im Jahr 2018 [6]).[5] Diese Kritik ist umso bemerkenswerter, als bei der Finan-

---

[3] 25-09-18-beschluesse.pdf [4] (Zugegriffen: 25.09.2025).

[4] Bericht nach § 88 Absatz 2 BHO an den Haushaltsausschuss des Deutschen Bundestages zur Finanzierung des öffentlichen Personennahverkehrs mit Regionalisierungsmitteln im Jahr 2018 Einzelplan 60, Kapitel 6001, Titel 031 05; oepnv-regionalisierungsmittel-volltext.pdf [5] (Zugegriffen: 29.07.2025).

[5] Nr. 6 – Tarifausgleiche: „Zu den Tarifausgleichen zählen die Verbundförderung, die Ausgleichszahlungen für den Ausbildungsverkehr (Schiene und Straße) und die Erstattung von Fahrgeldausfällen für die Beförderung schwerbehinderter Menschen. Die Verbundförderung im Jahr 2018 ist mit rund 86 Mio. annähernd unverändert zum Vorjahr geblieben. Die Ausgaben für den Ausgleich der Ausbildungsverkehre sind mit rund 261 Mio. € in 2018 um rund 28 Mio. € gesunken. Der weit überwiegende Teil entfällt auf den Bereich Straße. Da im Verwendungsnachweis nur die Verwendung der Regionalisierungsmittel erfasst wird, ergibt sich auch in diesem Bereich kein umfassendes Bild des Einsatzes von Mitteln für den ÖPNV.“

zierung des Deutschlandtickets Bund und Länder entgegen den bisherigen Vorstößen zur Entflechtung von Bundes- und Landesaufgaben und dem damit verbundenen Abbau sog. Mischfinanzierungen (z. B. Gemeindeverkehrsinfinanzierungsgesetz – GVFG) explizit gemeinsam den Ausgleich der Mindereinnahmen der Verkehrsunternehmen übernehmen (Mietzsch/Gramlich 2025 [7]).

Verlässlichkeit der Finanzierung des Deutschlandtickets

Seit Einführung des Deutschlandtickets stellt sich daher immer wieder die Frage, wie verlässlich die Zusagen von Bund und Länder zum Ausgleich der Mindereinnahmen der Verkehrsunternehmen aus dem Verkauf des Deutschlandtickets im Zeitablauf sind, wie hoch dieser Ausgleichsbedarf tatsächlich ist bzw. ob und wie dieser durch weitere Maßnahmen beeinflusst werden kann und ob es auf Dauer Aufgabe des Steuerzahlers ist, Tarifabsenkungen zu subventionieren, obwohl es in der Vergangenheit zweifelsohne eine Zahlungsbereitschaft für höhere ÖPNV-Tarife gegeben hat. Um mit der Finanzierung der Mindereinnahmen durch Bund und Länder zu beginnen: Rechtlich verbindlich war die Finanzierungszusage zunächst nur für die Jahre 2023 bis einschl. 2025 (§ 9 RegG), für die Zeit danach gab es lange Zeit nur politische Absichtserklärungen.[6] Zwar wurde im Dezember 2024 mit dem Zehnten Gesetz zur Änderung des RegG die Möglichkeit eröffnet, die infolge der in 2023 erst ab Mai – und nicht wie ursprünglich geplant schon ab Januar – erfolgten Einführung des Deutschlandtickets nicht benötigten Regionalisierungsmittel in die Folgejahre übertragen zu können (BGBl. I 2024, 441). Bei dieser Gelegenheit wies der Bund aber unmissverständlich darauf hin, dass er sich zu keiner darüberhinausgehenden Finanzierung im Stande sieht, sodass die Länder etwaige Mehrbedarfe allein auszugleichen hätten. Vor diesem Hintergrund hatten die Verkehrsminister und -senatoren der Länder bereits auf ihrer Sonderkonferenz am 23.09.2024 den Beschluss gefasst, den Preis des Deutschlandtickets ab 1. Januar 2025 von bislang 49 € auf 58 € anzuheben (Beschluss der Sonder-Verkehrsministerkonferenz 2024 [9]).

Nachdem der Bund mit Vorlage des Entwurfs für den Bundeshaushalt 2026 klargestellt hatte, dass er nur zur Zahlung seines bisherigen Finanzierungsbeitrags und das zunächst auch nur für das Jahr 2026 bereit ist,[7] haben sich die Länder in einem Beschluss der Sonder-Verkehrsministerkonferenz vom 18.09.2025 unter Hinweis auf das Gesetzgebungsverfahren zum 11. Gesetz zur Änderung des Regionalisierungsgesetzes darauf verständigt, das Deutschlandticket ab dem 1. Januar 2026 um 5 € auf 63 € zu

[6] „Das Deutschlandticket wird über 2025 hinaus fortgesetzt. „Dabei wird der Anteil der Nutzerfinanzierung ab 2029 schrittweise und sozialverträglich erhöht. Um Planungssicherheit für die Kunden beim Ticket, aber auch für Bund und Länder bei der Finanzierung zu gewährleisten, werden die Kosten für das Ticket nach einem festen Schlüssel aufgeteilt." Verantwortung für Deutschland, Koalitionsvertrag zwischen CDU, CSU und SPD 21. Legislaturperiode, Zeilen 883–886 [8].

[7] Haushaltsplan 2026 – Einzelplan [10] (Zugegriffen: 26.09.2025).

erhöhen. Gleichzeitig soll das Deutschlandticket bis einschl. 2030 von Bund und Ländern weiterhin mit jeweils 1,5 Mrd. € pro Jahr bezuschusst werden. Ab 2027 soll dann parallel eine indexierte jährliche Preisfortschreibung bei gleichbleibender Finanzierungsbeteiligung von Bund und Ländern greifen; diese wird in Ermangelung der – entgegen dem Versprechen im Koalitionsvertrag von CDU, CSU und SPD – ausbleibenden Dynamisierung der Bundes- und Landesmittel überproportional ausfallen müssen. Der neue Ausgleichsmechanismus ab 2026 soll auf den den Aufgabenträgern in 2025 gewährten Ausgleichen aufbauen und diese faktisch festschreiben. M. a. W., darüber hinausgehende Fehlbedarfe der Verkehrsunternehmen könnten dann nur durch Mehrverkäufe aufgefangen werden, nicht durch höhere Zuschüsse von Bund und Ländern. Der Ausgleichsmechanismus von 2025 sah einen 1,3 %igen Verkehrsmengensteigerungseffekt vor und für die Jahre 2024 und 2025 eine insgesamt 13,5 % förderunschädliche Tarifsteigerungsrate. Diese Daten bilden somit den Absprungpunkt für alle weiteren Entscheidungen zum Deutschlandticket hinsichtlich dessen staatlicher Finanzierung.

Die Frage der Verbindlichkeit des Deutschlandtickets spielt – wie dargestellt – seit seiner Einführung eine zentrale Rolle. Im einschlägigen europäischen Recht, hier insbesondere in der Verordnung (EU) 1370/2007, ist geregelt, dass, wenn die öffentliche Hand durch Vorgabe eines Höchsttarifes in die unternehmerische Gestaltungsfreiheit eingreift, die damit verbundenen finanziellen Auswirkungen auf die Kosten und Einnahmen der Verkehrsunternehmen, die auf die Erfüllung der in den allgemeinen Vorschriften oder als Bestandteil öffentlicher Dienstleistungsaufträge festgelegten tariflichen Verpflichtungen zurückzuführen sind, auszugleichen hat; dabei ist eine übermäßige Ausgleichsleistung zu vermeiden. Spätestens mit den Entscheidungen des EuGH im Vorabentscheidungsverfahren[8] zur Definition der gemeinwirtschaftlichen Verpflichtung nach der Verordnung (EG) 1370/2007, zur Notwendigkeit einer Ausgleichsleistung für die Erbringung gemeinwirtschaftlicher Verpflichtungen (EuGH, Urt. v. 08.09.2022 – Rs. C-614/20 – Lux Express Estonia, ECLI:EU:C:2022:641 [11]) sowie zum Verbot der Gewährung einer Ausgleichsleistung für die Erfüllung eines öffentlichen Dienstleistungsauftrages bedingt durch die zuvor erfolgte bzw. zugesagte Bereitstellung entsprechender Mittel im Haushalt (EuGH, Urt.l v. 25.01.2024 – Rs. C-390/22 – Obshtina Pomorie, ECLI:EU:C:2024:75 [12])[9] besteht Klarheit dahingehend, dass eine Finanzierung von tariflichen Höchstvorgaben im

---

[8] Das Vorabentscheidungsverfahren gem. Art. 267 AEUV ermöglicht den nationalen Gerichten (und verpflichtet die obersten Instanzen dazu), dem EuGH Fragen bezüglich der Auslegung und Gültigkeit von Europarecht vorzulegen. Ziel ist es, eine unterschiedliche Auslegung und Anwendung des Unionsrechts in den einzelnen Mitgliedstaaten zu verhindern und damit die Einheitlichkeit und Effektivität des Unionsrechts zu sichern.

[9] Dem Verfahren Obshtina Pomorie zugrunde lag der Abschluss eines öffentlichen Dienstleistungsauftrags im Jahr 2013 durch die bulgarische Gemeinde Pomorie mit einem Verkehrsunternehmen im Wege der Direktvergabe. Ursprünglich sollte der Auftrag nur für einen Übergangszeitraum bis zur Ausschreibung eines Folgeauftrages gelten, lief dann aber offensichtlich über mehrere Jahre bis Anfang 2019. Für den Zeitraum 2016 bis 2019 zahlte die Gemeinde allerdings eine geringere

ÖPNV nach Kassenlage nicht zulässig ist.[10] Diese Feststellung ist umso wichtiger, als z. B. das Land Nordrhein-Westfalen im ersten Entwurf für ein 10. Gesetz zur Änderung des ÖPNVG NRW durch Einführung eines neuen § 14a zum Deutschlandticket „die Aufgabenträger (…) verpflichtet, den bundesweiten Tarif im Sinne von § 9 Absatz 1 des Regionalisierungsgesetzes (Deutschlandticket) umzusetzen", zugleich aber den Aufgabenträgern die mit der Erfüllung der Verpflichtung verbundenen finanziellen Nachteile nur nach Maßgabe des Haushaltsplans sowie der zwischen Bund und Ländern abzustimmenden Finanzierungsregelungen ausgleichen will; das Nähere soll in noch zu erlassenden Landesrichtlinien geklärt werden. Zwischenzeitlich wurde diese Regelung dahingehend verändert, dass, sofern die Mittel, die Bund und Länder zum vollständigen Ausgleich bereitstellen, nicht ausreichen, das Land die Verpflichtung zur Umsetzung des Deutschlandtickets aufheben wird. Fraglich bleibt allerdings die praktische Umsetzung eines etwaigen Ausstiegs aus dem Deutschlandticket, zumal sich das Land dann auch aus der bundesweiten Einnahmenaufteilung verabschieden müsste (Mietzsch, 2026 [14]).

Finanzierungsmechanismus beim Deutschlandticket

Zum besseren Verständnis, weshalb es überhaupt zu Mindereinnahmen im Zusammenhang mit der Einführung des Deutschlandtickets kommt und wie diese sich auf die unterschiedlichen Verkehrsunternehmen bzw. erlösverantwortlichen Aufgabenträger aufteilen, genügt ein Blick in die vom Kompetenzcenter Marketing NRW (KCM) veröffentlichten Zahlen hinsichtlich der Auswirkungen des Deutschlandtickets (damals noch zum Preis von 49 €) auf die Produkte des NRW-Tarifs.[11] Demnach war bei einem Umsatzvolumen von insgesamt 126 Mio. Euro/Jahr in NRW (Stand 2021) davon auszugehen, dass die rot markierten Tarifprodukte auf jeden Fall durch das Deutschlandticket substituiert würden, die gelb markierten Ticketarten unterlägen mit hoher Wahrscheinlichkeit einem Einnahmenverlust durch das günstigere Deutschlandticket. Nur die wenigen grün markierten

---

Ausgleichsleistung, da sie ihrerseits von der Zentralregierung nur einen bestimmten Betrag zugewiesen erhielt. Gegen diese Minderzahlung wandte sich das betroffene Verkehrsunternehmen mit einer Klage; der vom zuständigen nationalen Gericht bestellte Sachverständige ermittelte einen finanziellen Nettoeffekt, der 46-mal höher war als der von der Gemeinde bzw. dem Zentralstaat zur Verfügung gestellte Ausgleichsbetrag. Zur Rechtfertigung ihrer Vorgehensweise verwies die Gemeinde auf das nationale Recht, das einen Haushaltsdeckel festlege. Außerdem seien nicht schon in dem streitgegenständlichen öffentlichen Dienstleistungsauftrag die nach VO (EG) 1370/2007 erforderlichen Ausgleichsparameter geregelt, sondern erst und nur in der bulgarischen Verordnung.

[10] Zur jüngsten Rechtsprechung des EuGH bzgl. der VO (EG) 1370/2007 vgl. Mietzsch (2024b): Anmerkung zum Urteil vom 25.1.2024 – C-390/22, Neue Zeitschrift für Verkehrsrecht, 341 [13].

[11] Der NRW-Tarif ist der landesweite Tarif für Nahverkehrsfahrten zwischen den Regionen des Landes Nordrhein-Westfalen. Er stellt seit 2004 die Haus-zu-Haus-Tarifierung im NRW-Nahverkehr für alle Bus- und Bahnverbindungen zwischen den Verbundräumen in NRW sicher; NRW-Tarif im Überblick – Infoportal von mobil.nrw [15] (Zugegriffen: 31.07.2025)

Ticket	Umsatz 2021 [Mio.€/a]	Wirkung auf Verkäufe
SRT	14,5	Erkennbar rückläufig
SRT Gruppe	0,5	Eher konstant
SWT	0,2	Erkennbar rückläufig
SMT	0,9	Erkennbar rückläufig
SMT Abo	0,7	Vollständige Substitution
SMT Schüler	0,02	Erkennbar rückläufig
SMT Schüler Abo	0,02	Vollständige Substitution
SFT	6,1	Erkennbar rückläufig
EWT	7,5	Erkennbar rückläufig bis vollständige Substitution
STT1	7,2	Erkennbar rückläufig
STT5	10,8	Eher konstant
FT	0,5	Eher konstant
SJT / S60	3,4	Vollständige Substitution
JT	0,5?	Vollständige Substitution
SET	69,0	Eher konstant (wird als Argument für Senkung des Gesamtpreises verwendet werden
NRWupgradeAzubi	3,9	Vollständige Substitution
	Summe: 126 Mio. €/a	

Abb. 2 Übersicht der Tarifprodukte des NRW-Tarifs mit den Wirkungen des Deutschlandtickets auf deren Verkäufe. (Quelle: Kompetenzcenter Marketing NRW (KCM) [15])

Ticketgattungen wurden als unproblematisch angesehen. Sie dürften in ihrem Bestand (Verkaufszahlen und Einnahmen) erhalten bleiben (Abb. 2).

Eine aktuelle Schadensprognose für das Land NRW, bezogen auf den NRW-Tarif, kommt auf einen Fehlbedarf von rund 68 Mio. € (KCM, 2025, S. 54 [16]). Vor diesem Hintergrund hatten sich Bund und Länder bereits am 2. November 2022 auf einen Ausgleich der aus der Einführung des Deutschlandtickets resultierenden Mindererlöse verständigt. Dieser wurde allerdings auf einen Betrag von 3 Mrd. Euro/Jahr gedeckelt. Anlässlich ihrer Konferenz am 8. Dezember 2022 hatten sich die Ministerpräsidenten und die Bundesregierung dann konkret darauf geeinigt, etwaige Fehlbeträge oberhalb der bereits beschlossenen Deckelung für das Jahr 2023 ebenfalls jeweils zur Hälfte zu übernehmen. Für die Folgejahre sollte dann im Jahr 2023 eine Lösung gefunden werden. Nachdem sich im Verlauf des Jahres 2023 zunächst keine einvernehmliche Lösung bei der Finanzierung für die Folgejahre abzeichnete,[12] hatten sich die Regierungschefs der Länder mit dem Bundeskanzler am 6. November 2023 auf die Verwendung der 2023 nicht in Anspruch genommenen Mittel für den gesetzlich im Zeitraum 2023 bis 2024 auf 9 Mrd € gedeckelten Fehlbedarfsausgleich verständigt. Zum anderen schrieb dieser Beschluss eine Spitzabrechnung für 2023 und 2024 fest. Die Verkehrsministerkonferenz erhielt zudem den Auftrag, rechtzeitig vor dem 1. Mai 2024 ein Konzept zur Durchführung des Deutschlandtickets ab dem Jahre 2024 vorzulegen. Gleichzeitig wurde eine weitere Nachschusspflicht

[12] Finanzierung des Deutschlandtickets: Weiter Streit zwischen Bund und Ländern – Nachrichten – WDR [17] (Zugegriffen: 31.07.2025).

im Jahr 2024 ausgeschlossen. Darüber hinaus wurde vereinbart, dass sich Bund und Länder noch im Jahr 2024 über die weitere Finanzierung des Deutschlandtickets verständigen, „einschließlich eines Mechanismus zur Fortschreibung des Ticketpreises, der auch eine Erhöhung beinhalten kann“ (Ergebnisprotokoll Besprechung, 2023[18]). Wie die Geschichte ausging, ist hinlänglich bekannt. Außer der Tatsache, dass im Zehnten Gesetz zur Änderung des RegG die Mittelübertragung der Ausgabereste aus 2023 nun sogar bis einschl. 2025 ermöglicht wurde und die Verkehrsministerkonferenz daraufhin eine Erhöhung des Ticketpreises ab 1. Januar 2025 auf 58 € beschlossen hat, gab es keinerlei weitere Vereinbarungen im Hinblick auf die auskömmliche Finanzierung der Einnahmenausfälle der Verkehrsunternehmen aus dem Verkauf des Deutschlandtickets.

In Bezug auf den Mechanismus der Ausgleichsfinanzierung haben sich die Länder auf sog. Muster-Richtlinien geeinigt, die trotz länderspezifischer Abweichungen in den wesentlichen Bestimmungen identisch sind; dies gilt insbesondere für deren Rechtsqualität als Billigkeitsleistungen im Sinne von § 53 BHO bzw. LHO. Als solche unterliegen sie dem Haushaltsvorbehalt und können bei fehlender Finanzierung gekürzt bzw. ausgesetzt werden (VG Düsseldorf, Urt. 9 K 4501/24 [19]). Allerdings ist fraglich, ob diese Regelungen nicht von höherrangigem europäischem Recht verdrängt werden. Denn beim Verkauf des Deutschlandtickets handelt es sich nicht um eine zuvorderst unternehmerische Entscheidung. Vielmehr haben Bund und Länder mit ihrer Vorgabe eines Höchsttarifs für die deutschlandweite Beförderung im Nahverkehr in die grundgesetzlich geschützte Berufsfreiheit eingegriffen, indem sie alle Tarifangebote unterhalb des Preises des Deutschlandtickets bei darüber hinaus erweitertem Geltungsbereich praktisch wertlos gemacht haben. Zwar gibt es noch vereinzelt Tarifangebote oberhalb des Preises für das Deutschlandticket, diese genießen allerdings eher Nischencharakter und werden entweder aus Gewohnheit oder wegen gegenüber dem Deutschlandticket erweiterter Mitnahmeregelungen (Kinder über sechs Jahren, Mitreisende, Hunde oder Gegenstände wie bspw. Fahrräder) oder deren Übertragbarkeit (am Wochenende etc.) erworben. Im Durchschnitt aller Verkehrsverbünde bzw. Tariforganisationen in Deutschland machen das Deutschlandticket bzw. seine Derivate Deutschlandsemesterticket und Deutschlandticket Job auf Bundesebene sowie diverse Zusatzangebote auf Länderebene (z. B. Deutschlandticket Schule und Deutschlandticket sozial in NRW) mittlerweile rund 70 % des gesamten Fahrtenaufkommens im ÖPNV aus (Marktforschung Berichtszeitraum Q 1 2025 [20]). Je nach dem verkehrlichen und tariflichen Angebot, das in den Verbund- bzw. Tariforganisationen zuvor bestanden hat, sind mehr als Zweidrittel der Bestandskunden auf das Deutschlandticket umgestiegen (VDV 2024 [21]).

Weitere Finanzierungsquellen für das Deutschlandticket

Die weiterhin nicht abschließend geklärte Finanzierung des Deutschlandtickets stellt die Bemühungen der Branche, durch vertriebliche Aktivitäten die Attraktivität des Deutschlandtickets sowie seiner Derivate zu erhöhen, um durch die Gewinnung von Neukunden die Einnahmeverluste bei den Bestandskunden wenigstens ansatzweise auszugleichen, auf die Probe. Dies gilt insbesondere für das Deutschlandticket Job, dessen Rabattierung (5 % durch das Verkehrsunternehmen, wenn der Arbeitgeber sich mit mindestens 25 % an den Kosten beteiligt) bislang im Rahmen der Muster-Richtlinien zum Ausgleich der Mindereinnahmen berücksichtigt wurde; diese Regelung ist aber bis Ende 2025 befristet. Im Rahmen der Gesetzgebungsverfahrens zum 11. Gesetz zur Änderung des Regionalisierungsgesetzes ist es auch hier zu einer Verlängerung bis zum Jahre 2030 gekommen. Im Entwurf der Ampel-Koalition für das Jahressteuergesetz 2024 war demgegenüber ein Mobilitätsbudget vorgesehen, mit dem die Lohnsteuer für außerdienstliche Mobilitätsleistungen in Form eines Sachbezugs oder Zuschusses bis zu einem Betrag von 2400 € jährlich pauschal 25 % betragen sollte, sofern das Budget zusätzlich zum regulären Arbeitslohn gewährt wird. Durch die Pauschalbesteuerung sollten eine bürokratiearme Abwicklung ermöglicht und Anwendungshürden beseitigt werden. Vorgesehen war, die bisherigen Regelungen zur Pauschalbesteuerung so zu erweitern, dass auch moderne Fortbewegungsmöglichkeiten wie E-Scooter, Car-Sharing, Bike-Sharing und andere Sharing-Angebote sowie Fahrtdienstleistungen steuerlich absetzbar werden. Darüber hinaus sollte der Erwerb von Fahrkarten für den öffentlichen Nahverkehr begünstigt werden; insbesondere dies hätte dem Deutschlandticket Job sicherlich einen Schub gegeben und in Kombination mit einer – leider zwischen Bund und Ländern nicht konsensfähigen – Solidarvariante (d. h. das Unternehmen erwirbt für alle seine Mitarbeiter, unabhängig von der tatsächlichen Inanspruchnahme das Deutschlandticket Job) den Absatz der Tickets beflügelt und damit dessen Finanzierung auf verlässlichere Grundlagen gestellt. Mit dem Scheitern der Ampel-Regierung kam es aber nicht zur Aufnahme dieser Regelung in das Jahressteuergesetz 2024.

Dies ist umso problematischer, als seit Beginn der Einführung des Deutschlandtickets die Höhe des Ausgleichsbedarfs der Verkehrsunternehmen umstritten war und bis heute ist. Bereits 2020 wurden die Einnahmenverluste der Verkehrsunternehmen auf insgesamt 10,5 Mrd € geschätzt, davon entfallen auf den öffentlichen Straßenpersonenverkehr[13] (ÖSPV) rund 7,5 Mrd € und auf den SPNV rund 3 Mrd. € (pwc 2022 [22]). Das Statistische Bundesamt hat in seiner Kostenschätzung unter Verweis auf den VDV bei einem Preis von 49 € einen Fehlbedarf von 2,3 Mrd. € im Jahr 2023 und von 4,1 Mrd. € im Jahr 2024 prognostiziert (vgl. Abb. 3). Aufgrund der gegenüber den ursprünglichen Planungen erst zum 1. Mai 2023 erfolgten Einführung des Deutschlandtickets wurden von den 3 Mrd. € Ausgleichsmitteln im Jahr 2023 nach gegenwärtigem Informationsstand nur 2,3 Mrd. € abgerufen. Somit verbleibt ein Saldo von 0,7 Mrd. €. Diese Summe wurde übertragen, sodass für 2024 noch von einem Fehlbedarf von 0,4 Mrd € auszugehen war. Ob dies ausgereicht hat, kann gegenwärtig nicht abschließend bewertet werden, da die endgültige Feststellung des Ausgleichsbedarfs der Verkehrsunternehmen mit einem Zeit-

[13] Unter ÖSPV werden Busse, Straßenbahnen (Tram), Stadt- und U-Bahnen sowie Oberleitungsbusse und neuerdings auch urbane Seilbahnen subsumiert. SPNV ist der Oberbegriff für den Schienenpersonennahverkehr., d. h. Regionalbahnen und Regionalexpresszüge sowie S-Bahnen.

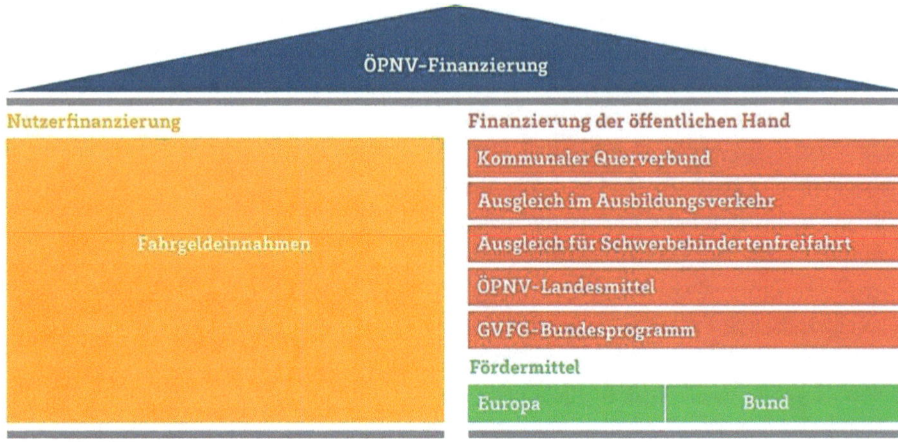

Abb. 3 Struktur der Finanzierung des ÖPNV in Deutschland. (Quelle: Fördermittel für den öffentlichen Verkehr, VDV Juli 2017 [27])

verzug erfolgt.[14] Allerdings gibt es eine strukturelle Unterfinanzierung im Öffentlichen Verkehr unabhängig von Deutschlandticket.[15]

In der letzten Zeit häufen sich Appelle, dass die Verkehrsunternehmen selbst mehr für den Absatz des Billigtickets unternehmen sollten. Zu diesem Zweck wurden im Jahr 2025 erstmals auch Vertriebsanreize förderfähig. Bislang sahen die Muster-Richtlinien lediglich die Berücksichtigung von Vertriebsaufwendungen vor. So wurde schon bei Abfassung der ersten „Muster-Richtlinien über die Gewährung von Billigkeitsleistungen zum Ausgleich nicht gedeckter Ausgaben im öffentlichen Personennahverkehr im Zusammenhang mit dem Deutschlandticket“ der mit der Vertriebsumstellung auf die grundsätzlich digital auszugebenden Deutschlandtickets verbundene Aufwand berücksichtigt. Konkret wurde für jeden zum Stichtag 30. April 2023 in einem vor dem Deutschlandticket angebotenen Abonnement gebundenen Kunden eine einmalige Umstellungspauschale in Höhe von 15,00 € gewährt. Abonnements sind Zeitfahrkarten mit einer zeitlichen Gültigkeit von mehr als einem Monat. Dazu zählen auch Semestertickets sowie Monatskarten, die von Unternehmen ausgegeben werden, die keine Abonnements im gesamten Tarifangebot haben, wenn mindestens vier dieser Monatskarten im Zeitraum 1. Mai 2022 bis 30. April 2023 nachweislich an denselben Kunden verkauft wurden. Um für alle bis zum Stichtag 30. April 2023 gebundenen Kunden eine Umstellungspauschale zu erhalten, mussten bis zum Stichtag 31. Dezember 2023 mindestens 60 % des Abo-Kundenbestands vom 30. April 2023 ein Abonnement abgeschlossen haben. Wenn dieser Wert unter 60 % lag, aber mehr als 30 % des Kundenbestandes vom 30. April 2023 be-

[14] Der VDV beziffert die Unterdeckung beim Deutschlandticket für 2025 mit 800 Mio. €. Vgl. Ein Jahr Deutschland-Ticket – eine Bilanz | VDV – Das Magazin [23]. (Zugegriffen am 16.01.2026).

[15] Vgl. Bensler; Mietzsch; Ruhort Lisa: ÖPNV-Finanzierung: Langrfristig sichern – das geht nur gemeinsam, Alternative Kommunal Politik (AKP) (2), 2026, S. 22–23- [24].

trug, wurden noch 50 % der Umstellungspauschale gewährt. Zuzüglich erfolgte für jedes zum 30. April 2023 vorhandene, auf die Kontrolle des Deutschlandtickets ertüchtigte und für diese Kontrolle im Jahr 2023 beschaffte Kontrollgerät eine einmalige Umstellungspauschale zur Kompensation der Kontrollmehrausgaben in Höhe von 317,00 €.

In den Muster-Richtlinien für das Jahr 2024 wurden dann weitere zusätzliche Vertriebsaufwendungen berücksichtigt. Zur anteiligen Deckung der Umsetzungskosten des Deutschlandtickets durch entstandene Vertriebsmehrkosten in der Umsetzungsphase 2024 wurde für jedes als Chipkarte verkaufte Deutschlandticket pro Monat seiner Gültigkeit jeweils ein Betrag von 1,50 € gewährt. Für jedes nicht als Chipkarte, d. h. per Smartphone verkaufte Deutschlandticket gab es pro Gültigkeitsmonat jeweils einen Betrag von 1,20 €. Um nicht auch die vor Einführung des Deutschlandtickets getätigten Vertriebsaufwendungen im Nachhinein zu fördern, wurde für jedes am 30. April 2023 bestehende Abonnement (Kundenzahl) ein Abzug von 8 Tickets als Chipkarte vorgenommen. Maßgeblich ist dabei die Kundenzahl, die nach den Muster-Richtlinien für den Ausgleich 2023 ermittelt wurde. Führt die Berechnung der Vertriebspauschale zu einem negativen Betrag, ist dieser nicht als Ersparnis zu berücksichtigen.

Für 2025 sind Vertriebsaufwendungen in den Musterrichtlinien zwar explizit nicht mehr vorgesehen; dafür wurde jedoch ein bundesweiter Vertriebsanreiz eingeführt. Die daraus erzielten Einnahmen sind von den Fahrgeldeinnahmen als Grundlage für die Berechnung der Ausgleichsleistungen abzuziehen und schmälern somit den Ausgleichsanspruch der Verkehrsunternehmen. Das erscheint insofern nachvollziehbar, als es sich dabei um Aufwand für das ticketausgebende Unternehmen bzw. dessen Vertriebsdienstleister handelt, die ohne das Deutschlandticket nicht entstanden wären. Durch die Nichtanrechnung auf den Ausgleichsanspruch des Unternehmens soll ein Anreiz zur Steigerung des Absatzes von Deutschlandtickets gegeben werden. Demnach soll jedes das Deutschlandticket verkaufende Unternehmen für das Deutschlandticket Job 1,94 € je Ticket und Monat, für das Deutschlandsemesterticket 1,34 € je Ticket und Monat sowie 2,72 € pro Monat für jedes reguläre Deutschlandticket erhalten. Der Vertriebsanreiz wird je Ticket zzgl. Umsatzsteuer von den Brutto-Fahrgeldeinnahmen in Abzug gebracht. Die verbleibenden Brutto-Fahrgeldeinnahmen sind für den Verlustausgleich entsprechend den Muster-Richtlinien 2025 in Nettobeträge umzurechnen. Es wird davon ausgegangen, dass der Vertriebsanreiz nicht gesondert als Vertriebsleistung, sondern als einheitliche Personenbeförderungsleistung mit z.Zt. 7 % (bzw. dem ermäßigten Umsatzsteuersatz) besteuert werden darf. Sollte das Verkehrsunternehmen den Vertriebsanreiz als gesonderte Vertriebsleistung mit dem Regelsteuersatz (z.Zt. 19 % Steuersatz) versteuern müssen, würde sich insoweit der Bruttovergütungsanspruch bei identischem Nettobetrag um die gesetzliche Umsatzsteuer (zzgl. 19 %) erhöhen. Für diesen Fall soll das Verkehrsunternehmen einen Nachweis durch eine entsprechende Auskunft der Finanzverwaltung führen, dass es aus rechtlichen Gründen verpflichtet ist, die Vertriebsleistung gesondert mit dem regulären Steuersatz zu versteuern. Fraglich bleibt allerdings, welche Folgen dieser Vertriebsanreiz für die Branche insgesamt hat.[16] Vor dem Hintergrund der Zuscheidung der Fahrgeldeinnahmen aus dem Deutschlandticket nach der Postleitzahl der Abonnenten (beim Deutschlandsemesterticket nach der Postleitzahl des Hochschulstandortes) ist durchaus mit einem Abfluss von Mitteln aus Regionen mit hoher Nutzungs-, aber geringerer Verkaufsintensität in bzw. zugunsten von Regionen zu rechnen, die viele Deutschlandtickets verkaufen, ohne dass dem eine entsprechend hohe Anzahl an Nutzern gegenübersteht.

Der aktuellen Prognose einer Arbeitsgruppe zufolge, die sich mit der Umsetzung des Deutschlandtickets beschäftigt, sollen für das Deutschlandticket im Jahr 2025 Kosten zwischen 3,56 Mrd. € und 3,87 Mrd € entstehen. Je nachdem, welcher Ausgleichsmechanismus der Berechnung zugrunde liegt und ob eine Preiserhöhung einbezogen wird, steigt der Finanzierungsbedarf den Berechnungen der Fachleute zufolge unterschiedlich stark an (Tagesspiegel Background, 01.08.2025). Vor diesem Hintergrund stellt sich die grundsätzliche Frage, ob die bisherige, rein auf Fahrgeldeinnahmen der Nutzer sowie auf dem allgemeinen Steueraufkommen beruhende Finanzierung des ÖPNV überhaupt noch zukunftsfähig ist. Zum einen ist das Steueraufkommen konjunkturanfällig,[17] zum anderen speisen sich die Regionalisierungsmittel aus dem Mineralölsteueraufkommen des Bundes.[18] Wenn und soweit durch die klimapolitisch erforderliche Elektrifizierung des Verkehrs das diesbezügliche Steueraufkommen zurückgeht, sinkt damit automatisch die Einnahmebasis für den ÖPNV. Aufgrund des finanzwirtschaftlichen Grundsatzes des Nonaffektationsprinzips (Prinzip der Gesamtdeckung des Haushaltes aus den vorhandenen Einnahmen) ist zwar nicht auszuschließen, dass etwaige Steuermindereinnahmen bei der Mineralölsteuer aus anderen Steuerquellen überkompensiert werden, gleichwohl gerät bei zunehmendem gesamtgesellschaftlichen Mittelbedarf die Verteidigung angestammter Finanzierungskreisläufe immer starker unter Druck.

---

[16] Für eine ausführliche Darstellung der Vertriebsproblematik beim Deutschlandticket vgl. Mietzsch/Fiedler: Vertriebskostenprovision beim Deutschlandticket – Gut gemeint ist noch lange nicht gut gemacht! Der Rote Renner 13.01.2025 [25].

[17] Den Ergebnissen der 170. Steuerschätzung zufolge liegen die Steuereinnahmen für Bund, Länder und Gemeinden unter Berücksichtigung der bis Mai 2026 in Kraft getretenen Steuerrechtsänderungen im laufenden Jahr bei einem Volumen von 998,7 Mrd. Euro. Für 2027 liegen die erwarteten Steuereinnahmen bei insgesamt 1.033,3 Mrd. Euro. [26].

[18] „Das Aufkommen an Mineralölsteuer, ausgenommen das Aufkommen aus der Besteuerung der Schweröle und Reinigungsextrakte nach § 8 Abs. 2 des Mineralölsteuergesetzes, ist im Rechnungsjahr 1964 in Höhe von 46 vom Hundert, im Rechnungsjahr 1965 in Höhe von 48 vom Hundert und in den folgenden Rechnungsjahren in Höhe von 50 vom Hundert für Zwecke des Straßenwesens zu verwenden. Dies gilt nicht für das Mehraufkommen an Mineralölsteuer, das sich infolge der Änderung von §§ 2, 8 Abs. 2 und § 15b des Mineralölsteuergesetzes durch Artikel 1 Nr. 2, 8 und 19 des Verbrauchssteueränderungsgesetzes 1988 vom 20. Dezember 1988 (BGBl. I S. 2270) und der Änderung von §§ 2, 8 Abs. 2 und § 15b des Mineralölsteuergesetzes durch Art. 3 Nr. 1, 2 und 5 des Gesetzes v. 24.06.1991 (BGBl. I S. 1318) ergibt." Vgl. Art. 1 (Zweckbindung des Aufkommens der Mineralölsteuer) des Straßenbaufinanzierungsgesetzes in der im Bundesgesetzblatt Teil III, Gliederungsnummer 912–3, veröffentlichten bereinigten Fassung, das zuletzt durch Art. 19 des Gesetzes v. 14.08.2017 (BGBl. I, 3122) geändert worden ist.

Bei der Nutzerfinanzierung, d. h. den Fahrgeldeinnahmen, zeigt die durch das 9-Euro-Ticket und anschließend mit Einführung des Deutschlandtickets ausgelöste Entwicklung in die gegenteilige Richtung: Der zwischen 2015 und 2019 mit durchschnittlich 74,8 % bezifferte Kostendeckungsgrad[19] dürfte seitdem erheblich gesunken sein.[20]

Wenn somit das dem ÖPNV zur Verfügung stehende Steueraufkommen insbesondere als Resultat einer politisch gewollten Fahrpreisabsenkung immer weiter unter Druck gerät und gleichzeitig die stärkere Belastung der Fahrgäste nicht oder nur in Maßen als adäquat angesehen wird (Krämer u. a. 2025 [28]), bleibt als dritte Finanzierungssäule nur die Nutznießerfinanzierung. Im Gegensatz zur Steuerfinanzierung – die bei der Allgemeinheit ansetzt – und den nur von den tatsächlichen Nutzern zu entrichtenden Fahrgeldeinnahmen setzt die Nutznießerfinanzierung bei denjenigen Personen an, die vom ÖPNV einen individuellen Nutzen haben, auch wenn sie ihn selbst gar nicht in Anspruch nehmen. Das können die Anlieger von ÖPNV-Haltestellen sein, die dadurch besser erschlossen werden, was sich insbesondere bei gewerblicher Nutzung als Standort- und damit geldwerter Vorteil erweisen kann. Nutznießer sind aber auch Autofahrer, die durch ein gutes ÖPNV-Angebot Stauwartezeiten auf überfüllten Straßen vermeiden, oder Arbeitgeber, die infolge einer verbesserten ÖPNV-Erreichbarkeit leichter Arbeitskräfte und Kunden finden und zugleich gesundheitsbedingte Ausgaben für ihre Mitarbeiter sowie Aufwand für das Vorhalten von Parkflächen für Kunden und Mitarbeiter einsparen können. Bislang werden die Nutznießer eines guten ÖPNV-Angebots (infrastrukturell wie betrieblich) an dessen Kosten nicht gesondert beteiligt. Ansatzpunkte für eine direkte Kostenbeteiligung der Nutznießer können Erreichbarkeits- und Erschließungsparameter sein (Mietzsch 2020 [29]) oder das Halten eines Kfz wie im Rahmen des Baden-Württembergischen Mobilitätspasses.[21] Allerdings fehlen bislang – mit Ausnahme von Baden-Württemberg mit einer gesetzlichen Regelung für den Mobilitätspass sowie einer diesbezüglichen Passage im Koalitionsvertrag von CDU und Bündnis 90/Die Grünen

---

[19] Der Kostendeckungsgrad ist eine betriebswirtschaftliche Kennzahl. Er liefert Informationen darüber, wie das Verhältnis der Gesamtkosten im Unternehmen zu seinen Umsatzerlösen ist. Dabei werden die Gesamtkosten den erzielten Umsatzerlösen gegenübergestellt. Im ÖPNV besteht die Besonderheit, dass lt. VDV auch Fahrgeldersatzleistungen wie Ausgleichsleistungen im Ausbildungsverkehr, Schwerbehindertenfreifahrt in die Erlösberechnung mit einfließen.

[20] Statista zufolge betrug bereits 2021, d. h. noch während der Corona-Pandemie und dem damit zusammenhängenden Einnahmenrückgang im ÖPNV, der Kostendeckungsgrad nur noch 56,1 %. Es spricht viel dafür, dass nach Beendigung der Pandemie trotz wieder ansteigender Fahrgastzahlen beim Kostendeckungsgrad aufgrund der im Jahr 2022 mit dem 9-Euro-Ticket und dem ab 2023 vorerst bis einschließlich 2030 eingeführten Deutschlandticket einsetzenden Entwicklung keine Trendumkehr zu erwarten ist.

[21] Mobilitätspass für den ÖPNV: Ministerium für Verkehr Baden-Württemberg [30] (Zugegriffen: 20.07.2025).

in Nordrhein-Westfalen, deren Umsetzung noch aussteht[22] – verbindliche Rechtsgrundlagen zur Beteiligung der Nutznießer von ÖPNV. Und selbst in Baden-Württemberg und NRW verstehen sich die diesbezüglichen Vorgaben lediglich als Angebot an Kommunen, nicht als Verpflichtung zur verbindlichen Einführung. Es bleibt also noch viel zu tun, um die Finanzierung des ÖPNV – und damit letztlich auch des Deutschlandtickets – auf eine breitere Basis zu stellen.

Literatur

1. Schiefelbusch, Martin (2018): Öffentlicher Personenverkehr. In: ARL – Akademie für Raumforschung und Landesplanung (Hrsg.): *Handwörterbuch der Stadt- und Raumentwicklung*, Hannover, 1631–1637.
2. Urbane Seilbahnen – klimafreundlich, preiswert, zuverlässig BMV unterstützt Kommunen und kommunale Verkehrsunternehmen bei Urbanen Seilbahnvorhaben im Öffentlichen Nahverkehr.https://www.bmv.de/DE/Themen/Mobilitaet/OEPNV/Urbane-Seilbahnen/urbane-seilbahnen.html Zugegriffen: 17.05.2026).
3. Mietzsch, Oliver (2024a): Regionalisierung des öffentlichen Schienenpersonennahverkehrs – rechtliche und finanzielle Grundlagen vor dem Hintergrund des Deutschlandtickets. In: Thilo Becker et al. (Hrsg.): *Handbuch der kommunalen Verkehrsplanung*, Loseblattsammlung, Beitragsnummer 4.2.2. Berlin/Offenbach.
4. Beschluss der Sonder-Verkehrsministerkonferenz am 18.09.2025, 25-09-18-beschluesse.pdf (Zugegriffen: 25.09.2025).
5. Bericht nach § 88 Absatz 2 BHO an den Haushaltsausschuss des Deutschen Bundestages zur Finanzierung des öffentlichen Personennahverkehrs mit Regionalisierungsmitteln im Jahr 2018 Einzelplan 60, Kapitel 6001, Titel 031 05; oepnv-regionalisierungsmittel-volltext.pdf (Zugegriffen: 29.07.2025).
6. Bericht der Bundesregierung zur Verwendung der Regionalisierungsmittel durch die Länder im Jahr 2018.
7. Mietzsch, Oliver; Gramlich, Ludwig: Wie weiter mit dem Deutschlandticket – Bestandsaufnahme und Ausblick aus rechts- und finanzpolitischer Sicht, in: *Jahrbuch für öffentliche Finanzen* 2-2024, S. 157–178.
8. Verantwortung für Deutschland Koalitionsvertrag zwischen CDU, CSU und SPD 21. Legislaturperiode.
9. Beschluss der Sonder-Verkehrsministerkonferenz am 23. September 2024, https://www.verkehrsministerkonferenz.de/VMK/DE/termine/sitzungen/24-09-23-sonder-vmk-telefonschaltkonferenz/24-09-23-beschluss.pdf?__blob=publicationFile&v=3 (Zugegriffen: 29.07.2025).
10. Haushaltsplan 2026 – Einzelplan (Zugegriffen: 26.09.2025).
11. EuGH, Urt. v. 08.09.2022 – Rs. C-614/20 – Lux Express Estonia, ECLI:EU:C:2022:641.
12. EuGH, Urt. v. 25.01.2024 – Rs. C-390/22 – Obshtina Pomorie, ECLI:EU:C:2024:75.

[22] „Wir werden Kommunen, die es wünschen, die Einführung einer Drittnutzerfinanzierung ermöglichen. Zur Einführung wird dem Rat empfohlen, hierüber einen Ratsbürgerentscheid durchzuführen. Kommunen, die eine solche Finanzierung einführen, müssen ihre bisherigen Aufwendungen für den ÖPNV aus dem kommunalen Haushalt mindestens verstetigen", Zukunftsvertrag für Nordrhein-Westfalen, Koalitionsvereinbarung von CDU und GRÜNEN 2022–2027, Zeilen 1717–1721 [31].

13. Mietzsch, Oliver (2024b): Anmerkung zu EuGH, Urteil vom 25.1.2024 – C-390/22, *Neue Zeitschrift für Verkehrsrecht* 2024, 341.
14. Mietzsch, Oliver (2026): Der Entwurf eines Zehnten Gesetzes zur Änderung des Gesetzes über den öffentlichen Personennahverkehr in Nordrhein-Westfalen (10.ÖPNVG-ÄndG) – Entkommunalisierung durch die Hintertür, KommJur 1/2026, S. 1–6.
15. NRW-Tarif im Überblick – Infoportal von mobil.nrw (Zugegriffen: 30.07.2025).
16. KCM. Update, Tarifreport NRW 23/24, Verkehrsverbund Rhein-Sieg GmbH, 2025.
17. Finanzierung des Deutschlandtickets: Weiter Streit zwischen Bund und Ländern – Nachrichten – WDR (Zugegriffen: 31.07.2025).
18. Ergebnisprotokoll Besprechung BK-RegCh 06-11-23.pdf (Zugegriffen: 31.07.2025).
19. Verwaltungsgericht (VG) Düsseldorf, 9. Kammer, Urteil 9 K 4501/24.
20. Interpretierende Zusammenfassung: Kernaussagen der bundesweiten Marktforschung zum Deutschland-Ticket – Berichtszeitraum Q1 2025 – im Auftrag der DB und des VDV, 23.06.2025.
21. Verband Deutscher Verkehrsunternehmen: Factsheet Das Deutschland-Ticket in 2024. Zentrale Ergebnisse der bundesweiten Marktforschung (Stand: 31.10.2024).
22. PricewaterhouseCoopers GmbH (pwc) 2022 auf Basis Deutscher Bundestag, Drucksache 19/3213, Bericht der Bundesregierung über die Entwicklung der Kostendeckung im öffentlichen Personennahverkehr.
23. Ein Jahr Deutschland-Ticket – eine Bilanz | VDV – Das Magazin (Zugegriffen: 19.12.2025).
24. Bensler, Alexandra; Mietzsch, Oliver; Ruhort Lisa: ÖPNV-Finanzierung: Langfristig sichern - das geht nur gemeinsam. Alternative Kommunal Politik (AKP), 2 (2026), S. 22-23.
25. Mietzsch, Oliver; Fiedler, Lothar H.: Vertriebskostenprovision beim Deutschlandticket – Gut gemeint ist noch lange nicht gut gemacht! Der Rote Renner 13.01.2025.
26. https://www.bundesfinanzministerium.de/Content/DE/Pressemitteilungen/Finanzpolitik/2026/05/2026-05-07-ergebnisse-der-170-steuerschaetzung.html (Zugegriffen: 17.05.2026).
27. Verband Deutscher Verkehrsunternehmen: Fördermittel für den öffentlichen Verkehr, Juli 2017.
28. Krämer, Andreas u. a. (2025): Deutschlandticket zum Preis von 29 €. Ticketbestand, Einnahmenwirkung und Verkehrsverlagerung; Studie der exeo Strategic Consulting AG im Auftrag von Greenpeace Deutschland.
29. Mietzsch, Oliver (2020): ÖPNV-Infrastruktur: Modell der Nutznießerfinanzierung. Difu-Papers 2020.
30. Mobilitätspass für den ÖPNV: Ministerium für Verkehr Baden-Württemberg (Zugegriffen: 30.07.2025).
31. Zukunftsvertrag für Nordrhein-Westfalen, Koalitionsvereinbarung von CDU und GRÜNEN 2022–2027, Zeilen 1717–1721.

Oliver Mietzsch nach einer kaufmännischen Berufsausbildung Erwerb der Allgemeinen Hochschulreife auf dem Zweiten Bildungsweg und anschließend Zivildienst. Studium der Politikwissenschaft/Volkswirtschaftslehre und Rechtswissenschaft an der Philipps-Universität Marburg/Lahn, London School of Economics and Political Science sowie Freien Universität Berlin. 2019 berufsbegleitende Promotion an der TU Chemnitz. Erste berufliche Stationen im Europäischen Parlament in Brüssel sowie im Deutschen Bundestag in Bonn. Von 1995 bis 2011 Tätigkeit beim Deutschen Städtetag in Köln und Berlin. Von 2011 bis 2021 Geschäftsführer des Zweckverbands für den Nahverkehrsraum Leipzig. Nach weiteren beruflichen Stationen u. a. als Commercial Director von Beacon Rail Leasing Ltd. ist Oliver Mietzsch seit 2022 Geschäftsführer der OWL Verkehr GmbH und Mitglied der Geschäftsführung der WestfalenTarif GmbH.

Der Ordnungsrahmen des Deutschlandtickets im Spannungsfeld von Höchsttarif und Kapazitätsausbau

Wolfgang Benedikt Schmal

Inhaltsverzeichnis

W. B. Schmal (✉)
TU Ilmenau, Forschungsformum Mobilitätsökonomik, Ilmenau, Deutschland
E-Mail: schmal@formoe.org

O. Mietzsch und L. Gramlich (Hrsg.), *Wie weiter mit dem Deutschlandticket*,
https://doi.org/10.1007/978-3-658-51318-4_4

Das Deutschlandticket als ökonomischer Stresstest

Auf den ersten Blick enthält das Deutschlandticket ein simples Versprechen: Verglichen mit vielen Verbund-Abonnements können die Kunden mit dem Fahrschein für einen vergleichsweise niedrigen, bundesweit einheitlichen Preis beliebig oft Bus und Bahn im Nahverkehr nahezu überall in Deutschland fahren. Hinter dieser Einfachheit verbirgt sich jedoch ein komplexes ökonomisches Experiment. Ein politisch gesetzter Höchsttarif trifft auf ein föderal zersplittertes ÖPNV-System mit sehr unterschiedlichen Kostenstrukturen, Zuständigkeiten und gewachsenen Routinen. Genau diese Spannung macht das Deutschlandticket aus ökonomischer Sicht herausfordernd.

In der Ökonomie übernehmen die Preise normalerweise zentrale Funktionen. Sie signalisieren Knappheit: Wenn etwas teurer wird, ist es meist knapp oder aufwendig bereitzustellen. Das wiederum führt zur Lenkungsfunktion von Preisen: Für Nachfrager gilt: Wer kann, wechselt zu günstigeren Alternativen (sog. Substitution); für Anbieter wiederum sind die hohen Preise ein Anreiz, mehr von dem knappen Gut bereitzustellen. Und all dem zugrunde liegt die Signal- und Informationsfunktion: Der Preis an sich transportiert Informationen über Angebot und Nachfrage, die dann zu den vorgenannten Verhaltensreaktionen von Anbietern und Nachfragern führen.

Das Deutschlandticket durchtrennt diese Logik bewusst. Es legt einen niedrigen, politisch bestimmten Fixpreis für ein sehr breites Leistungspaket fest, der künftig über eine Indexregel fortgeschrieben werden soll. Für Fahrgäste ist der Preis damit weitgehend exogen; er ergibt sich nicht mehr aus lokalen Kosten und Nachfrage, sondern aus einer politischen Entscheidung.

Das hat weitreichende Folgen. In einem System mit fixem Preis entfällt der klassische Preiswettbewerb um Fahrgäste. Verkehrsunternehmen konkurrieren nicht mehr über unterschiedliche Tarife, sondern vor allem über Kostenstrukturen und Qualitätsparameter, schlicht weil der Preismechanismus entfällt. Für Aufgabenträger stellt sich die Frage, ob der politisch gesetzte Preis durch öffentliche Ausgleichszahlungen dauerhaft gedeckt werden kann oder ob eine Lücke zwischen Erlösen und tatsächlichen Vollkosten entsteht. Ökonomisch gesprochen: Aus einem gewöhnlichen Preis wird ein Preisdeckel, der nur dann tragfähig ist, wenn er von einer klaren Finanzierungs- und Anreizordnung getragen wird.

Hinzu kommt: Der ÖPNV ist kein beliebiges Konsumgut, sondern ein meritorisches Gut mit starken externen Effekten.[1] Wenn mehr Menschen Bus und Bahn nutzen, profitieren nicht nur die Fahrgäste selbst, sondern auch diejenigen, die weniger Stau, weniger Emissionen und weniger Parkplatzdruck erleben. Eine gute ÖPNV-Versorgung ermöglicht außerdem Zugang zu Arbeit, Bildung, medizinischer Versorgung und gesellschaftlichem Leben. Diese „Nebenwirkungen" werden in Marktpreisen oft nicht vollständig abgebildet. Genau deshalb gibt es in der Verkehrsökonomie die Idee, dass der Staat ÖPNV fördern und gezielt steuern soll, weil die gesellschaftlichen Gewinne über den individuellen Nutzen hinausgehen.

Das Deutschlandticket setzt an dieser Stelle an: Es soll Hemmnisse im Tarifsystem abbauen, Nachfrage anregen und Verlagerungseffekte vom privaten PKW auf den ÖPNV auslösen. Studien deuten auf eine deutliche Steigerung der Konsumentenrente hin, also auf einen merklichen Abstand zwischen der individuellen Zahlungsbereitschaft vieler Nutzer und dem tatsächlich gezahlten Preis. Zugleich zeigen sie, dass sich nicht nur die Nutzung des ÖPNV erhöht hat, sondern sich ein Teil der Pkw-Fahrten tatsächlich in Richtung ÖPNV in den ersten Monaten und Jahren des Tickets verlagert hat (Hamel et al., 2025 [4], Waldorf et al., 2025 [16]). In einer gesamtwirtschaftlichen Perspektive bedeutet das: Je nach Annahmen fallen erhebliche Wohlfahrtsgewinne an, weil individuelle Vorteile und gesellschaftliche Zusatznutzen, z. B. positive Effekte auf lokale wie generelle Schadstoffemissionen, zusammenkommen.

Diese positive Bilanz ist jedoch nicht garantiert. Sie hängt von zwei grundlegenden Bedingungen ab, die im Alltag leicht aus dem Blick geraten. Erstens muss der politisch gesetzte Fixpreis durch eine glaubwürdige, regelbasierte Finanzierung abgesichert werden. Wenn Preis und Ausgleich immer wieder neu verhandelt werden, entsteht Unsicherheit: Verkehrsunternehmen investieren weniger, Aufgabenträger verschieben Entscheidungen, der Kapazitätsausbau wird zur Ausnahme. Zweitens entscheidet sich die Verteilungsfrage. Der niedrige Einheitspreis erhöht die Nachfrage, insbesondere zu Spitzenzeiten. In der Ökonomie spricht man von nicht-preislicher Rationierung: Wenn der Fahrpreis Knappheit nicht mehr signalisiert, übernehmen andere Mechanismen die Verteilungsfunktion.

Im ÖPNV heißt das konkret: Wer schneller ist, näher an der Tür steht, drängeln kann oder körperlich fit ist, kommt eher in volle Busse und Bahnen als jemand, der Barrierefreiheit, Sicherheit und Zeit benötigt. Es entsteht eine implizite „Triage", die tendenziell jene Gruppen benachteiligt, die auf verlässlichen ÖPNV besonders angewiesen sind, etwa ältere Menschen, Personen mit körperlichen Einschränkungen und Eltern mit kleinen Kindern. Die Wohlfahrtsgewinne des Tickets werden dann ungleich verteilt.

[1] Sogenannte meritorische Güter sind Güter oder Dienstleistungen, die ohne einen (staatlichen) Markteingriff tendenziell unterkonsumiert würden und deshalb gefördert bzw. (teil-)öffentlich bereitgestellt werden, weil ihr Konsum gesellschaftlich als wünschenswert gilt, etwa aufgrund von positiven Externalitäten.

Vor diesem Hintergrund versteht dieser Beitrag das Deutschlandticket als ordnungspolitisches Projekt. Im Zentrum steht nicht die Detailfrage einzelner Tarifregeln, sondern die ökonomische Architektur, die über Erfolg oder Scheitern entscheidet. Dieses Kapitel ist dabei in mehrere Abschnitte gegliedert. Auf diese Einleitung folgt ein Abschnitt zu den Institutionen, Anreizen und Verteilungskonflikten des Deutschlandtickets. Danach setzt sich das Kapitel mit der Ticketnachfrage, einer Kosten-Nutzen-Bilanz und nicht-preislicher Rationierung auseinander. Es diskutiert ökonomische Kernbedingungen für den langfristigen Erfolg des Deutschlandtickets sowie einen effizienten Ordnungsrahmen für Finanzierung und Wettbewerb. Zum Schluss skizziert das Kapitel systemische Risiken der Deutschlandticket-Architektur und schließt mit einem Fazit und einem Ausblick.

Institutionen, Anreize und Verteilungskonflikte

Das Deutschlandticket legt die institutionellen Friktionen des deutschen ÖPNV offen: Ein politisch gesetzter, bundesweiter Fixpreis trifft auf einen organisatorischen Flickenteppich mit heterogenen Zuständigkeiten, technischen Parallelwelten und einer Einnahmenlogik, die lange Zeit nicht auf Leistung, sondern auf Vertriebsstärke ausgerichtet war. Ökonomisch heißt das: Ohne regelgebundene Finanzierung, interoperable Kontrolle, eine anreizkompatible Einnahmenaufteilung und klare Rollen bleibt das Ticket ein jährliches Verhandlungsspiel mit allen Risiken für Planbarkeit, Qualität und Vertrauen.

Ein allgemeiner Fixpreis erzeugt systematisch Ausgleichsbedarf. Solange Preisfortschreibung und Zuschüsse im politischen „Pingpong" hängen, fehlen Investitionssicherheit und saubere Anreize. Der jüngste Entscheidungspfad bringt Ordnung hinein: 58 € im Jahr 2025, eine fixierte Anhebung auf 63 € zum 1. Januar 2026 und ab 2027 eine beabsichtigte, indexierte jährliche Fortschreibung bei fortgesetzten Zuschüssen von Bund und Ländern bis einschließlich 2030.[2] Der neue Mechanismus baut auf den 2025 gewährten Ausgleichen auf, darüberhinausgehende Fehlbeträge sollen primär über Mehrverkäufe, nicht über zusätzliche Zuschüsse geschlossen werden. Diese Konstruktion signalisiert: raus aus der Ad-hoc-Politik, hin zu bekannten, rechtssicheren Regeln. Genau das fordert auch das Unionsrecht: Die Festlegung eines Höchsttarifs ist als gemeinwirtschaftliche Verpflichtung auszugleichen; die Ausgleichsleistung muss die finanziellen Wirkungen auf Kosten und Erlöse ohne eine Überkompensation abdecken, siehe Verordnung (EG) Nr. 1370/2007, Art. 4.

[2] Da die Entscheidungskompetenz beim ÖPNV bei den Ländern liegt, ist es abhängig von der Verkehrsministerkonferenz, wie sich der Preis entwickelt. Im Herbst 2025 hat sie die indexierte Fortschreibung an einen Bundeszuschuss in Höhe von mindestens 1,5 Mrd. EUR pro Jahr geknüpft. Siehe auch: https://www.stmb.bayern.de/med/pressemitteilungen/pressearchiv/2025/81b/index.php (Zugriff: 05.01.2026).

Mit einer gesetzlich verankerten Ausgleichsformel, transparenter Preisindexierung und einer sauberen Trennung von Sondertarifen für spezielle Gruppen vom allgemeinen Höchsttarif gewinnt das System die nötige Verlässlichkeit zurück.[3] Doch zugleich stellt sich die Frage, wie groß das Absatzpotenzial für Deutschlandtickets wirklich ist und inwieweit ein signifikantes Abonnementwachstum erreicht werden kann. Ambitionierte Hochrechnungen auf Grundlage von Umfragedaten gehen zwar von 28 bis 55 Mio. Abonnements aus, allerdings ist das in den Befragungen signalisierte Kaufinteresse an deutlich günstigere Preise für das Deutschlandticket von 30 € und weniger pro Monat und Kopf (bei Familien) gekoppelt (Meerkamp, 2025 [12]).

Zudem sind Technik und Kontrolle keine Randnotizen, sondern tragende Elemente der Ordnung. Heute stehen sich in der Praxis zwei Welten gegenüber: UIC-Barcodes im Schienenpersonennahverkehr und die VDV-Kernapplikation im kommunalen ÖPNV. Die mangelnde Kompatibilität öffnet Missbrauchsfenster bis hin zu kopierbaren Tickets. Die Branche hat reagiert: Der Motics-Standard bringt einen dynamischen Kopierschutz, ein zentrales Schlüsselmanagement, klare Offline-Regeln und revisionssichere Protokolle[4] (siehe dazu auch Kap. „Die technische Umsetzung des Deutschlandtickets – von der Ticketausgabe bis zur Einnahmenaufteilung: Digitalisierung schlägt Praktikabilität und Akzeptanz?“). Ökonomisch schafft er faire, überprüfbare Spielregeln: Redliche Nutzer und Anbieter werden geschützt, Trittbrettfahren wird unattraktiv, und die Datenqualität für das Clearing verbessert sich spürbar.

Die Einnahmenaufteilung ist das zentrale Anreizelement – und war lange die Achillesferse. Die Startphase („Stufe 1“) mit Selbstbehalt begünstigte vertriebsstarke Akteure und koppelte Erlöse teilweise vom Ort der Leistungserbringung ab. Erst die verspätet eingeführte „Stufe 2“ mit einem Verteilungsschlüssel auf Grundlage des Wohnortes, flankiert von einem Balancepool zur Korrektur von Tourismus- und Transit-Effekten, hat den Zweck, Verkaufserlöse zu den (vermutlich) genutzten Anbietern zu lenken (siehe hierzu ebenfalls auch Kap. „Die technische Umsetzung des Deutschlandtickets – von der Ticketausgabe bis zur Einnahmenaufteilung: Digitalisierung schlägt Praktikabilität und

---

[3] Beispiele für solche Sonderkonditionen sind das „DeutschlandTicket Sozial“ des Verkehrsverbunds Rhein-Ruhr. Anspruchsberechtigt sind u. a. Empfänger von Arbeitslosengeld II, Sozialhilfe oder Wohngeld, siehe https://www.vrr.de/tickets-tarife/deutschlandticket/sozial/ (Zugriff: 05.01.2026). Ein anderes Beispiel sind die Sonderkonditionen des hamburgischen „hvv Deutschlandtickets“, das kostenfrei für Hamburger Schüler abgegeben wird und vergünstigt für Hamburger Senioren, siehe https://www.hamburg.de/politik-und-verwaltung/behoerden/finanzbehoerde/aktuelles/verguenstigtes-hvv-deutschlandticket-fuer-seniorinnen-und-senioren-1129578 (Zugriff: 05.01.2026).

[4] Siehe bspw. https://www.eticket-deutschland.de/magazin/wie-unterscheiden-sich-uic-und-vdv-barcode-sowie-motics/ (Zugriff: 05.01.2026).

Akzeptanz?“ dieses Buches).[5] Der eigentliche Effizienzsprung steht aber noch aus: Eine (bisher offengelassene) „Stufe 3“, die die tatsächliche Nachfrage nach Beförderungsleistungen in der Erlösverteilung reflektiert, ergänzt um Qualitätskorrekturen, würde Anreize endlich dorthin lenken, wo sie volkswirtschaftlich hingehören – zu denjenigen Aufgabenträgern und Betreibern, die Nachfrage mobilisieren, Anschlüsse sichern, Kapazitäten bereitstellen und Barrieren abbauen. Dafür braucht es ein öffentlich dokumentiertes Regelwerk, unabhängige Auditierung, robuste Datenerhebung und transparente, degressive Vertriebsprovisionen: Vertrieb als Dienstleistung, nicht als „Gatekeeper“.

Entscheidungsfähigkeit entsteht schließlich durch klare Rollen statt durch Gremien, die Konflikte eher verwalten als lösen. In der Praxis hat der Koordinierungsrat wichtige Punkte nicht rechtzeitig geklärt; auch die lange offene Verteilung der sogenannten Schwungmasse im SPNV und die späte Wirksamkeit der Stufe-2-Abrechnung zeigen die Grenzen unverbindlicher Absprachen. Eine ökonomisch belastbare Ordnung trennt die politisch definierten Rahmenbedingungen von der technisch-operativen Umsetzung:

- Der Bund definiert den monatlichen Fixpreis, Ausgleichs- und Preisfortschrittskriterien sowie Mindeststandards für Technik, Kontrolle, Transparenz und Audit.
- Die Länder präzisieren innerhalb dieses Rahmens die Details und setzen regionale Qualitätsziele.
- Kommunen und Verkehrsverbünde optimieren lokal, verzahnt mit der örtlichen Integration von On-Demand-, Rad- und Sharing-Diensten in die ÖPNV-Infrastruktur und -Fahrpläne (Schmal & Süß, 2025 [13]).
- Technische Clearing-Instanzen halten sich strikt an ihre operative Rolle: Zertifizierung, Schlüsselverwaltung, Datenqualität, Reporting; politische Letztentscheidungen gehören in regelgebundene Verfahren mit Fristen und Default-Regeln, die Stillstand verhindern.

Diese Rollenverteilung stärkt Haftung und Lernfähigkeit und macht das System insgesamt produktiver, weil Kompetenzen klar verteilt sind. Denn der bundeseinheitliche Fixpreis kann nur wirken, wenn Finanzierung und Recht regelgebunden sind, passende Technik Interoperabilität und Glaubwürdigkeit sichert, die Einnahmenverteilung Leistung statt Vertrieb belohnt und Rollen so definiert sind, dass Entscheidungen nicht stecken bleiben. In dieser Ordnung verbinden sich Stabilität und Wettbewerb: feste Regeln statt Einzelfallkompromissen, mit Anreizen für Qualität statt Verteilungskämpfen. Dann wird aus einem politisch gesetzten Tarif ein belastbares „Verkehrs-Betriebssystem“, und das Deutschlandticket wird vom Preissignal zum Treiber einer zukunftsfähigen Governance im ÖPNV.

[5] Siehe hierzu bspw. die Antwort der Bundesregierung auf die Kleine Anfrage der Fraktion der CDU/CSU – Drucksache 20/12713 – Aktueller Stand zum 49-Euro-Ticket. Abrufbar unter: https://dserver.bundestag.de/btd/20/132/2013259.pdf (Zugriff: 05.01.2026).

Nachfrage, Verlagerung und Wohlfahrtseffekte

Die Wirkung des Deutschlandtickets zeigt sich auf drei Ebenen: bei Nachfrage und Konsumentenrente, bei der Verlagerung vom Pkw auf den ÖPNV und bei den gesamtwirtschaftlichen Effekten unter Einbezug externer Kosten. Ökonomisch entscheidend ist dabei weniger die punktgenaue Schätzung einer Zahl als vor allem die robuste Größenordnung: Ob der jährliche Effekt eher im unteren oder oberen Bereich der Bandbreite liegt, ändert wenig daran, dass das Ticket bei sachlicher Kalibrierung eine positive Wohlfahrtsbilanz aufweisen dürfte, sofern Finanzierung und Kapazitäten mit dem Nachfrageschub Schritt halten.

Nachfrage und Konsumentenrente

Die Einführung des Deutschlandtickets hat zunächst einen Nachfrageboom ausgelöst. Das ist wenig überraschend angesichts der Tatsache, dass es günstiger war (und oft noch ist) als viele Verbundtickets. Darüber hinaus erlaubt es die Nutzung deutschlandweit.[6] Besonders bei Pendlern und bei Haushalten mit mittlerem Einkommen ist der wahrgenommene Nutzen hoch. Aus wohlfahrtsökonomischer Sicht entspricht dies einer erheblichen Konsumentenrente: Der politische Fixpreis liegt für viele Nutzende spürbar unter ihrer individuellen Zahlungsbereitschaft für ein vergleichbares Bündel aus Mobilitätsangebot, Flexibilität und Planungssicherheit (Gaus & Link, 2025 [3]). Das gilt insbesondere dort, wo zuvor komplexe Verbundstrukturen, Tarifzonen und Anschlussprobleme Abschreckungswirkung entfaltet haben.

Der „Tariffrieden" durch den Fixpreis reduziert Such- und Transaktionskosten und hebt die latente Nachfrage an. Die höhere Konsumentenrente vieler Nutzer bedeutet aber im Umkehrschluss die Subventionierung bestehender ÖPNV-Nutzer. Wer bereits zuvor Zeitkarten/Verbundtickets abonniert hatte, fährt fast immer günstiger, aber nicht unbedingt häufiger – eine intermodale Verschiebung weg vom Privat-PKW hin zu Bus und Bahn ist bei dieser großen Nutzergruppe höchstens in geringem Maße zu erwarten und bislang auch nicht dauerhaft zu beobachten (Klotz, Gail & Daniel, 2025 [8]).

Verlagerung und externe Effekte

Aus der Klimaperspektive zeigt die bisherige Evidenz eine plausible Spannbreite von vermiedenen CO_2-Emissionen im unteren bis mittleren einstelligen Millionenbereich pro Jahr. Entscheidend dabei ist: Selbst konservative Annahmen und eher zurückhaltende

[6] Siehe bspw. den Ratgeber von „Finanztip" zum Deutschlandticket: https://www.finanztip.de/deutschlandticket/ (Zugriff: 05.01.2026).

Modellierungen bestätigen eine signifikante Minderungswirkung. Monetarisiert man diese Emissionseinsparungen mit moderaten Kostensätzen, trägt das Ticket bereits in dieser Dimension zur Wohlfahrt bei, ohne sich auf ambitionierte CO_2-Preise stützen zu müssen.

Die größere Hebelwirkung entsteht jedoch durch die Beeinflussung der übrigen externen Kosten des motorisierten Individualverkehrs: Luftschadstoffe, insbesondere in urbanen Ballungsräumen, Unfallfolgen, Lärm, Flächenverbrauch, Staukosten sowie vor- und nachgelagerte Prozesse in Produktion, Wartung und Entsorgung von Fahrzeugen. Hier entfaltet jeder Personenkilometer, der vom Privat-Pkw zum ÖPNV verlagert wird, zusätzliche Wohlfahrtsgewinne. Relevant ist dabei die inkrementelle Perspektive: Bewertet werden dürfen nicht alle ÖPNV-Fahrten, sondern nur jene, die ohne Deutschlandticket *anders* stattgefunden hätten. In Summe ergeben sich spürbare gesamtwirtschaftliche Entlastungen, die sich zur Konsumentenrente der Ticketnutzer addieren.

Kosten-Nutzen-Bilanz und Rolle der Finanzierung

Die Struktur der Kosten-Nutzen-Bilanz ist klar: Auf der Nutzenseite stehen Konsumentenrente, positive externe Effekte der Mobilitätsverlagerung hin zu Bus und Bahn sowie gegebenenfalls produktivitätssteigernde Effekte besserer Erreichbarkeit. Auf der Kostenseite stehen die zusätzlichen öffentlichen Mittel für Ausgleichszahlungen sowie die mittelbaren Kosten notwendiger Angebots- und Kapazitätserweiterungen. Der politisch gesetzte Fixpreis wird dabei de facto zum Anker einer Preisregel, die durch Indexierung und Ausgleichsmechanismen konkretisiert werden muss. Gelingt es, den Tarif mit einer transparenten, regelgebundenen Finanzierung zu unterlegen, kann aus einem politisch attraktiven Einheitspreis ein ökonomisch tragfähiges Instrument werden. Misslingt dies, droht ein Preisdeckel-Effekt mit Unterfinanzierung, Investitionszurückhaltung und schleichendem Qualitätsabbau.

In Bezug auf den Nettowohlfahrtseffekt des Deutschlandtickets, also die Differenz zwischen volkswirtschaftlichem Nutzen (ungleich dem betriebswirtschaftlichen Nutzen für die Verkehrsunternehmen) und volkswirtschaftlichen Kosten (ebenfalls ungleich der betriebswirtschaftlichen Kostenrechnung), weisen erste Berechnungen auf einen positiven Beitrag in Höhe von rund 2 Mrd. € (Krämer, 2024 [9]; Krämer & Mietzsch, 2024 [10]) bzw. 3 Mrd. € (Krämer, 2025 [11]) jährlich hin, wobei Projektionen in die Zukunft natürlich von vielen Unbekannten abhängen – insbesondere aufgrund der flexiblen Kündbarkeit des Tickets und geopolitischer Verwerfungen, die preistreibend wirken.

Nicht-preisliche Angebotsrationierung

Die skizzierten Wohlfahrtsgewinne sind nicht frei von Verteilungswirkungen. Ein Preisdeckel unterhalb der Zahlungsbereitschaft vieler Bürger erhöht (wunschgemäß) die

Nachfrage, insbesondere allerdings auf ohnehin stark frequentierten Strecken zu Spitzenzeiten. Wo Angebot und Infrastruktur nicht im gleichen Tempo ausgebaut werden, stößt der ÖPNV physisch an Kapazitätsgrenzen. Wenn der Fahrpreis Knappheit kaum noch differenziert signalisiert, wird Knappheit im Fahrzeugraum faktisch anders verteilt. In der Sprache der Ökonomie handelt es sich um eine Form nicht-preislicher Rationierung: Der Zugang wird nicht über den Preis, sondern über Schnelligkeit, körperliche Durchsetzungsfähigkeit und informelle Verhaltensregeln an der Haltestelle organisiert.

In der Praxis entsteht damit eine Art „survival of the fittest". Wer jung, mobil und ohne Gepäck unterwegs ist, kann eher sprinten, drängeln oder sich in bereits stark gefüllte Fahrzeuge zwängen. Ältere Menschen, Personen mit körperlichen Einschränkungen oder Eltern mit Kinderwagen sind darauf angewiesen, dass Ein- und Ausstieg planbar sind, dass genug Platz vorhanden ist und der Fahrgastwechsel nicht permanent im Grenzbereich stattfindet. Wo Fahrzeuge regelmäßig überfüllt sind, werden diese Gruppen implizit benachteiligt – nicht, weil sie kein Ticket hätten, sondern weil sie ihre Nutzungsrechte unter den Bedingungen hoher Auslastung faktisch nicht mehr verlässlich wahrnehmen können.

Damit verlagert das Deutschlandticket einen Teil der Verteilungsentscheidung von der Preis- in die Kapazitätsdimension. Die gesamtwirtschaftliche Bilanz bleibt positiv, doch sie verteilt sich ungleich: Zusätzliche Fahrten werden überproportional von Gruppen realisiert, deren Alternativen ohnehin relativ gut sind, während Nutzerinnen und Nutzer mit schlechteren Optionen eher verdrängt werden. Aus ordnungsökonomischer Perspektive ist dies kritisch, weil gerade bei diesen Gruppen die gesellschaftlichen Zusatznutzen einer verlässlichen ÖPNV-Nutzung besonders hoch sind.

Daten, Anreize und Wirkungsstabilität

Für die langfristige Stabilität der Effekte sind zwei Punkte besonders wichtig. Erstens entscheidet die Qualität der Datengrundlagen darüber, wie treffsicher Nachfrage, Verlagerung und externe Effekte bilanziert werden können. Unabhängige Erhebungen, konsistente Zähldaten und plausibel kalibrierte Modellrechnungen verhindern sowohl eine Über- als auch eine Unterschätzung der Wirkungen. Zweitens beeinflussen die Reformen bei der Einnahmenaufteilung, der Technik und der Kontrolle nicht nur die Governance, sondern auch direkt die Stabilität der ökonomischen Effekte. Eine Verteilungssystematik, die Nachfrage und Qualität honoriert, einheitliche technische Standards für Ticketing und Kontrolle sowie klare Regeln für Offline-Prüfungen und Datenzugang erhöhen die Wahrscheinlichkeit, dass sich die positiven Wirkungen verstetigen.

Die Quintessenz lautet: Das Deutschlandticket kann zu gesamtgesellschaftlichen Wohlfahrtsgewinnen führen, solange die folgenden drei Bedingungen erfüllt sind. Erstens muss die Finanzierung so ausgestaltet sein, dass die Preisfestschreibung nicht in dauerhaften Kostendruck mit Qualitätsverzicht umschlägt. Zweitens müssen Kapazitäten und Qualitätsstandards verhindern, dass Knappheit im Fahrzeugraum über „survival of the fittest" rationiert wird und zentrale Nutzergruppen ins Hintertreffen geraten. Drittens braucht es Daten und Anreizmechanismen, die produktive Effizienz belohnen, statt bloß Kosten zu drücken. Unter diesen Voraussetzungen ist das Ticket nicht nur fiskalisch vertretbar, sondern wohlfahrtsökonomisch sinnvoll in eine regelgebundene Ordnung eingebettet.

Ökonomische Kernbedingungen für den Erfolg

Damit das Deutschlandticket dauerhaft funktioniert, braucht es einen klar definierten ordnungspolitischen Rahmen. Im Zentrum steht die Frage, wie ein politisch gesetzter, bundeseinheitlicher Fixpreis so in Regeln umgesetzt wird, dass er nicht in eine „Zeitinkonsistenzfalle" gerät: kurzfristig niedrige Preise und symbolische Stabilität, langfristig aber Unterfinanzierung, Investitionsverzicht und Qualitätsverluste. Die Ticketarchitektur muss daher mehrere Dinge kombinieren: die Preisregel glaubwürdig machen, Anreize für produktive Effizienz und Investitionen schaffen und polyzentrische Gestaltungsspielräume erhalten, ohne dabei die Einheitlichkeit des Tarifs zu unterlaufen.

Finanzierung und indexierte Preisregel: Glaubwürdigkeit statt Kassenlage

Auf der Finanzseite sollte die „improvisierte" Kassenlage dauerhaft durch eine klare Preis- und Ausgleichsregel ersetzt werden. Der monatliche Fixpreis des Deutschlandtickets wird künftig indexiert, das heißt, er folgt einer definierten Fortentwicklung, die Kosten- und Nachfragetrends abbilden soll. Ökonomisch ist diese Indexregel der Dreh- und Angelpunkt: Sie entscheidet darüber, ob der Tarif als glaubwürdige Regel oder als weiches Versprechen wahrgenommen wird. Das ist entscheidend für die Verkehrsunternehmen und -verbünde, die bereits heute unter hohem Kostendruck leiden (Schmal & Mietzsch, 2026 [14]). Aufgrund fehlender Mittel hat beispielsweise der Verkehrsverbund Berlin-Brandenburg (VBB) im Sommer 2025 die Taktausdünnung mehrerer Regionalbahnstrecken in Brandenburg beschlossen.[7]

Eine glaubwürdige Preisregel braucht drei Elemente: Erstens eine transparente Formel, die die Kostenentwicklung, die Nachfrage und potenzielle Effizienzgewinne systematisch berücksichtigt. Zweitens eine klar definierte Aufteilung der Finanzierungslasten zwischen Bund und Ländern, die verhindert, dass Finanzierungslücken in der politischen Auseinandersetzung nach unten weitergereicht werden. Drittens eine institutionelle

[7] Siehe u. a. https://www.morgenpost.de/brandenburg/article409233018/vbb-will-regionalbahnverbindungen-in-brandenburg-streichen.html. (Zugriff: 05.01.2026).

Verankerung, die verhindert, dass die Indexierung bei jeder Konjunktur- oder Haushaltsdebatte zur Disposition gestellt wird. Gelingt das, sinkt das Risiko politischer Zeitinkonsistenz: Wer heute investiert, kann erwarten, dass die Refinanzierungsbedingungen morgen nicht willkürlich kippen.

Dynamische Effizienz: Investitionen ermöglichen statt verschieben

Für die dynamische Effizienz ist entscheidend, dass das System nicht dauerhaft im Provisorium steckenbleibt. Ein indexierter Höchsttarif mit verlässlicher Ausgleichsmechanik schafft Planungssicherheit für Investitionen in Fahrzeuge, Infrastruktur, Digitalisierung und Personal. Verkehrsunternehmen und Aufgabenträger treffen Investitionsentscheidungen immer mit Blick auf die erwartete Erlös- und Kostenbasis über mehrere Jahre. Umfangreiche Empirie zeigt, dass politische Unsicherheit das Investitionsverhalten von Unternehmen negativ beeinflusst (siehe z. B. Jens, 2017 [6] oder Julio & Yook, 2012 [7]).

Wenn der Tarif de facto eingefroren ist und der öffentliche Ausgleich unklar bleibt, werden Investitionen hinausgeschoben, Abschreibungszeiträume gestreckt und Modernisierung wird vertagt. Das wiederum erhöht die Störanfälligkeit der Infrastruktur und des Wagenmaterials. Eine glaubwürdige, indexierte Preisregel reduziert dieses Investitionsrisiko und macht es rational, Kapazitäten aufzubauen, statt nur kurzfristig „auf Kante“ zu fahren.

Dynamische Effizienz bedeutet in diesem Kontext nicht, möglichst viel Output aus gegebener Infrastruktur „herauszupressen“, sondern Kapazität, Qualität und Angebotsstruktur so weiterzuentwickeln, dass die steigende Nachfrage in wirksame Verkehrsverlagerung übersetzt werden kann. Nur dann lassen sich die Wohlfahrtsgewinne des Deutschland-Tickets langfristig heben, ohne dass es zu Überlastung, „survival of the fittest“ in den Verkehrsmitteln und beim Umsteigen sowie schleichendem Qualitätsabbau kommt.

Technik und Kontrolle als Ordnungselemente der Preisregel

Technik und Kontrolle werden in diesem Zielbild zu eigenständigen Ordnungselementen. Eine einheitliche technische Mindestarchitektur mit robustem Kopierschutz, zentralem Schlüsselmanagement, klar definierten Offline-Regeln und revisionssicheren Protokollen übersetzt die tarifliche Regel in überprüfbare Qualitätsstandards, was die Fälschbarkeit des Tickets betrifft. Sie stellt sicher, dass der indexierte Ticketpreis nicht durch Missbrauch, Grauzonen und unklare Zuständigkeiten ausgehöhlt wird.

Gleichzeitig liefern technische Systeme die Datenbasis, um die Wirkungen der Preisregel empirisch zu beobachten: Nachfrageverläufe, Auslastung, Verlagerung, Qualitätsindikatoren. Damit entsteht ein Rückkopplungskanal, der ordnungspolitisch zentral ist: Die Preisregel ist nicht nur „gesetzt", sondern wird anhand messbarer Effekte überprüft und gegebenenfalls angepasst, ohne dass jede Anpassung zur Grundsatzfrage wird. Neue Techniken zur anonymen Erfassung von Fahrzeugauslastung, z. B. durch Lichtschranken, können dabei zusätzliche Daten liefern, die über punktuelle Fahrgastbefragungen weit hinausgehen.

Einnahmenaufteilung: Anreize für Nachfrage, Qualität und Kapazität

Der größte Hebel liegt in der Einnahmenaufteilung des Deutschlandtickets. Denn Verkauf und Nutzung fallen bei einem deutschlandweit gültigen Fahrschein nicht mehr unbedingt zusammen. Im Idealfall ist der Aufteilungsmechanismus so gestaltet, dass er Anreize für Nachfrage, Qualität und Kapazitätsaufbau schafft. Eine nachfrage- und qualitätsorientierte Stufe der Einnahmenverteilung sorgt dafür, dass sich Investitionen in besseren Angeboten auszahlen. Wer in zusätzliche Kapazität, verlässlichere Anschlüsse, Barrierefreiheit oder bessere Information investiert und damit mehr Nachfrage bindet, soll einen höheren Anteil an den Ticketerlösen erhalten.

Damit verschiebt sich der Fokus weg von kurzfristigem Kostendruck hin zu produktiver Effizienz: Kosten werden dort gesenkt, wo Prozesse smarter werden, nicht dort, wo Angebot, Instandhaltung oder Barrierefreiheit schleichend ausgedünnt werden. Übergangsmechanismen wie ein Balancepool können regionale Schocks oder Tourismus- und Transitbesonderheiten dämpfen, sollten aber das Anreizsignal nicht verdecken: Deutschlandticket-Einnahmen sollten dorthin fließen, wo tatsächlich verlässlicher und qualitativ hochwertiger ÖPNV bereitgestellt wird.

Polyzentralität: Rollen klären, Investitionsverantwortung zuordnen

Polyzentralität bleibt in diesem Zielbild erhalten, wird jedoch klarer strukturiert. Der Bund setzt mit dem indexierten Monatsfixum, der Ausgleichsmechanik und den Mindeststandards für Technik, Kontrolle, Transparenz und Auditierung den Rahmen. Die Länder verantworten innerhalb dieses Rahmens die regionale Ausgestaltung, bündeln Mittel, definieren Qualitätsziele und sorgen dafür, dass Investitionsentscheidungen mit der Preis- und Ausgleichsregel konsistent sind. Kommunen und Verbünde gestalten das Angebot vor Ort, organisieren Vergaben, planen Kapazitäten und verantworten die operative Qualität. Verkehrsunternehmen investieren in Fahrzeuge, Personal und Prozesse und stehen für die Erfüllung vertraglich fixierter Qualitätskennziffern ein.

Ökonomisch wichtig ist, dass Investitionsverantwortung und Investitionsanreize zusammenfallen. Wer zusätzliche Kapazität bereitstellen soll, braucht nicht nur Verpflichtungen, sondern auch eine verlässliche Perspektive auf Einnahmen und Refinanzierung. Klar definierte Verantwortlichkeiten und Haftungsregelungen reduzieren das Risiko, dass Investitionsrisiken entlang der „Bestellerkette" nach unten weitergereicht werden, bis letztlich niemand mehr bereit ist, langfristige Verpflichtungen einzugehen, zum Beispiel über die Beschaffung neuer, umweltfreundlicher Fahrzeuge.

Umsetzungspfad: Vom Provisorium zur lernfähigen Regelordnung

Um das Deutschlandticket langfristig in seiner Existenz zu sichern, bedarf es eines realistischen Umsetzungspfades. Kurzfristig geht es darum, die bereits beschlossene Indexierung des Ticketpreises mit einer transparenten Ausgleichsmechanik zu verknüpfen und diese Verbindung gesetzlich und vertraglich abzusichern. Parallel dazu müssen technische Mindeststandards flächendeckend umgesetzt und muss die nächste Stufe der Einnahmenaufteilung so vorbereitet werden, dass Nachfrage- und Qualitätskomponenten tatsächlich wirksam werden.

Mittelfristig sollte die Governance-Struktur des Tickets lernfähig bleiben, ohne dabei ihre Glaubwürdigkeit zu verlieren. Das bedeutet: Anpassungen der Indexregel oder der Ausgleichsparameter erfolgen in definierten Zyklen, auf Basis öffentlich zugänglicher Daten zu Nachfrage, Verlagerung, Kosten und Qualität. So entsteht eine Regelordnung, die auf neue Informationen reagieren kann, ohne bei jeder Revision in die „Zeitinkonsistenzfalle" zu tappen. Polyzentrische Verantwortungsstrukturen werden so nicht zum Vorwand für Verschiebespiele, sondern zum Rahmen für wettbewerblich disziplinierten, investitionsfreundlichen Ausbau des öffentlichen Verkehrs.

Wichtig ist zudem, dass die Indexierung möglichst unpolitisch erfolgt, da hier politische Diskrepanzen auftreten können: Wenn sich Preise regional unterschiedlich entwickeln, die Indexierung aber notwendigerweise bundesweit gleich sein muss, könnten sich einzelne Kommunen oder Bundesländer übervorteilt fühlen, wenn der Preisanstieg nicht ihren Kostenanstieg reflektiert. Umgekehrt könnten sich Fahrgäste in Regionen mit geringen Kostensteigerungen ungerecht behandelt fühlen, wenn sie Kostensteigerungen in weit entfernten Kommunen mitfinanzieren müssen.

Effiziente Ordnung für Finanzierung und Wettbewerb

In der Deutschlandticket-Architektur ist Wettbewerb kein Selbstzweck. Er soll vielmehr helfen, bei einem politisch gesetzten Höchsttarif möglichst viel Angebot in guter Qualität bereitzustellen. Wo der Preis exogen ist, verschiebt sich der Wettbewerbsrahmen: Der Preiswettbewerb auf Endkundenseite entfällt weitgehend, übrig bleiben Kosten- und Qualitätswettbewerb im Verhältnis zwischen Aufgabenträgern und Verkehrsunternehmen sowie zwischen verschiedenen Vertriebsakteuren. Die zentrale Frage lautet daher: Wie lässt sich Wettbewerb so gestalten, dass er produktive Effizienz generiert, ohne ruinösen Kostenwettbewerb mit schleichenden Qualitätsverlusten zu verursachen?

Fixierter Höchsttarif und veränderter Wettbewerb

Der politisch gesetzte Fixpreis des Deutschlandtickets verändert den Wettbewerbsrahmen grundlegend. Für die Nutzer ist der Tarif exogen, für die Anbieter ist die Erlösseite im Kern vorgegeben, das bedeutet, der klassische Preiswettbewerb kann im Segment des Deutschlandtickets nicht mehr stattfinden. Die wesentliche Stellschraube bleibt damit die Kostenseite und damit verbunden die Produktqualität (siehe auch Stigler (1968) [15], zu den Grundlagen des Wettbewerbs bei fixierten Preisen). Ökonomisch gilt: Wenn der Preis fixiert ist und die öffentliche Hand den Ausgleich begrenzt, verschieben sich die unternehmerischen Anreize systematisch in Richtung Kostensenkung.

Das ist nicht per se problematisch. Effizienzgewinne sind erfreulich, solange sie auf Produktivitätssteigerung beruhen: bessere Umlaufplanung, optimierte und aufeinander abgestimmte Taktungen oder auch moderne Fahrzeuge mit geringeren Betriebskosten. In der Praxis ist die Trennlinie jedoch dünn. Unter Druck geratene Aufgabenträger und Betreiber können Kosten auch dadurch senken, dass sie Angebote ausdünnen, Personal verdichten, Fahrzeugstandards absenken oder Instandhaltung strecken. Kurzfristig entlastet dies Budgets, mittelfristig erodieren Qualität, Verlässlichkeit und damit die Wirkungsbilanz des Deutschlandtickets.

Besonders heikel wird diese Logik im Vergabewettbewerb. Wenn Ausschreibungen primär auf den niedrigsten Preis zielen, während der Umsatz (über Ticketabonnements) weitgehend fixiert ist, entsteht ein stiller Unterbietungswettbewerb um Kosten. Wer heute knapp kalkuliert, steht morgen unter Druck, das Angebot „passend" zu machen. Ohne harte Qualitätskorridore, Bonus-Malus-Mechanismen und klar definierte Mindeststandards kippt der Wettbewerb dann vom Leistungs- zum Kostenwettbewerb. Die Folgen sind absehbar: jene Angebotsmerkmale geraten unter die Räder, die Verlagerung und Akzeptanz tragen sollen. Im schlimmsten Fall, wenn sich trotz aggressiver Einsparungen ein Fehlbetrag bei den Betreibergesellschaften verstetigt, kann das zu einem unkontrollierten Marktaustritt via Insolvenz führen. Das wiederum kann zu hohen Kosten für die bestellenden Verkehrsverbünde führen, da sie ad hoc Ersatzverkehre organisieren müssen. Das hat der Marktaustritt der „Abellio Rail" in Nordrhein-Westfalen demonstriert.[8]

Hinzu kommt ein politökonomischer Effekt. Weil Ticketpreise im ÖPNV symbolisch aufgeladen sind, wird jede Preisanpassung politisch sensibel. Dies belegt nicht nur die

[8] Siehe hierzu bspw. den Beitrag „Verkehrsunternehmen am Limit: Rückblick auf die Causa Abellio" im VRS Verbundbericht 2022, abrufbar unter https://vrs-verbundbericht.de/verbundbericht-2022/infrastruktur-fuer-die-zukunft/die-causa-abellio (Zugriff: 05.01.2026).

Forschung (siehe bspw. De Borger & Proost, 2015 [1]). Es gibt mehrere Beispiele, die die symbolhafte Bedeutung von Ticketpreisen und die Schwierigkeit, sie zu erhöhen, illustrieren. Bereits weiter zurück in der Vergangenheit liegen die sogenannten „Bremer Straßenbahnunruhen" im Jahr 1968. Die Fahrpreiserhöhung bei der Bremer Straßenbahn war Auslöser von Protesten, die in Straßenschlachten mit der Polizei mündeten. Auch wenn die Beweggründe der unterschiedlichen Akteure vielschichtig waren, war die Fahrpreiserhöhung ein zentraler Funke, der die Situation verursachte (Hethey, 2018 [5]). Im Jahr 2025 führte die Preiserhöhung des Jahrestickets der „Wiener Linien" in Österreich zu Protesten. Das Ticket wurde 2012 zum symbolischen Preis von 365 €, gewissermaßen einem Euro pro Tag, eingeführt und seitdem nicht im Preis erhöht. Trotz starker Kostenanstiege wird auch der symbolisch enorm aufgeladene Preis diese Preispolitik mitverursacht haben (Eder, 2025 [2]).

Das Deutschlandticket hatte einen ähnlichen Geburtsfehler. Als implizites Nachfolgeangebot zum temporären „9-€-Ticket" trug es neben dem Begriff „Deutschlandticket" rund um die Einführung ebenfalls oft den Namen „49-€-Ticket", aufbauend auf dem ursprünglichen Verkaufspreis. Dies zeigt eine Auswertung von „Google Trends", mit der sich die Popularität von Suchbegriffen in der gleichnamigen Suchmaschine nachvollziehen lässt. Wie Abb. 1 zu entnehmen ist, fanden die häufigsten Suchanfragen zum Fahrschein rund um dessen Einführung zum 1. Mai 2023 statt. Zuvor allerdings war der Begriff „49-€-Ticket" populärer als der offizielle Terminus „Deutschlandticket".

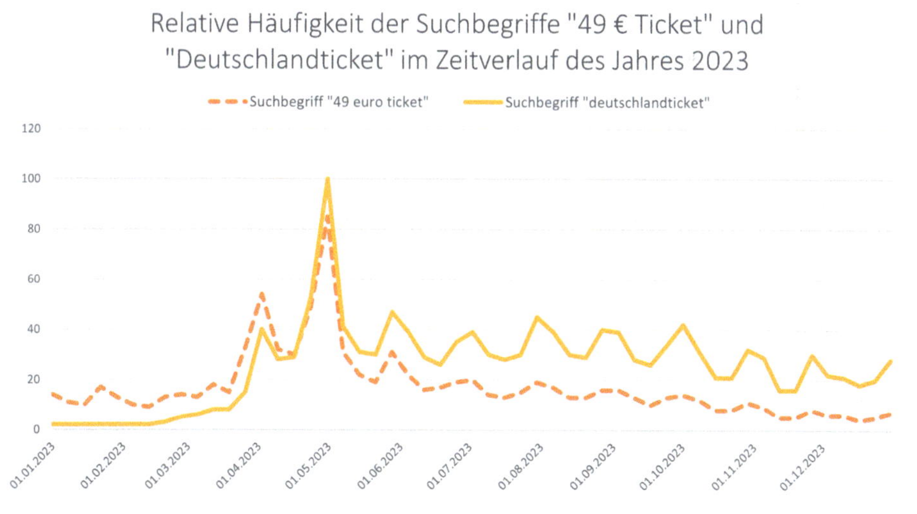

Quelle: Google Trends, abgerufen am 05.01.2026. URL:https://trends.google.de/trends/explore?date=2023-01-01%202023-12-31&geo=DE&q=49%20euro%20ticket,deutschlandticket&hl=de

Abb. 1 Namen schaffen Bewusstsein: Relative Häufigkeit der Suchbegriffe „49 € Ticket" und „Deutschlandticket"

Und auch wenn sich dies rund um die Ticketeinführung drehte, war der Begriff in den Folgemonaten nach wie vor in der Google-Suche vertreten, wie die rot-gestrichelte Linie für das „49-€-Ticket" im Vergleich zur gelb durchgezogenen Linie für den Begriff „Deutschlandticket" demonstriert.[9] Die Relevanz des preisbezogenen Titels zeigt sich auch an der Bundestagsdrucksache 20/13259, in der die parlamentarischen Fragesteller sich nach dem „Stand des 49-€-Tickets" erkundigen.

Aufgrund der Symbolik von Fahrpreisen und der damit verbundenen politischen Tragweite von Fahrpreiserhöhungen ist die Versuchung groß, Haushaltsengpässe und Kostenschocks nicht über eine transparente Preisanpassung zu lösen, sondern über „leise" Angebots- und Qualitätskorrekturen. Der exogene Fixpreis könnte so zum Instrument werden, um Kostendruck nach unten weiterzugeben, ohne dass die Gesellschaft die realen Trade-offs zwischen Preis, Qualität und Kapazität offen verhandeln kann.

Vergabewettbewerb: Effizienz, Qualität und Risiko

Der Vergabewettbewerb entscheidet darüber, wie effizient und qualitativ der ÖPNV betrieben wird. In einem System mit Fixpreis und indexierter Preisregel kommt es besonders darauf an, dass Ausschreibungen nicht nur nach Kostenminimierung verlangen, sondern einen klaren Qualitäts- und Kapazitätsanspruch definieren. Dazu gehören Takt, Pünktlichkeit, Barrierefreiheit, Anschlusssicherung, Fahrzeugstandards sowie die Fähigkeit, Spitzenlasten abzufedern.

Ordnungspolitisch sinnvoll ist ein Vergabedesign, das einen belastbaren Leistungsrahmen vorgibt, Spielräume für effiziente betriebliche Lösungen lässt, Qualitätsindikatoren messbar macht und ein Bonussystem etabliert, das tatsächliche Leistung honoriert bzw. selbstverschuldete Mängel sanktioniert. Damit wird verhindert, dass der Höchsttarif in Kombination mit einem rein preisgetriebenen Vergabewettbewerb zu einem „race to the bottom" führt. Stattdessen entsteht ein regulierter Leistungswettbewerb: Wer effizient arbeitet und gleichzeitig Qualität liefert, kann sich wirtschaftlich behaupten.

Vertrieb, Plattformen und Add-Ons: Zugangs- und Margenwettbewerb

Beim Vertrieb des Deutschlandtickets geht es aus offensichtlichen Gründen nicht um Preisunterschiede, vielmehr um Zugangs- und Margenwettbewerb. Unterschiedliche Ver-

[9] Die Daten wurden am 5. Januar 2026 bei „Google Trends" abgerufen. Genutzt wurden die Termine „49 € ticket" und „deutschlandticket" als Suchbegriffe (nicht als Themen). Zeitrahmen war das Kalenderjahr 2023. Die Datenabfrage kann unter folgendem Link nachvollzogen haben: https://trends.google.de/trends/explore?date=2023-01-01%202023-12-31&geo=DE&q=49%20euro%20ticket,deutschlandticket&hl=de (Zugriff: 05.01.2026).

triebskanäle, z. B. Verbund-Apps, der DB Navigator der Deutschen Bahn und Drittplattformen, konkurrieren um Kundenzugang, Daten und Provisionen. Ohne klare Ordnung besteht das Risiko, dass einzelne Plattformen „Gatekeeper"-Positionen aufbauen, Datenzugang kontrollieren und Zusatzangebote exklusiv an sich binden.

Ökonomisch ist die Zielsetzung klar: Der Wettbewerb soll Kundenzugang verbessern, Informations- und Suchkosten senken und Innovationsimpulse für digitale Services geben, darf aber nicht dazu führen, dass zentrale Funktionen eines öffentlichen Tickets in Plattformmonopolen hängen bleiben. Das spricht für offene Schnittstellen, regulierte Provisionen und Transparenzpflichten im Vertrieb. Ergänzende Leistungen zum Kernticket, etwa Upgrades oder regionale Zusatzangebote, können dann als Innovationsraum dienen, ohne die Einheitlichkeit und Anerkennung des Deutschlandtickets zu unterlaufen.

Daten als Wettbewerbsinfrastruktur

Daten sind auch im Kontext des Deutschlandtickets eine zentrale Grundlage für Wettbewerb und Steuerung. Sie bilden die Grundlage für Einnahmenclearing, Qualitätssteuerung, Wirkungsmessung und perspektivisch auch für nachfrage- und qualitätsorientierte Komponenten in der Einnahmenverteilung. Wer exklusiven Zugang zu Daten hat oder deren Qualität kontrolliert, kann Anreize verzerren oder sich Informationsvorteile sichern.

Eine ordnungspolitische Antwort besteht darin, Daten als gemeinsame Infrastruktur zu begreifen: standardisierte Formate, definierte Berichtspflichten, Zugangsrechte für Aufgabenträger und unabhängige Evaluation. So wird verhindert, dass ein Wettbewerb um Datenhoheit die nötige Anreizlogik unterläuft. Gleichzeitig entsteht die Grundlage, um in künftigen Vergaben und Verträgen gezielt jene Leistungen zu belohnen, die messbar zur Wirkungsbilanz des Tickets beitragen.

Wettbewerb an den richtigen Stellen bedeutet im Kontext des Deutschlandtickets, Vergabewettbewerb, Vertriebs- und Plattformwettbewerb sowie datenbasierte Steuerung so zu gestalten, dass sie den politisch gesetzten Fixpreis tragen, statt ihn zu unterminieren. Gelingt dies, wirkt Wettbewerb als Verstärker der ordnungspolitischen Ziele. Gelingt es nicht, wird er zum Kanal, über den der Kostendruck in Qualitätsabbau und implizite Triage übersetzt wird.

Ökonomische Risiken der Deutschlandticket-Architektur

Das Deutschlandticket hat das Potenzial, das Mobilitätsverhalten im Nahverkehr spürbar und vor allem dauerhaft zu verändern. Nichtsdestotrotz birgt die Architektur des Ordnungsrahmens verschiedene Risiken, die die Stabilität des Ticketmodells unterminieren können. Drei systemische Risiken werden hier näher erörtert: die große Hoffnung auf substantielle Mehrverkäufe, die unsichere Investitionsbereitschaft in Kapazität und Qualität, und zuletzt die Gefahr föderaler Verteilungskonflikte.

Hoffnung auf Mehrverkäufe

Der beschlossene Preispfad mit einem Anstieg auf 63 € zum Jahresbeginn 2026 und die fortgesetzte, aber nominal gedeckelte Beteiligung von Bund und Ländern stabilisieren den Rahmen und reduzieren das Risiko ad hoc verhandelter Kassenlagen. Mehrbedarfe werden jedoch systematisch in die Erwartung „über Mehrverkäufe lösen" verschoben. Das schützt einerseits vor unbegrenzten Ausgabenversprechen, macht andererseits das System empfindlich gegenüber Prognosefehlern und Konjunkturschwankungen. Bleibt die Nachfrage hinter den Erwartungen zurück oder steigen Kosten schneller als angenommen, geraten Angebot, Investitionen und Qualität unter Druck. Bereits in ihrer frühen Quantifizierung der Wohlfahrtseffekte betonen Krämer und Mietzsch (2024) [10] die Bedeutung der Abonnentengewinnung, um den Wohlfahrtseffekt von 2 Mrd. € zu steigern.

Im Kontext des Deutschlandtickets stellt sich zudem die Frage, wie viel zusätzliches Nachfragepotenzial für das Ziel „Mehrverkäufe" überhaupt noch vorhanden ist. Da das Ticket bereits für viele Nutzergruppen sehr attraktiv oder für andere schon heute zu teuer ist, werden diese Gruppen kaum Wachstum im Ticketverkauf liefern. Zugleich lohnt sich das Ticket kaum für Reisende und Urlauber aus dem Ausland. In ländlichen Gegenden wird das Ticket wiederum ohne einen ökonomisch widersinnigen, massiven Aufwuchs des ÖPNV-Angebots ebenfalls kaum reüssieren (Schmal & Sues, 2025) [13]. Es bleibt die Gruppe derer, die den ÖPNV nicht nutzen, aber aufgrund ihrer Wohnsituation nutzen könnten, mit anderen Worten: passionierte Auto- und Fahrradfahrer in urbanen Gegenden und Städten. Inwieweit die Verkaufsbemühungen bei dieser Gruppe fruchten, bleibt abzuwarten.

Ökonomisch betrachtet entsteht hier eine klassische Herausforderung der Regelbindung: Eine glaubwürdige Preisregel stärkt die Investitionsbereitschaft, erzeugt jedoch bei falscher Kalibrierung zusätzlichen Anpassungsdruck bei Angebot und Qualität. Ohne klar definierte Korrekturmechanismen besteht die Gefahr, dass die Politik unter dem Druck realer oder vermeintlicher Überforderung doch wieder in kurzfristige Ausnahmelogik zurückfällt.

Investitionen, Kapazität und Qualitätsdruck

Ein zentrales Risiko liegt in der Annahme, dass der Höchsttarif und ein steigender Nachfragesog schon ausreichen, um die gewünschte Verkehrsverlagerung zu erreichen. Wenn die Preis- und Ausgleichsregel zwar formell stabil, faktisch aber niemand bereit ist, in zusätzliche Kapazitäten, Fahrzeuge und Infrastruktur zu investieren, kippt die Logik. Überfüllte Fahrzeuge, verdichtete Takte ohne Reserve und permanent am Limit operierende Systeme führen zu genau jener impliziten Triage, die zuvor beschrieben wurde.

Investitionszurückhaltung kann verschiedene Ursachen haben: Unsicherheit hinsichtlich der Refinanzierung, unklare Laufzeiten von Verträgen, fehlende Klarheit über zukünftige Qualitätsanforderungen. In Summe entsteht ein Pfad, auf dem der Fixpreis zwar politisch gehalten wird, der tatsächlichen Leistungsfähigkeit des Systems jedoch immer weniger entspricht.

Im schlimmsten Fall fallen nicht nur die bereits skizzierten Mehrverkäufe aus, sondern die Kündigungsrate nimmt zu. Eine permanente Verlagerung individueller Mobilität hin zum ÖPNV ist keinesfalls eine ausgemachte Sache. Einer aktuellen Umfrage zufolge empfinden 48 % der befragten Frauen den ÖPNV nachts als unsicher, und 15 % meiden ihn sogar nachts aus Sicherheitsgründen.[10] Sollten sich solche Bedenken verstetigen und ausbreiten, kann die Nachfrage nach ÖPNV sogar sinken und eine intermodale Verlagerung in die Gegenrichtung stattfinden.

Föderale Verteilungskonflikte und Überfrachtung

Föderale Verteilungskonflikte sind im Deutschlandticket angelegt. Unterschiedliche Kostenstrukturen, Nachfrageprofile und politische Prioritäten treffen auf eine gemeinsame Tarifarchitektur. Die ÖPNV-Abdeckung im ländlichen Bayern ist anders als in der Berliner Innenstadt. Das eng verwobene Ruhrgebiet weist andere Mobilitätsmuster auf als das zersiedelte Niedersachsen. Wenn die Regeln zur Einnahmenverteilung und zum Ausgleich nicht als fair empfunden werden, verlagert sich der Konflikt in Nebenarenen: in die Ausgestaltung von Ticket-Add-ons, in die Interpretation von Mindeststandards oder in die Detailklauseln von Verträgen.

Hinzu kommt das Risiko der Überfrachtung: Das Deutschlandticket kann nicht zugleich Tarifreform, Sozialpolitik, Klimapolitik, Regionalförderung und Digitalisierungsprojekt sein. Je mehr Ziele gleichzeitig auf das Ticket projiziert werden, desto größer ist die Wahrscheinlichkeit, dass das Projekt, das zunächst „nur" eine radikale Vereinfachung und Vergünstigung des ÖPNV-Ticketings zum Ziel hatte, überladen wird und letztlich daran scheitern könnte. Wie bereits beschrieben, bietet die Freie und Hansestadt Hamburg das Deutschland-Ticket für verschiedene Gruppen vergünstigt an. Doch was, wenn diese Nutzer das Ticket dann intensiv in anderen Bundesländern nutzen? Zum einen stellt sich die Frage des finanziellen Ausgleichs im Hintergrund, zum anderen könnten solche Modelle Stein des Anstoßes für politische Debatten werden, äquivalent zum Länderfinanzausgleich.

[10] Siehe hierzu die Berichterstattung des Magazins „Business Punk" vom 24.11.2025: https://www.business-punk.com/female/warum-frauen-nachts-anders-unterwegs-sind-sicherheitsstudie-legt-zentrale-faktoren-offen/ (Zugriff: 05.01.2026).

Fazit: Ökonomische Balance als Basis für eine langfristige Zukunft

Mit dem Deutschlandticket haben sich die Rahmenbedingungen im öffentlichen Nahverkehr in Deutschland grundlegend verschoben. Statt eines tariflichen Flickenteppichs bündelt ein politisch forcierter Fixpreis einen großen Teil der Nachfrage in einem einheitlichen Produkt, senkt Transaktionskosten und schafft spürbare Konsumentenrenten. Gleichzeitig legt er die institutionellen und ökonomischen Schwachstellen eines lange fragmentierten Systems offen. Die Analyse zeigt: Die positive Wirkungsbilanz des Tickets ist kein Automatismus, sondern hängt entscheidend davon ab, ob es gelingt, Fixpreis, Finanzierung, Wettbewerb und Kapazitätsplanung in eine konsistente Ordnung zu überführen.

Auf der Nutzenseite stehen eine höhere Inanspruchnahme des ÖPNV, eine spürbare Verlagerung weg vom Pkw und die Reduktion externer Kosten des Autoverkehrs. Bei sachlicher Kalibrierung deutet vieles auf eine positive gesamtwirtschaftliche Netto-Wirkung hin. Diese Bilanz steht jedoch unter strengen Bedingungen. Erstens muss der Fixpreis durch eine glaubwürdige, indexierte Preisregel mit verlässlicher Ausgleichsmechanik untermauert werden. Nur wenn Bund und Länder die Finanzierung als regelgebundene Aufgabe verstehen und nicht in die Logik jährlich neu verhandelter Kassenlagen verfallen, entsteht der Planungshorizont, den Aufgabenträger und Verkehrsunternehmen für Investitionen in Fahrzeuge, Infrastruktur und Personal benötigen.

Zweitens entscheidet die Anreizlogik der Einnahmenverteilung darüber, ob das Deutschlandticket vor Ort als Chance oder als Risiko wahrgenommen wird. Eine Verteilung, die Nachfrage und Qualität belohnt, lenkt Kostendruck in Richtung produktiver Effizienz. Sie macht es rational, Kapazitäten auszubauen, Anschlüsse zu sichern und Barrierefreiheit zu verbessern, statt heimlich an Angebot und Qualität zu sparen. Wo Einnahmen primär nach Vertrieb oder historischer Verteilung gehen, wird der Fixpreis dagegen leicht zum Ausgangspunkt eines verdeckten Kosten- und Qualitätswettbewerbs.

Drittens hängt die langfristige Tragfähigkeit des Tickets davon ab, wie mit Knappheit umgegangen wird. Steigende Nachfrage bei begrenzter Infrastruktur führt zwangsläufig zu Engpässen. Werden diese nicht durch Kapazitätsausbau, Angebotsoptimierung und klare Qualitätsstandards aufgefangen, verlagert sich die Rationierung auf die physische Ebene. Das Ergebnis ist eine nicht-preisliche Triage, in der sich jene durchsetzen, die drängeln, sprinten und im Gedränge stehen können, während ältere Menschen, Menschen mit Einschränkungen und Eltern mit Kindern faktisch an den Rand gedrängt werden. Aus wohlfahrtsökonomischer Sicht ist das gerade für ein meritorisches Gut wie den ÖPNV problematisch, weil die gesellschaftlichen Zusatznutzen dieser Gruppen besonders hoch sind.

Viertens braucht eine solche Ordnung belastbare technische und datenbezogene Fundamente. Einheitliche Standards für Ticketing, Kontrolle und Datenerhebung begrenzen Missbrauch durch Fälschungen und Manipulationen und liefern die Informationen, die für Einnahmenclearing, Qualitätssteuerung und Wirkungsnachweise notwendig sind. Sie bilden zugleich die Grundlage, um Plattform- und Vertriebswettbewerb so zu regulieren, dass er Zugang erleichtert, aber nicht in Gatekeeper-Macht und intransparente Margenverschiebungen mündet.

Der Ausblick bis 2030 ist ambivalent, die weitere Entwicklung aber gestaltbar. Gelingt es, die indexierte Preisregel europarechtsfest und fiskalisch tragfähig zu verankern, die Einnahmenverteilung und Verträge konsequent an Nachfrage und Qualität auszurichten, technische Standards umzusetzen und Kapazitätsfragen ernsthaft anzugehen, kann das Deutschlandticket zu einem robusten Baustein einer modernen Mobilitätsordnung werden. Misslingt dies, wird der Höchsttarif zum Dauerpreisdeckel: Investitionen bleiben aus, Qualität und Kapazität erodieren, und Knappheit wird zunehmend über „survival of the fittest“ statt über klare Regeln reguliert.

Die zentrale ökonomische Frage ist daher nicht, ob das Deutschlandticket bleibt, sondern unter welchen Bedingungen. Davon hängt ab, ob es dauerhaft Wohlfahrtsgewinne stiftet oder aber als nächstes Beispiel einer gut gemeinten, ordnungspolitisch aber unzureichend hinterlegten Verkehrsreform endet, die mehr kostet als sie nutzt.

Literatur

1. De Borger, B., & Proost, S. (2015): The political economy of public transport pricing and supply decisions. *Economics of Transportation*, Jahrgang 4, Ausgabe 1-2, S. 95–109
2. Eder, M. (2025): One of World's Most Liveable Cities Ends Euro-a-Day Travel Pass. *Bloomberg CityLab*. Veröffentlicht am 1. September 2025, abrufbar unter https://www.bloomberg.com/news/articles/2025-09-01/one-of-world-s-most-liveable-cities-ends-euro-a-day-travel-pass
3. Gaus, D.; Link, H.(2025): *Public transport reliability and season ticket ownership: The case of the Deutschlandticket*, DIW Discussion Papers, No. 2124, Deutsches Institut für Wirtschaftsforschung (DIW), Berlin
4. Hamel, D., Agola, D. & Amorim, M. (2025): Evaluating the sustainability impact of the Deutschlandticket - an empirical study. *Transportation Research Procedia*, Jahrgang 86, S. 708–715
5. Hethey, F. (2018): Revolutionen von 1968: Konfrontationen in der Bremer Innenstadt. *Weser Kurier Geschichte*, erschienen am 1. November 2018, abrufbar unter: https://wkgeschichte.weser-kurier.de/revolutionen-von-1968-konfrontationen-in-der-bremer-innenstadt/
6. Jens, C. (2017): Political uncertainty and investment: Causal evidence from U.S. gubernatorial elections, *Journal of Financial Economics,* Jahrgang 124, Ausgabe 3, S. 563–579
7. Julio, B. & Yook, Y. (2012), Political Uncertainty and Corporate Investment Cycles. *The Journal of Finance*, Jahrgang 67, S. 45–83
8. Klotz, P.,Gail, M. & Daniel, T. (2025): From Highway to Rail? Germany's Public Transport Ticket Experiment. *MAGKS Joint Discussion Paper Series in Economics*, No. 07-2025, Philipps-University Marburg, School of Business and Economics, Marburg
9. Krämer, A. (2024): Das Deutschlandticket in einer wohlfartsökonomischen Betrachtung. *Internationales Verkehrswesen*, Jahrgang 76, Ausgabe 3, S. 38–43
10. Krämer, A. & Mietzsch, O. (2024): Zukunft Deutschlandticket: Verkehrswende, Finanzierung und wohlfahrtsökonomische Wirkung. *Wirtschaftsdienst - Zeitschrift für Wirtschaftspolitik*, 104. Jahrgang,·Ausgabe 9, S. 636–643

11. Krämer, A. (2025): Das Deutschlandticket und seine Wohlfahrtswirkung. *Der Nahverkehr*, Jahrgang 43, Ausgabe 9, S. 6–10.
12. Meerkamp, P. (2025): Deutschlandticket: Potenzial für 28 Mio. Kund:innen. *Tagesspiegel Background Verkehr und Smart Mobility*, erschienen am 28.02.2025, abrufbar unter https://background.tagesspiegel.de/verkehr-und-smart-mobility/briefing/potenzial-fuer-28-millionen-kund-innen
13. Schmal, W. B. & Sues, G (2025): Mobilität 2040: Warum Smart Mobility den ÖPNV nicht ersetzt, sondern rettet, *FORMOE Policy Impuls*, No. 7, FORMOE - Forschungsforum Mobilitätsökonomik, Ilmenau
14. Schmal, W. B. & Mietzsch, O. (2026): Finanzierungsgrundlagen der kommunalen Verkehrsinfrastruktur – aktueller Rechtsrahmen, Anforderungen und ökonomische Perspektiven. Erschienen als Abschn. 4.4.2.4 in: Becker; Deuster; Francke; Mietzsch; Nobis; Saary (Hrsg.): *Handbuch kommunale Verkehrsplanung*. Wichmann Fachmedien Berlin/Offenbach
15. Stigler, G. (1968) Price and Non-Price Competition, *Journal of Political Economy,* Jahrgang 76, Ausgabe 1, S. 149–154
16. Waldorf, I., Loder, A., Wurster, S. et al. (2025): Low fare public transport as social policy? A study of Germany's 9-Euro-Ticket and Deutschlandticket via propensity score matching. *Transportation*.

Wolfgang Benedikt Schmal ist Wettbewerbsökonom und assoziierter Wissenschaftler am Fachgebiet Wirtschaftstheorie der TU Ilmenau. Er wurde am Düsseldorf Institute for Competition Economics der Heinrich-Heine-Universität promoviert und hat zuvor VWL in Berlin und Dublin studiert. Forschungsaufenthalte führten ihn nach Belgien, Großbritannien und in die USA. Er ist Dozent am Mercatus Center der George Mason University in Fairfax, Virginia, und Mitgründer des Forschungsforums Mobilitätsökonomik (FORMOE). Er veröffentlicht regelmäßig in führenden Fachzeitschriften und Publikumsmedien.

Die technische Umsetzung des Deutschlandtickets – von der Ticketausgabe bis zur Einnahmenaufteilung: Digitalisierung schlägt Praktikabilität und Akzeptanz?

Oliver Mietzsch

Inhaltsverzeichnis

O. Mietzsch (✉)
WestfalenTarif GmbH, Bielefeld, Deutschland
E-Mail: oliver.mietzsch@westfalentarif.de

O. Mietzsch und L. Gramlich (Hrsg.), *Wie weiter mit dem Deutschlandticket*,
https://doi.org/10.1007/978-3-658-51318-4_5

Die technische Umsetzung des Deutschlandtickets

Die technische Umsetzung des Deutschlandtickets stellt alle Beteiligten vor große Herausforderungen. Für manche Fahrgäste stellt die politische Vorgabe[1] der rein digitalen Ausgabe[2] des Deutschlandticket-Abonnements eine hohe Hürde dar. Sei es, weil sie aufgrund Alters oder Behinderung bzw. Erkrankung nicht in der Lage sind, ein Smartphone zu bedienen bzw. mit Plastikkarten umzugehen oder weil ihnen aufgrund ihrer wirtschaftlichen Situation die für ein Abonnement im Lastschriftverfahren erforderliche Bonität fehlt. Aber auch für die Verkehrsunternehmen, Tarif- und Verkehrsverbünde ist das Thema Digitalisierung alles andere als trivial, da sie insbesondere den Anforderungen an Datenschutz, Kontrollfähigkeit, Fälschungssicherheit sowie generell einfache Handhabbarkeit (im Sinne der Verarbeitungsfähigkeit) genügen müssen. Die Besonderheit des Deutschlandtickets liegt zudem darin, dass der Vertriebsort von dem Ort der Leistungserbringung getrennt ist. Dies gilt insbesondere für die Einnahmenaufteilung. Hier gibt der sog. „Leipziger Modellansatz der Einnahmenaufteilung" (Beschluss des Koordinierungsrates [1]) einen Rahmen vor, dessen Ausgestaltung sich idealtypisch in die drei Phasen Selbstbehalt (2023), Einnahmenzuscheidung nach Postleitzahlbezirk des betreffenden Abonnenten (2024 und 2025) und Nachfrageorientierte Einnahmenaufteilung (ab 2026) unterteilt. In der Realität ist die Phase 1 (Selbstbehalt) noch bis ins Jahr 2025 zur Anwendung gekommen, wurde die Phase 2 erst ab QT 3/2025 funktionsfähig und wird die Phase 3 (Nachfrageorientierte Einnahmenaufteilung) auf frühestens 2028 verschoben.

Digitalisierung des Vertriebs

Alle technischen Features, die die Ausgabe des Deutschlandtickets betreffen, müssen deutschlandweit einheitlich oder zumindest mit den unterschiedlichen Vertriebssystemen kompatibel sein. Bei über 660 Unternehmen des öffentlichen Personenverkehrs (ÖPV) sowie des gewerblichen Güterverkehrs, die im Verband Deutscher Verkehrsunternehmen (VDV) Mitglied sind, bedeutet dies schon eine Menge Arbeit. Hinzu kommen 27 Aufgabenträger des Schienenpersonennahverkehrs (SPNV) sowie mehrere hundert Aufgabenträger des straßengebundenen Personennahverkehrs (ÖSPV). Im Grundsatz sind

[1] § 9 Abs. 1 RegG: „Die Länder führen ab dem 1. Mai 2023 ein Ticket ein, das zur bundesweiten Nutzung des öffentlichen Personennahverkehrs berechtigt (Deutschlandticket). Es soll in digitaler Form erhältlich sein und für ein Entgelt zum Zeitpunkt der Einführung von 49 € je Monat in einem monatlich kündbaren Abonnement angeboten werden. Der maßgebliche Ausgleich finanzieller Nachteile entsprechend den Regelungen der Verordnung (EG) Nr. 1370/2007 wird von den Ländern bzw. den zuständigen Behörden abgewickelt."

[2] Digital bezieht sich auf die Darstellung von Daten in Zahlenform, im Gegensatz zum analogen Format. In der Literatur finden sich jedoch vielfältige Ausprägungen des Begriffs „digital".

alle 106 kreisfreien Städte sowie die 294 Kreise gesetzliche Aufgabenträger des ÖSPV; darüber hinaus kommen je nach landesrechtlicher Grundlage weitere ÖSPV-Aufgabenträger wie z. B. sog. Stadtbusstädte in NRW[3] oder Sonderstatusstädte in Hessen[4] bzw. Große Kreisstädte in Baden-Württemberg und Thüringen[5] hinzu, die nach PBefG bzw. Allgemeinem Eisenbahngesetz (AEG) in die Tarifgestaltung – zumindest mittelbar als Finanzier – eingebunden sind. Und nicht zu vergessen die über 60 Tarif- und Verkehrsverbünde, die im Auftrag von Verkehrsunternehmen und/oder Aufgabenträgern die Tarifgestaltung für ihre Mitglieder vornehmen. Allerdings ist die Ticketausgabe nur durch sog. Kundenvertragspartner möglich, d. h. Verkehrsunternehmen, die gegenüber den Kunden die vertraglichen Ansprechpartner darstellen.

Tarifbestimmungen

Das Deutschlandticket wird als persönlicher Fahrausweis in Form einer Chipkarte bzw. als sogenanntes Handyticket ausgegeben. Es beinhaltet mindestens den Namen und den Vornamen des Fahrgastes. Die bei der Einführung des Deutschlandtickets noch erforderliche Angabe des Geburtsdatums ist zwar ab dem 1. Juni 2024 weggefallen, gleichwohl muss ein Fahrausweis, der als Barcode-Ticket ausgegeben wird, in jedem Fall das Geburtsdatum des Fahrgastes enthalten. Gleiches gilt für alle ab dem 01.01.2025 ausgestellten Chipkarten. Das Deutschlandticket kann an den Verkaufsstellen der Verkehrsunternehmen, Verkehrsverbünde und Tariforganisationen bzw. über branchenspezifische Vertriebskanäle (DB Navigator, Transdev Webshop) erworben werden, die für Abonnement-Produkte eingerichtet sind. Der Einstieg ins Abonnement ist jederzeit für den laufenden Monat möglich. Es wird für unbestimmte Zeit abgeschlossen und kann monatlich gekündigt werden. Die Kündigung muss bis zum 10. eines Monats zum Ende des jeweiligen Kalendermonats erfolgen. Es gilt im Falle einer Kündigung bis Betriebsschluss nach dem Ende des letzten Tages dieses Kalendermonats, längstens jedoch bis 3.00 Uhr des Folgetages. Neben der monatlichen Kündbarkeit kann in Verbindung mit anderen Produkten im Bereich des Personenverkehrs auch eine feste Laufzeit von 12 Monaten angeboten werden. Dies ist z. B. bei der Ausgabe als Jobticket (Deutschlandticket Job) oder im Zusammenhang mit dem ab Sommersemester 2024 eingeführten

[3] Gem. § 4 i. V. m. § 1 ÖPNVG NRW kann kreisangehörigen Gemeinden mit eigenen Verkehrsunternehmen die Aufgabenträgerschaft für den ÖSPV übertragen werden.

[4] Sonderstatusstädte definieren sich über die Bevölkerungszahl: Kreisangehörige Gemeinden mit mehr als 50.000 Einwohnern erfüllen neben den Aufgaben nach § 2 zusätzlich die ihnen durch Gesetz oder Rechtsverordnung übertragenen Aufgaben (z. B. gem. § 4a der Hessischen Gemeindeordnung).

[5] Der Begriff „Große Kreisstadt" bezieht sich i. d. R. auf ehemalige kreisfreie Städte, die ihren Status im Rahmen einer Gebietsreform verloren haben, aber aufgrund ihrer Größe dennoch weiterhin Aufgaben wahrnehmen, die ansonsten auf Kreisebene wahrgenommen werden.

deutschlandweit gültigen Semesterticket (Deutschlandsemesterticket) der Fall. Hier ist eine sechsmonatige Mindestvertragslaufzeit vorgesehen. Eine Besonderheit: Nachdem von interessierter Seite (Verbraucherschutzverbände etc.) eine taggenaue Gültigkeit eingefordert wurde und eigentlich ab dem 1. Januar 2024 auch rechtlich vorgesehen war, bleibt es nunmehr bei der monatsscharfen Ausstellung des Deutschlandtickets zum jeweiligen Monatsersten. Darüber hinaus wurde die bis zum 31.12.2023 vorgesehene Möglichkeit der Ausstellung des Deutschlandtickets ab sofort (d. h. ab Kauf als sogenannten Starterkarte) nicht mehr verlängert.

Der Preis für das Deutschlandticket im Abonnement betrug zuletzt 58,- Euro pro Monat bei monatlicher Zahlung. Am 18.09.2025 beschlossen die Verkehrsminister und -senatoren der Länder eine Erhöhung zum 1. Januar 2026 auf 63 €. Zugleich soll ab 2027 dann eine indexierte jährliche Preisfortschreibung bei gleichbleibender Finanzierungsbeteiligung von Bund und Ländern greifen (Beschluss der Sonder-Verkehrsministerkonferenz [2]). Eine jährliche Zahlung des zwölffachen Monatsbeitrags kann angeboten werden. Bei Verkehren, die nur auf Anforderung eingesetzt werden (z. B. On-Demand-Verkehr, Anruf-Sammeltaxi, Rufbus) sowie bei täglich verkehrenden Eisenbahnen mit besonderen Betriebsformen (z. B. Schmalspurbahnen mit Dampftraktion) kann ein Zuschlag nach den örtlichen Tarifbestimmungen erhoben werden. Der Fahrpreis für das Deutschlandticket als Jobticket ist der jeweils reguläre Preis des Tickets abzüglich 5 % Rabatt durch das ausgebende Verkehrsunternehmen. Voraussetzung für den Rabatt ist, dass der Arbeitgeber einen Zuschuss zum Jobticket leistet, der mindestens 25 % des regulären Preises beträgt. Das Deutschlandticket wird ab Sommersemester 2024 aufgrund eines Semesterticketvertrags Studierenden als solidarisches Deutschlandsemesterticket angeboten. Der Fahrpreis beträgt 60 % des Fahrpreises des regulären Deutschlandtickets. Die weiteren Einzelheiten zu Bezugspflicht, Befreiung von der Entgeltentrichtung und zur Erstattung enthält der jeweilige Semesterticketvertrag. Der für ein Semester gültige Preis ist der anteilige Preis des Deutschlandtickets, der acht Monate vor Beginn des Semesters jeweils für die Monate des Semesters in den Tarifbestimmungen für das Deutschlandticket vorgegeben wird. Das Deutschlandsemesterticket hat eine feste Laufzeit für das jeweilige Semester – ohne monatliche Kündbarkeit.

Für Fahrten im Schienenpersonennahverkehr gelten die Fahrgastrechte gemäß Teil A Nr. 8 der Tarifbedingungen des Deutschlandtarifs sowie Teil C Nr. 8 der Tarifbedingungen für Zeitkarten im Deutschlandtarif (Deutschlandtarifverbund [3]). Das Entgelt für das Deutschlandticket gilt als erheblich ermäßigtes Beförderungsentgelt gemäß § 3 Eisenbahnverkehrs-Verordnung (EVO). Das zusätzliche Recht bei Verspätung gemäß § 11 Abs. 1 Nr. 1 EVO, demzufolge Reisende die Fahrt zum Zielort bei einer Verspätung von mindestens 20 min mit einem anderen Zug durchführen können, ist ausgeschlossen. Die für Zeitkarten geltenden Erstattungsregelungen der Verkehrsunternehmen gelten nur teilweise auch für das Deutschlandticket, teilweise gehen sie über diese hinaus, mitunter bleiben sie aber auch hinter denen des Deutschlandtickets zurück. Eine Erstattung wegen Krankheit setzt seit dem 1. Januar 2024 zudem voraus, dass die Bescheinigung eines Arztes, eines Krankenhauses oder einer Krankenkasse über eine Reiseunfähigkeit für einen Zeitraum von mehr als 21 zusammenhängenden Tagen vorgelegt wird. Der Antrag auf Erstattung muss unverzüglich, spätestens innerhalb einer Woche nach Ablauf der Gültigkeit des Fahrausweises bei der Verwaltung des vertragshaltenden Unternehmens gestellt werden. Erstattet wird für volle Kalendermonate der in dem betreffenden Monat geltende Monatseinzug, für Monatsteile wird pro Tag 1/30 des in dem betreffenden Monat entrichteten Fahrgelds erstattet.

Kontrolltechnik

Die Kontrollierbarkeit der digital ausgegebenen Deutschlandtickets stellt nach wie vor ein Problem dar, das auch finanziell zu Buche schlägt. Schätzungen zufolge hat die Branche bis zu rund einer halben Milliarde Euro an Einnahmen aufgrund von Betrug verloren.[6] Häufige Betrugsfälle sind der sog. Dreiecksbetrug, bei dem mit den Bankdaten eines Dritten ohne dessen Wissen ein Abonnement für sich selbst abgeschlossen wird, das Kopieren von QR-Codes und damit die Nutzung ggfs. auch von schon gesperrten Deutschlandtickets, die Ausgabe gefälschter Tickets oder – auch hinsichtlich der Einnahmenaufteilung – die nicht oder fehlerhaft erfolgende Einnahmenmeldung. Während die fehlerhaften oder nicht erfolgten Einnahmenmeldungen durch den Abschluss entsprechender Verträge zwischen den das Deutschlandticket nutzenden bzw. anerkennenden Verkehrsunternehmen oder Verkehrs- und Tarifverbünden unterbunden bzw. eingeschränkt werden können, erfordern der Dreiecksbetrug sowie die kopierten bzw. gefälschten Tickets wirksame, insbesondere technische Gegenmaßnahmen. Hierzu gehören vertrieblich die Prüfung von Bonität und Identität sowie ggfs. die Ticketsperre und kontrolltechnisch die Festlegung einheitlicher Kontrollmerkmale.

Gegenwärtig existieren allerdings zwei verschiedene Kontrollsysteme nebeneinander her: Das UIC-Verfahren des Internationalen Eisenbahnverbands,[7] das in seiner einfachsten Form als statischer Barcode funktioniert, sowie das deutlich aufwendigere Verfahren VDV-KA (Kern-Applikation), das praktisch in allen kommunalen Verkehrsunternehmen zum

[6] Bis 500.000.000 € Schaden: Wie die Bahnbranche das Deutschlandticket riskiert | heise online [4] (Zugegriffen: 16.09.2025).

[7] Der UIC-Barcode ist ein 2D-Barcode, der für den internationalen Fernverkehr entwickelt wurde. Er wird vom Internationalen Eisenbahnverband (UIC) herausgegeben, der Schienenfernverkehrsunternehmen registriert und eine öffentliche Datenbank für die öffentlichen Schlüssel bereitstellt. Damit können dann Bahnunternehmen im grenzüberschreitenden Verkehr gegenseitig ihre Tickets auf Echtheit prüfen. Die UIC gibt aber nur die Spezifikation heraus. Alles, was ein Verkehrsunternehmen für die Verschlüsselung, Sperren, Monitoring oder Regelwerk zwischen verschiedenen Unternehmen benötigt, muss selbst aufgebaut und betrieben werden. Da es sich meistens um nationale Schienenfernverkehrsunternehmen handelt, die in der Regel in staatlicher Hand sind, ist die Zahl der UIC-Anwender, die sich mit ihren Nachbarn austauschen müssen, überschaubar. Vgl. https://www.eticket-deutschland.de/magazin/wie-unterscheiden-sich-uic-und-vdv-barcode-sowie-motics/ [5] (Zugegriffen: 16.09.2025).

Einsatz kommt.[8] Letzteres verwendet ein zentrales Schlüsselmanagement, spezielle Secure Access Modules zur Ticket-Signierung und eine zentrale, manipulationssichere Erfassung aller ausgestellten Tickets. Demgegenüber weisen die von vielen Eisenbahnunternehmen, darunter auch DB Regio und Transdev als vertriebsstärksten Ausgabestellen von Deutschlandtickets im SPNV verwendeten UIC-Barcodes gravierende Sicherheitsmängel auf: Anstatt Kryptoschlüssel für Ticketsignaturen zentral zu kontrollieren, generieren Verkehrsbetriebe ihre privaten Schlüssel selbstständig und hinterlegen lediglich die öffentlichen Pendants auf einem SharePoint-Server der Deutschlandtarifverbundgesellschaft (DTVG), die für die öffentlichen und privaten Eisenbahnverkehrsgesellschaften des Nahverkehrs die Einnahmenaufteilung organisiert. Wer Zugriff auf einen gültigen Private Key erlangt, kann beliebig viele Tickets erzeugen.[9]

Um das Problem von kopierbaren Tickets zu lösen, hat der VDV (((eTicket Service im Auftrag der ÖV-Branche den Mobile Ticketing Crypto Service – kurz Motics – entwickelt. Dieses System verbindet die bestehende Ticketing-Infrastruktur mit den Smartphones der Fahrgäste. Es hat verschiedene Ausbaustufen, sodass Tickets visuell als Barcodes und in Kürze via NFCF[10] ausgegeben werden können. Bei der ersten Ausbaustufe erhält der VDV-Barcode durch ein dynamisches Sicherheitselement einen Kopierschutz. Das Smartphone wird durch Motics in die Lage versetzt, selbst einen neuen Barcode zu erstellen. Dieser kann zum Beispiel mit einem Zeitstempel erzeugt werden, der sich alle 30 s erneuert. Wird das Ticket dann kopiert und verschickt, bleibt das dynamische Element stehen und kann auf einem anderen Handy nicht mehr erneuert werden. Kopierte Tickets fallen somit bei Kontrollen sofort auf. Dieses Verfahren funktioniert auch, wenn

[8] Der VDV-Barcode ist ein 2D-Barcode und wurde speziell für den deutschen Nahverkehr entwickelt; er ist Teil der VDV-Kernapplikation und eingebettet in die zentralen Hintergrundsysteme und das Regelwerk von (((eTicket Deutschland. Damit nutzt er dieselbe Sicherheitsinfrastruktur wie die der Chipkarten in Deutschland und ist für eine interoperable Verwendung von tausenden Unternehmen ausgelegt, die sich untereinander nicht kennen, aber vertrauen müssen. Da für die Nutzung des VDV-Barcodes lediglich ein Teilnehmervertrag und mindestens ein Sicherheitsmodul mit dem geheimen Schlüssel erforderlich ist, ist dieser Barcode für einen deutschlandweiten Einsatz deutlich günstiger als der UIC-Barcode. Die vollständige Nutzung aller Hintergrundsysteme und das zentrale Sicherheitsmanagement sind für Teilnehmer komplett inkludiert. Dazu gehören Verschlüsselung, Sperrungen, Kommunikation im gemeinsamen Netzwerk und das nationale Monitoring. Vgl. https://www.eticket-deutschland.de/magazin/wie-unterscheiden-sich-uic-und-vdv-barcode-sowie-motics/ [5] (Zugegriffen: 16.09.2025).

[9] Für eine Übersicht der verschiedenen elektronischen Kontrollverfahren im ÖPNV vgl. vdv-ets_whitepaper-barcode_oepnv.pdf [6] (Zugegriffen: 16.09.2025).

[10] Die Near Field Communication (dt. Nahfeldkommunikation, abgekürzt NFC) ist ein auf der RFID-Technik basierender internationaler Übertragungsstandard zum kontaktlosen Austausch von Daten per elektromagnetischer Induktion mittels loser gekoppelter Spule über kurze Strecken von wenigen Zentimetern und einer Datenübertragungsrate von maximal 424 kBit/s.

das Smartphone des Fahrgastes offline ist.[11] Nach längerem Hin und Her hat sich die (((eTicket-Teilnehmerversammlung am 06.05.2025 darauf verständigt, dass bis spätestens 30.06.2025 die für die Umsetzung der IT-Mindetsanforderungen erforderlichen zentralen Systeme produktiv bereitstehen und damit ab 01.07.2025 eine vollständige operative Betriebsbereitschaft der zentralen Systeme zum Schließen der ermittelten Sicherheitslücken gegeben sein soll. Alle das Deutschlandticket ausgebende Unternehmen müssen dementsprechend Teilnahmeverträge zu allen notwendigen zentralen Systemen (insb. Sperrmanagement, Sicherheitsmanagement, Trustcenter) mit mindestens einem der zur Verfügung stehenden Systemanbieter abschließen und die Ertüchtigung und Anbindung ihrer ticketerzeugenden Systeme bei ihren Dienstleistern mit Umsetzung bis spätestens zum 30.09.2025 beauftragen; ab dem 01.10. 2025 sollen dann alle Deutschlandtickets von Unternehmen, die einen solchen Teilnehmervertrag nicht abgeschlossen haben, als unsicher angesehen und somit als ungültig abgelehnt werden.

Einnahmenaufteilung

Die Frage der Verteilung der Einnahmen aus dem Deutschlandticket stand von Anfang an im Mittelpunkt der Überlegungen für ein bundesweites Pauschalpreisangebot. Entgegen der bisherigen Praxis bei der Ticketausgabe im ÖPNV kann das Deutschlandticket praktisch überall in Deutschland erworben werden, sofern der ausgebende Vertriebsdienstleister mit einem Verkehrsunternehmen eine sog. Kundenvertragspartnerschaft vereinbart hat. Dadurch kommt es zu einer Entkopplung zwischen dem Empfänger der Ticketeinnahmen und dem Erbringer der Verkehrsleistung. Theoretisch kann das Deutschlandticket also in Füssen gekauft und in Flensburg verwendet werden. Ohne einen Ausgleich der Einnahmen zwischen den beteiligten Verkehrsunternehmen würde es in kürzester Zeit zu einem massiven Liquiditätseinbruch kommen, da starke Vertriebsdienstleister wie z. B. DB Regio bzw. Transdev oder regional dominierende Verkehrsunternehmen, aber auch mitgliedsstarke Organisationen wie der ADAC das Ticket vertreiben. Da die Mindereinnahmen im Zeitraum 203 bis 2025 über einen Ausgleichsmechanismus auf Basis des Corona-Rettungsschirms unternehmensindividuell ausgeglichen wurden,[12] wird die ganze Tragweite der Entkoppelung von Vertriebs- und Leistungserbringungsort erst zum Zeitpunkt der Stufe 2 (Verteilung der Einnahmen aus dem Deutschlandticket nach dem Postleitzahlbezirk der Abonnenten bzw. dem Hochschulstandort von Inhabern des Deutschlandsemestertickets) sichtbar, da die Einnahmen aus dem Deutschland-

[11] Vgl. https://www.eticket-deutschland.de/magazin/wie-unterscheiden-sich-uic-und-vdv-barcode-sowie-motics/ [5] (Zugegriffen: 16.09.2025).

[12] Der Ausgleichsmechanismus beruht auf einem Vergleich der Soll-Einnahmen des Jahres 2019 als dem letzten „normalen“ Geschäftsjahr vor der Pandemie, bereinigt um Verkehrsmengeneffekte und inflationsbedingte Einnahmenveränderungen, mit den Ist-Einnahmen nach Einführung des Deutschlandtickets, ergänzt um Vertriebsanreize.

ticket zuerst zwischen den verschiedenen Verkehrsträgern (Schiene, Bus/Straßenbahn/U Bahn) sowie Zuständigkeitsebenen (Länder, Gebietskörperschaften, Verbünden/Tariforganisationen) aufgeteilt werden müssen, bevor dann der unternehmensindividuelle Schadensausgleich erfolgen kann. Da für 2023 noch ein vollumfänglicher Ausgleich auch oberhalb des von Bund und Ländern auf 3 Mrd. € gedeckelten jährlichen Defizitausgleichs zugesagt wurde – der sich aufgrund der verspäteten Einführung des Deutschlandtickets zum 1. Mai 2023 im Nachhinein als nicht notwendig erwiesen hat -, wurden von den 3 Mrd. € Ausgleichsmitteln im Jahr 2023 nur 2,3 Mrd. € abgerufen. Somit verblieb ein Saldo von 0,7 Mrd. €. Dieses wurde nach langem Hin und Her zwischen Bund und Länder auf die Folgejahre übertragen (10. RegGÄndG), sodass für 2024 noch von einem Fehlbedarf von 0,4 Mrd. € auszugehen war. Ob dies ausgereicht hat, kann gegenwärtig nicht abschließend bewertet werden, da die Feststellung des Ausgleichsbedarfs der Verkehrsunternehmen mit einem Zeitverzug erfolgt.[13] Das Bundeskabinett hatte in seiner letzten Sitzung vor der Sommerpause 2025 den Haushaltsentwurf 2026 beschlossen und dabei auch 1,5 Mrd. € zur Finanzierung des Deutschlandtickets in den Haushalt für das Jahr 2026 eingestellt. Parallel dazu wurde der vom Bundesverkehrsministerium (BMV) vorgelegte Entwurf für ein 11. Gesetz zur Änderung des Regionalisierungsgesetzes beschlossen, um die gesetzliche Grundlage zur Fortführung des Deutschlandtickets zu schaffen. Mit Datum vom 21.11.2025 hat der Bundesrat der zuvor bereits vom Bundestag beschlossenen Fassung eines 11. Gesetzes zur Änderung des Regionalisierungsgesetz zugestimmt; wichtigste Änderung gegenüber dem Regierungsentwurf ist die Verlängerung der Frist zur jeweils hälftigen Finanzierung des Deutschlandtickets durch Bund und Länder bis einschließlich 2030 (vgl. insbesondere Kap. „Der Rechtsrahmen des Deutschlandtickets: Organisierte Verantwortungslosigkeit im föderalen Staat und Defizite bei der privatrechtlichen Nutzerfinanzierung“).

Zuvor war bereits die vom BMV ursprünglich vorgesehene Auflage, dass zusätzliche Vergünstigungen beim Deutschlandticket wie z. B. für Auszubildende oder Senioren von den Ländern allein zu finanzieren sind, fallen gelassen worden. Gleichwohl zeigten sich z. B. der Deutsche Städtetag, der Verband Deutscher Verkehrsunternehmen und der Bundesverband Deutscher Omnibusunternehmen (bdo) unzufrieden (Tagesspiegel Background 7.8.2025 [7]). Der Grund: Der Bund beteiligt sich auch zukünftig nur bis zu max. 1,5 Mrd. € an der Finanzierung der Einnahmeverluste der Verkehrsunternehmen und Aufgabenträger aus dem Verkauf des Deutschlandtickets. Das bedeutet: Die Länder müssten in Zukunft den über ihren bisherigen Anteil von ebenfalls 1,5 Mrd. € hinausgehenden Ausgleichsbedarf übernehmen, was diese bereits abgelehnt haben. Alternativ wird der Preis des Deutschlandtickets auch nach 2026 weiter steigen, zumal die Länder mit der vereinbarten Ankündigung zur Entwicklung eines Preisfortschreibungsmechanismus ab 2027 hierfür bereits die Weichen gestellt haben. Dies steht im Widerspruch zu der Vereinbarung im Koalitionsvertrag von CDU, CSU und SPD, dass das Deutschland-

[13] Lt. VDV beträgt das Finanzierungsdelta im Jahr 2025 rund 800 Mio. €.

ticket über 2025 hinaus fortgesetzt und dabei der Anteil der Nutzerfinanzierung ab 2029 sozialverträglich erhöht werden soll.[14]

Leipziger Modellansatz

Das Verfahren eines bundesweiten Einnahmenclearings beim Deutschlandticket wurde vom Koordinierungsrat am 20.03.2023 auf Basis des „Leipziger Modellansatzes“ beschlossen. Damit soll bundesweit eine gemeinsame Vorgehensweise bei der Zuscheidung der Tarifeinnahmen aus dem Verkauf des Deutschlandtickets sichergestellt werden. Rechtlich verbindlich ist der „Leipziger Modellansatz“ aber nicht, da es bislang weder einen gesetzlichen Tarifanwendungsbefehl noch andere rechtliche Festlegungen auf ein konkretes Governance-Modell beim Deutschlandticket gibt – mit Ausnahme des Freistaates Thüringen. Das anzuwendende Zuscheidungsverfahren soll alle Tarifeinnahmen aus dem Kernprodukt des Deutschlandtickets sowie alle Einnahmen aus bundesweit geltenden kundengruppenspezifischen Angeboten wie dem Deutschlandticket Job und dem Deutschlandsemesterticket umfassen. Dazu zählen sämtliche Einnahmen sowie Leistungen von Dritten in Höhe des festgelegten Preises des Deutschlandtickets. Der Leipziger Modellansatz formuliert für das Einnahmenaufteilungsverfahren zum Deutschlandticket ein „Marktorientiertes Innovationsmodell (in drei Stufen)“. Das Modell will damit einen deutlichen Vertriebsanreiz für die Kundenbetreuung im jeweiligen Bediengebiet des Tarifgebers setzen und zugleich einen aggressiven Vertriebswettbewerb in der Branche verhindern.

Stufe 1 des bundesweiten Einnahmenclearings (Einnahmenbehalt)

Gemäß Stufe 1 wurde zur Absicherung des Starts des Deutschlandtickets für das Rumpfjahr 2023 eine pragmatische Herangehensweise gewählt: Grundsätzlich jeder Tarifgeber verteilte demnach die Einnahmen aus den Deutschlandtickets ausschließlich unter den ihm angeschlossenen Verkehrsunternehmen und Aufgabenträgern. Hierzu fanden die jeweiligen Regelungen der Tarifgeber (z. B. Verbünde und Tarifgemeinschaften) Anwendung. Unternehmen, die Fahrausweise für mehrere Tarifgeber vertreiben, meldeten den jeweiligen Tarifgebern ihre Deutschlandticket-Verkäufe. Sie stimmten sich in Zweifelsfragen auf Verlangen mit den betroffenen Tarifgebern und Ländern ab, über welchen Tarifgeber die Einnahme an die anderen Länder verteilt wird. Hierbei konnten die Einnahmen auch anteilig auf mehrere Tarifgeber/Länder verteilt werden. Allerdings mussten Einnahmen, die klar zugeordnet werden können, auch genauso auf die jeweiligen Tarifgeber/Länder verteilt werden. Im Bedarfsfall konnten nach Beschluss der Länder bei Marktverwerfungen sowohl unterjährig als auch in der Abrechnung des jeweiligen Gesamtjahres Umverteilungen zwischen den Ländern durchgeführt werden. Manche Unternehmen und erlösverantwortliche Aufgabenträger durften durch Fahrgeld-Zuscheidungen aus dem Deutsch-

[14] https://www.t-online.de/nachrichten/deutschland/innenpolitik/id_100925610/deutschlandticket-spd-raeumt-abweichung-vom-koalitionsvertrag-ein.html [8] (Zugegriffen: 02.10.2025).

landticket keinen Nachteilsausgleich in Anspruch nehmen. Sie wurden verpflichtet, den Betrag, der den Soll-Einnahmewert 2023 übersteigt, innerhalb des Bundeslandes abzuführen. Sollte das betreffende Bundesland in Summe keinen Nachteilsausgleich benötigen, erfolgte die Abführung der übersteigenden Fahrgeldbeträge in andere Bundesländer im Rahmen eines Länderausgleiches (sog. Schwungmassenverteilung).

Stufe 2 des bundesweiten Einnahmenclearings (Einnahmenverteilung nach Postleitzahlbezirken)

Parallel wollten Länder und ÖPNV-Branche schon im Jahr 2023 die technischen, organisatorischen und juristischen Grundlagen für die zweite Stufe des „Leipziger Modellansatzes" schaffen. Gleichzeitig sollte dies die erste Phase eines marktorientierten Einnahmenaufteilungsverfahren markieren, das gemeinsam von Ländern und Branche getragen wird. Hierzu ist es allerdings bislang nicht gekommen. Daher wurden auch im Jahr 2024 die Einnahmen aus dem Deutschlandticket nach dem gleichen Prinzip verteilt, das für 2023 zur Anwendung gekommen ist (Selbstbehalt). Und auch für das Jahr 2025 fand dieses Verfahren bis Ende September Anwendung, da sich die Unterzeichnung des Deutschlandweiten Einnahmenaufteilungsvertrages durch die eigens für die Einnahmenaufteilung des Deutschlandtickets gegründete DTIX GmbH lange hingezogen hatte, da sich einige Teilnehmer am Deutschlandticket lange Zeit nicht auf die Anwendung der Stufe 2 (Zuscheidung nach Postleitzahlbezirk der Abonnenten; beim Deutschlandsemesterticket nach dem Hochschulstandort) verständigen konnten.[15] Dies bedeutet, dass erstmals für den Abrechnungsmonat September 2025 eine kassenwirksame Abrechnung auf Basis der Stufe 2 erfolgen konnte. Eine Rückverrechnung für den Zeitraum Januar bis August 2025 innerhalb des bundesweiten Einnahmenaufteilungsvertrags ist allerdings nicht mehr erfolgt – entgegen einem entsprechenden Beschluss der Verkehrsministerkonferenz.

Insofern besteht erst seit Herbst 2025 Klarheit darüber, wie sich die Einnahmen bei Anwendung der Stufe 2 auf die einzelnen Länder verteilen. Hierfür wurden 16 sog. Länderschubladen (für jedes Bundesland eine) eingerichtet, zuzüglich einer sog. 17. Schublade für Einnahmen aus dem Verkauf von Deutschlandtickets in touristischen Regionen. Für den Zeitraum vom Jahresbeginn bis zum Ende des QT 3/2025 sollen etwaige Verwerfungen zwischen den Ländern über Bundesmittel – zuzüglich ihrer gleich hohen

[15] Nachdem alle potenziellen Vertragspartner dem bundesweiten Einnahmenaufteilungsvertrag (D-TIX-Vertrag) beigetreten sind, hat die D-TIX GmbH & Co. KG am 07.10.2025 als letzte Vertragspartei gezeichnet, sodass der Vertrag ab diesem Zeitpunkt in Kraft getreten ist. Zwischenzeitlich liegt bereits eine Änderungsfassung zum bundesweiten Einnahmenaufteilungsvertrag ab 2026 vor; wesentliche Änderungen gegenüber der Vorgängerversion finden sich hinsichtlich einer Kündigungsklausel für Verkehrsunternehmen, falls die zuständigen Aufgabenträger nicht bis spätestens 30.06.2026 verbindlich eine entsprechende Finanzierungszusage, die den Anforderungen des EU-Beihilfenrechts genügen muss (vgl. insbesondere Kap. „Der Rechtsrahmen des Deutschlandtickets: Organisierte Verantwortungslosigkeit im föderalen Staat und Defizite bei der privatrechtlichen Nutzerfinanzierung"), getätigt haben.

Anteile – ausgeglichen werden. Diese Mittel werden von den Ländern nach dem Verfahren gem. § 9 Abs. 3 RegG zur Verfügung gestellt. Darüber hinaus soll die Deutschlandtarifverbundgesellschaft (DTVG) eine Einnahmenaufteilung der Fahrgeldeinnahmen des Deutschlandtarifverbundes (DTV) auf die SPNV-Leistungsträger vornehmen, die über die Soll-Fahrgeldeinnahmen hinausgehen. Ziel ist eine möglichst angemessene Vorab-Verteilung auf die Länder, die spätere Ausgleichszahlungen reduziert. Gegenwärtig ist es aber schwierig abzusehen, welche konkreten Folgen eine marktorientierte Aufteilung auf der Basis der Zuscheidung aller Deutschlandticket-Einnahmen auf die Länder nach dem Wohnort im Jahresablauf haben könnte. Zwar gibt es für die Monate Juli und August 2025 auf der Basis der bis dahin gemeldeten Verkäufe aus dem Deutschlandticket entsprechende Probeabrechnungen. Eine Rückverrechnung für den Zeitraum Januar bis August 2025 innerhalb des deutschlandweiten Einnahmenaufteilungsvertrages ist allerdings nicht vorgesehen. Eine anschließende Korrektur auf Grundlage von Balancefaktoren (z. B. für Tourismus, Transit) ist inkludiert. Der Anteil für den als „17. Schublade" bezeichneten Balancepool wurde auf 3 % der Deutschlandticket-Einnahmen eines jeden Tarifgebers beziffert. Die Methodik der Evaluation und Verteilung der Einnahmen aus dem durch die Korrektur gefüllten Pool ist per Beschluss der Länder zu regeln. Hierfür liegt mit einem sog. vereinfachten Gravitationsmodell unter Einbeziehung von länderspezifischen Übernachtungszahlen ein abgestimmtes Verfahren zur Entleerung der Einnahmen in der sog. 17. Schublade vor.

Innerhalb der Länder erfolgt die Verteilung der Einnahmen in Zusammenarbeit mit den jeweiligen Tariforganisationen vor Ort. Die Verteilung der Einnahmen kann sich dabei ebenfalls an dem Wohnortprinzip orientieren. Der DTV sowie etwaige Landestarife können ihren bisherigen relativen Einnahmeanteil vorab erhalten. In Tarifräumen, die die Ländergrenzen überschreiten, könnte es durch die Anwendung der jeweiligen Einnahmenaufteilungsregelungen vor Ort zu nachträglichen Einnahmenverschiebungen kommen. Auf Basis der vorgenannten Verfahrensweise soll daher der abschließende Nachteilsausgleich ermittelt werden. Eine Einnahmenzuscheidung des Deutschlandtickets in Stufe 2 kann auch zu überschießenden Einnahmen führen. Daher sind die Unternehmen und erlösverantwortlichen Aufgabenträger wie in Stufe 1 zu verpflichten, die Einnahmen, die den Einnahme-Soll-Wert des jeweiligen Jahres übersteigen, an einen anderen Tarifgeber des jeweiligen Landes abzuführen. Für die Stufen 1 und 2 war in Bezug auf das Kernprodukt des Deutschlandtickets eine Vertriebsprovision oder Vertriebsentschädigung ursprünglich nicht vorgesehen. Zwischenzeitlich hat der Koordinierungsrat nicht zuletzt auf Druck des Bundeskartellamts Regelungen zur Vertriebsprovision verabredet, die zwischen 3,9 % für das Deutschlandsemesterticket und jeweils 4,7 % für das Deutschlandticket Job sowie das Standard-Deutschlandticket liegen (vgl. Kap. „Bundesweite Flatrate-Tickets als Revolution der Nahverkehrsorganisation in Deutschland am Beispiel des 9-Euro- sowie des Deutschlandtickets").

Die gleiche Vertriebsregelung gilt auch für alle Einnahmen aus bundesweit geltenden kundengruppenspezifischen Angeboten im Rahmen des Deutschlandtickets. Vertragliche Vertriebsregelungen vor Ort sind davon unberührt. Die vollständigen Einnahmen aus dem

D-Ticket ohne Abzug von vertrieblichen Aufwendungen sollen in das Zuscheidungsverfahren für das Deutschlandticket eingespeist werden. Für die praktische Umsetzung ist eine ausreichende Verbindlichkeit der Regelungen erforderlich, auf die die Länder, die Aufgabenträger und die Branchenorganisationen hinwirken müssen. Die Stufe 3 des Einnahmenaufteilungsverfahrens sollte zunächst frühestens ab 2026 zur Anwendung kommen, jetzt heißt es frühestens ab 2028. Allerdings weiß zurzeit noch niemand, wie dieses Verfahren ausgestaltet sein wird. Im Leipziger Modellansatz ist lediglich davon die Rede, dass auf Basis der Erfahrungen in den Jahren 2023 bis 2025 ein grundsätzlich nachfrageorientiertes Einnahmeaufteilungsverfahren zur Anwendung gebracht werden soll.

Literatur

1. Beschluss des Koordinierungsrates (Sitzung am 20.03.2023) für ein bundesweites Clearingverfahren zur Zuscheidung der Einnahmen aus dem Deutschlandticket auf Basis des „Leipziger Modellansatzes", vgl. https://www.verkuendung-bayern.de/files/baymbl/2023/190/anhang/Anlage_02.pdf (Zugegriffen: 02.10.2025).
2. https://www.verkehrsministerkonferenz.de/VMK/DE/termine/sitzungen/25-09-18-termin-sonder-vmk.html (Zugegriffen: 17.05.2026).
3. www.deutschlandtarifverbund.de (Zugegriffen: 17.09.2025).
4. Bis 500.000.000 € Schaden: Wie die Bahnbranche das Deutschlandticket riskiert | heise online (Zugegriffen: 16.09.2025).
5. https://www.eticket-deutschland.de/magazin/wie-unterscheiden-sich-uic-und-vdv-barcode-sowie-motics/ (Zugegriffen: 16.09.2025).
6. vdv-ets_whitepaper-barcode_oepnv.pdf (Zugegriffen: 16.09.2025).
7. Tagesspiegel Background 7.8.2025.
8. https://www.t-online.de/nachrichten/deutschland/innenpolitik/id_100925610/deutschlandticket-spd-raeumt-abweichung-vom-koalitionsvertrag-ein.html (Zugegriffen: 02.10.2025).

Oliver Mietzsch nach einer kaufmännischen Berufsausbildung Erwerb der Allgemeinen Hochschulreife auf dem Zweiten Bildungsweg und anschließend Zivildienst. Studium der Politikwissenschaft/Volkswirtschaftslehre und Rechtswissenschaft an der Philipps-Universität Marburg/Lahn, London School of Economics and Political Science sowie Freien Universität Berlin. 2019 berufsbegleitende Promotion an der TU Chemnitz. Erste berufliche Stationen im Europäischen Parlament in Brüssel sowie im Deutschen Bundestag in Bonn. Von 1995 bis 2011 Tätigkeit beim Deutschen Städtetag in Köln und Berlin. Von 2011 bis 2021 Geschäftsführer des Zweckverbands für den Nahverkehrsraum Leipzig. Nach weiteren beruflichen Stationen u. a. als Commercial Director von Beacon Rail Leasing Ltd. ist Oliver Mietzsch seit 2022 Geschäftsführer der OWL Verkehr GmbH und Mitglied der Geschäftsführung der WestfalenTarif GmbH.

Wirkungsmechanismus Deutschlandticket: Verkehrsverlagerung, Umweltwirkung und volkswirtschaftliche Effekte

Andreas Krämer

Inhaltsverzeichnis

A. Krämer (✉)
exeo Strategic Consulting AG/Value Research Institute (VARI e. V.), Bonn, Deutschland
E-Mail: andreas.kraemer@exeo-consulting.com

O. Mietzsch und L. Gramlich (Hrsg.), *Wie weiter mit dem Deutschlandticket*, https://doi.org/10.1007/978-3-658-51318-4_6

Das unterschätzte und missverstandene Deutschlandticket

„Über den Preis gewinnt man keine neuen Kunden, sondern nur über ein besseres Angebot.“ Naumann (ZDF 2023 [107]).

Das Deutschlandticket aus Sicht der Nutzer

Das Deutschlandticket (DT) genießt sowohl bei den Kunden als auch bei Personen, die es (noch) nicht besitzen, ein hohes Ansehen. Die Attraktivität des DT lässt sich an der Bestandsentwicklung erkennen – ein Potenzial, das vielfach unterschätzt wurde. Dies wird in der rückblickenden Betrachtung deutlich: Ein halbes Jahr nach der Markteinführung wird Ende 2023 einerseits die erhebliche Nachfragesteigerung als Erfolg unterstrichen („Wir haben Kundenzahlen wie vor Corona, binden Kunden wie nie“), andererseits ist von stabilen Bestandszahlen von etwa 10 Mio. Tickets die Rede („Die Zahl ist recht stabil, auch wenn auf niedrigem Niveau weitere hinzukommen“, NN 2023c [80]). Viele Marktbeobachter sehen Sättigungseffekte. Später ordnete der bayerische Verkehrsminister Bernreiter die Marktsituation wie folgt ein: Die erwarteten 13 Mio. Tickets seien mit dem damaligen Bestand von 11 Mio. DT nicht erreicht worden: „Bei 84 Mio. Einwohnern ist das nicht der große Renner“ (NN 2023b [79]).

Rückblickend erscheinen beide Aussagen konservativ und blenden die Marktdynamik weitgehend aus. Denn zum Jahresende 2024 wird von einem Bestand von über 14 Mio. Tickets ausgegangen. Trotz der zum Teil sehr kritischen Berichterstattung – die Zukunft des DT wurde medial zum Dauerthema – entwickelt sich der Ticketbestand äußerst positiv.

Gleichzeitig ist zwischen dem aktuellen monatlichen Ticketbestand und dem kumulierten Anteil der Personen, die das DT mindestens in einem Monat seit Mai 2023 genutzt haben, zu unterscheiden. Bis Ende 2024 haben 20–22 Mio. Menschen mindestens einmal ein DT besessen (Krämer et al. 2025 [65]). Bezogen auf die Gesamtbevölkerung entspricht dies mindestens 24 %, in der Altersgruppe ab 18 Jahren liegt der Anteil bei über 30 % (Krämer und Krämer 2026 [58]).

Die Annahme, der Absatz des DT habe sich nur wenige Monate nach Marktstart bereits gesättigt, geht einher mit der Vermutung eines sehr limitierten Absatzpotenzials. Dieses Potenzial setzt sich aus aktuellen Besitzern des DT sowie aus Personen zusammen, die beabsichtigen, das Ticket in den kommenden Monaten zu erwerben (Krämer und Mietzsch 2025 [62]). Zur Markteinführung lag das Absatzpotenzial des DT bei etwa 27 % der Bevölkerung ab 18 Jahren (VDV und Deutsche Bahn 2024a [100], 2024b [101]). Etwa ein Jahr später – im Juli 2024 – wird ein nahezu identischer Wert ausgewiesen: 21 % der Befragten verfügten über ein DT, weitere 6 % planten eine Nutzung in den folgenden zwei Monaten (Koordinierungsrat Deutschlandticket 2024 [44]. In der Hochrechnung ergibt sich zu diesem Zeitpunkt ein Absatzpotenzial von 17–18 Mio. Tickets pro Monat.

Selbst anderthalb Jahre nach Marktstart (Ende 2024) war das Potenzial noch nicht ausgeschöpft. Entsprechende Messungen im Gebiet des Hamburger Verkehrsverbunds (hvv) bestätigen dies – allerdings auf einem deutlich höheren Niveau als im Bundesdurchschnitt (Korbutt et al. 2025 [45]). Allein diese Betrachtung legt nahe: Das DT wurde in seinem Absatz-Potenzial unterschätzt (Krämer und Korbutt 2025 [60]). Weitere Hinweise auf die hohe Attraktivität des Tickets liefert die Meinungsforschung: Im Bundestagswahlkampf 2025 wurde das DT parteipolitisch sehr unterschiedlich behandelt und bewertet. Unabhängig von Parteipräferenz und tatsächlicher Nutzung zeigt sich jedoch eine breite gesellschaftliche Akzeptanz des Tickets. Diese Einschätzung wird durch mehrere Studien gestützt (Krämer et al. 2025 [65]; DZSF 2025 [21]).

Abb. 6.1 stellt basierend auf einer eigenen bundesweiten, repräsentativen Befragung die Bewertung unterschiedlicher Statements zum Ticket dar und trennt dabei die Gruppen der aktuellen DT-Besitzer und der DT-Nichtbesitzer:

- 72 % der DT-Besitzer sehen das Ticket in seinen Bedingungen als klar und einfach verständlich an (Nichtbesitzer kommen auf eine Zustimmung von 44 %)
- 65 % der DT-Besitzer stimmen der Aussage zu, das DT sei ein guter Grund, das Auto stehen zu lassen (Nichtbesitzer kommen auf eine Zustimmung von 30 %)
- 56 % der DT-Besitzer sind der Meinung, das DT verbessere die eigene Zufriedenheit mit dem Nahverkehr (Nichtbesitzer kommen auf eine Zustimmung von 23 %).

Lange Zeit galt im öffentlichen Nahverkehr die Annahme, dass man neue Fahrgäste nur über ein besseres Angebot gewinnen könne – nicht über niedrigere Preise (Buehler und Pucher 2012 [8]). Diskutiert als Bestimmungsgründe für Nachfrageimpulse wurden primär Qualität, Taktfrequenz, Netzabdeckung und Zuverlässigkeit. Dies impliziert auch das vorangestellte Zitat von Naumann. Mit dem 9-Euro-Ticket im Sommer 2022 wurde diese These jedoch grundlegend infrage gestellt (Krämer 2024c [48]). Die außergewöhnlich hohe Nachfrage zeigte, dass der Preis für viele Menschen ein zentraler Zugangshebel zum ÖPNV ist. Allerdings ist dies immer im Zusammenhang mit dem Leistungsversprechen zu sehen. Auch das DT bestätigt, dass einfache und günstige Preismodelle neue Zielgruppen erschließen können. Seitdem wird die Rolle des Preises in der Verkehrswende etwas differenzierter diskutiert. Klar ist aber: Ohne attraktive Angebote wird ein einmaliger Preisimpuls langfristig nicht ausreichen, um Menschen dauerhaft im ÖPNV zu halten. Aus den Statements in Abb. 6.1 lassen sich bereits Anhaltspunkte in Richtung Nachfragesteigerung und Fahrtenverlagerungen (vom Pkw) ableiten, die genaue Quantifizierung erfolgt basierend auf weiteren Methoden. Auch die Vermutung, dass der größte Teil der deutschen Gesellschaft durch ein günstiges ÖPNV-Ticket nicht erschließbar ist, kann nicht bestätigt werden. Etwa 43 % der DT-Nichtbesitzer sind für das DT nicht erschließbar, weil für sie grundsätzlich die Nutzung des ÖPNV nicht infrage kommt (Abb. 6.1).

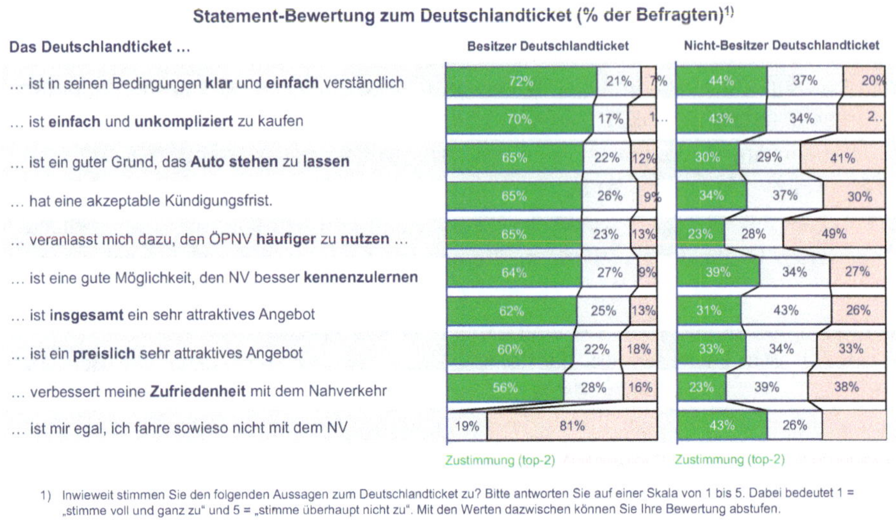

Abb. 6.1 Beurteilung des Deutschlandtickets aus Sicht der Nutzer und Nichtnutzer (Apr. 2025)

Die Wahrnehmung des Deutschlandtickets: Ein primärer Kostenfokus

Intensive mediale Debatten über die Finanzierungsprobleme des DT – bereits 2023 warnte der Deutsche Städtetag vor einem möglichen Aus des Tickets (NN 2023a [78]) – können den öffentlichen Eindruck verstärken, dass das Ticket volkswirtschaftlich belastend ist. Dies gilt insbesondere dann, wenn regelmäßig über Finanzierungsunsicherheiten, potenzielle Preiserhöhungen oder infrastrukturelle Engpässe berichtet wird.

Schätzungsweise 80 % der Berichterstattungen in den Medien (zumindest bis Mitte 2026) thematisieren zumindest in Teilen das Finanzierungsproblem. Wenn Kommunen wiederholt über fehlende Mittel, finanzielle Engpässe und drohende ÖPNV-Angebotskürzungen im Zusammenhang mit dem DT berichten, kann sich bei vielen Menschen der Eindruck verfestigen, dass das Ticket ein finanzielles Risiko für das Land darstellt – anstatt als zukunftsorientierte Investition in klimafreundliche Mobilität wahrgenommen zu werden. Noch problematischer wird diese Wahrnehmung, wenn das Ticket zusätzlich als ineffektiv dargestellt wird – etwa mit dem Argument, es reduziere den Autoverkehr nicht signifikant oder komme überwiegend einkommensstärkeren Gruppen bzw. urbanen Bevölkerungen zugute. Das Negieren einer signifikanten Reduktion des Autoverkehrs durch das DT stellt ein besonders weitreichendes Missverständnis dar (Mietzsch und Krämer 2026 [76]). Bereits beim Vorgänger-Angebot, dem 9-Euro-Ticket im Jahr 2022, standen entsprechende Aussagen im Raum. So führte beispielsweise der Hauptgeschäftsführer des Verbands Deutscher Verkehrsunternehmen (VDV) in einer ersten Bestandsaufnahme aus: „Gut jede vierte aller Fahrten mit dem 9-Euro-Ticket, einschließlich der Fahrten der Abo-Kundinnen und -Kunden, wäre ohne das Ticket von vornherein gar nicht unternommen worden. Diese deutliche Erhöhung der Nachfrage ist mit Blick auf den Klimaschutz und die Belastungen des Systems kritisch zu hinterfragen" (VDV 2022 [97]). Verkehrsforscher sprechen in diesem Fall von induziertem Verkehr (Lee et al. 1999 [71]).

Insgesamt führen auch wissenschaftliche Untersuchungen bislang nicht zu einer einheitlichen Faktenlage. Dabei scheint weniger die Datenverfügbarkeit problematisch zu sein als vor allem die Interpretation der Ergebnisse. So kommen Waldorf et al. (2025 [105]) zu der Einschätzung, „the Deutschlandticket increased the probability of substituting car trips with public transportation", stellen an anderer Stelle jedoch fest: „We also found limited evidence for a positive environmental effect." Eine vertiefte Auseinandersetzung mit dem aktuellen Forschungsstand bezüglich der Fahrtenverlagerung beim DT erfolgt in der Studie allerdings kaum. Liebensteiner et al. (2024 [72]) sehen beim 9-Euro-Ticket keinen nennenswerten Beitrag zum Klimaschutz, da der Autoverkehr „nur" um vier bis fünf Prozent zurückgegangen sei. Zweifelhaft ist hier weniger das empirische Ergebnis als dessen Interpretation: Ein Rückgang um 5 % entspricht in absoluten Zahlen immerhin dem Fahrtenzuwachs auf der Schiene (vgl. Krämer 2024c [48]). Daniel et al. (2025 [12]) belegen auf Grundlage von Beobachtungsdaten hingegen eine signifikante Reduktion des Pkw-Verkehrs durch das DT. Sie argumentieren: „It might be more meaningful to spend these tax revenues for long-term and supply-side investments into the public transport sector. "

Solche Befunde stehen exemplarisch für die Spannbreite in der wissenschaftlichen Debatte. Aussagen wie „Das Deutschlandticket allein lässt bisher zu wenig Autos stehen" (Staude 2024 [91]) stützen sich dabei häufig auf die Behauptung, es seien „praktisch keine Neukunden gewonnen" worden (Bernau 2023 [2]). VDV-Präsident Ingo Wortmann formulierte zum ersten Jahrestag des DT zurückhaltend: „Was es noch nicht geleistet hat und vielleicht auch noch nicht leisten konnte, ist, wirklich einen Beitrag dazu zu leisten, mehr Menschen vom Auto auf den ÖPNV zu holen" (Thiele 2024 [92]). In der Folge wird das Ticket von Teilen der Branche und in der Öffentlichkeit entweder als Maßnahme „ohne echten Effekt auf Umwelt oder Verkehrsströme" (Tuma & Giuliano 2024 [94]) oder gar als „die teuerste Klimaschutzmaßnahme der Republik" (Bernau 2023 [2]; Böttger und Ockenfels 2023 [5]) bewertet.

Um dem Eindruck eines volkswirtschaftlichen Belastungsfaktors entgegenzuwirken, wäre es zielführend, stärker die langfristigen gesellschaftlichen Vorteile des DT – wie Klimaschutz, Verkehrsverlagerung und soziale Teilhabe – in den Vordergrund zu rücken. Ein geeignetes Instrument für eine objektivierte Bewertung stellt die Kosten-Nutzen-Analyse dar. Diese ermöglicht es, die verschiedenen Nutzen- und Kostenelemente zu identifizieren, zu quantifizieren, zu monetarisieren und abschließend zu saldieren, um so eine Aussage über den Wohlfahrtsgewinn oder -verlust zu treffen. Die Methode ist im Verkehrsbereich weit etabliert (de Rus et al. 2022 [14]), wurde jedoch bislang im Zusammenhang mit dem DT nur vereinzelt angewendet (Krämer und Mietzsch 2024 [61]; Krämer 2024b [47]. Der erste Zwischenbericht zur Evaluation des DT im Auftrag des Bundesministeriums für Digitales und Verkehr (BMDV) verweist ausdrücklich auf dieses

Instrumentarium (S. 56) und hebt deren methodische Relevanz hervor (Infas 2024 [38]): „Vielversprechend erscheint der nur von exeo verfolgte Ansatz, zusätzlich auch eine Quantifizierung der volkswirtschaftlichen Effekte des Tickets zu versuchen. Dies verlässt den engeren Branchenrahmen, dem der VDV verständlicherweise oft folgt, und eröffnet eine vielversprechende ergänzende Bewertungsperspektive. Dies steht auch bereits auf der Agenda der vorliegenden Studie und wird Bestandteil künftiger Berichte sein." Im zweiten Bericht werden nur sehr grobe Schätzungen präsentiert, der Nutzen des DT soll sich auf 3,5 bis 5,0 Mrd. Euro belaufen (infas 2025 [39]).

„Des Pudels Kern" bei der Wirkung des Deutschlandtickets

Die zum DT veröffentlichten Bewertungen decken eine große Bandbreite unterschiedlicher und zum Teil äußerst konträrer Urteile ab (Krämer 2024c [48]). Zu den Kritikern des Angebotes zählen insbesondere auch Verkehrsforscher, die unter anderem bemängeln, das DT erhöhe die Komplexität der Tariflandschaft im ÖPNV, komme primär Gutverdienenden und dem städtischen Raum zugute, verursache Fehlanreize und Fehlsteuerungen und führe nicht zu einer signifikanten Verkehrsverlagerung (Böttger 2024 [4]). Häufig wird dabei auf die bundesweite Studie des VDV Bezug genommen, die die Fahrtenverlagerung vom Pkw auf 5 % der Fahrten mit dem DT beziffert (Mai-Jul. 23) – auch zitiert durch den Wissenschaftlichen Dienst des Bundestags (Deutscher Bundestag 2023 [19]). Selbst dieser Wert von 5 % wurde von Mobilitätsexperten vor Marktstart als maximal erwartbarer Wert angesehen (dpa 2023 [20]). Bedrohlich wird das Szenario dann, wenn das DT in den Kontext eines hohen Grads an induziertem Verkehr und des Risikos von Überlastungen der bestehenden Kapazitäten gestellt wird (Walliman et al. 2024 [106]). Spätestens hier werden hohe wohlfahrtsökonomische Verluste mit dem Ticket unterstellt. Zur Relativierung ist anzumerken, dass das DT nicht in größerem Maße mit Kapazitätsüberlastungen in Verbindung gebracht wird. So führt traffiQ-Chef Reinhold aus: „Das Deutschlandticket sprengt unsere Kapazitäten (ÖPNV-Angebot in Frankfurt) nicht" (Pfeiffer-Goldmann 2024 [85]). Wie die nachfolgenden Überlegungen verdeutlichen, handelt es sich bei der Frage, ob das DT primär Nachfrage von anderen Verkehrsmitteln verlagert oder stattdessen eher Nachfrage gänzlich neu entstanden ist, um „des Pudels Kern", weil der Wirkungsmechanismus hier ansetzt (Abb. 6.2; Krämer 2025b [50]).

Die Argumentation ist nicht neu. Schon beim 9-Euro-Ticket war es zum folgenschweren Missverständnis gekommen, die bundesweit gültige Flatrate führe im Wesentlichen dazu, dass die Ticketnutzer zusätzliche Fahrten unternehmen und nicht etwa Autoverkehr substituieren. Diese Schlussfolgerung legten sowohl die Ergebnisse der Evaluationsstudie (bundesweite Befragung, später revidiert, nachdem das Erhebungsdesign angepasst werden musste) als auch Analysen von Destatis auf Basis von Mobilfunkdaten nahe (die Analyseergebnisse stellten auch hier weniger das Problem dar,

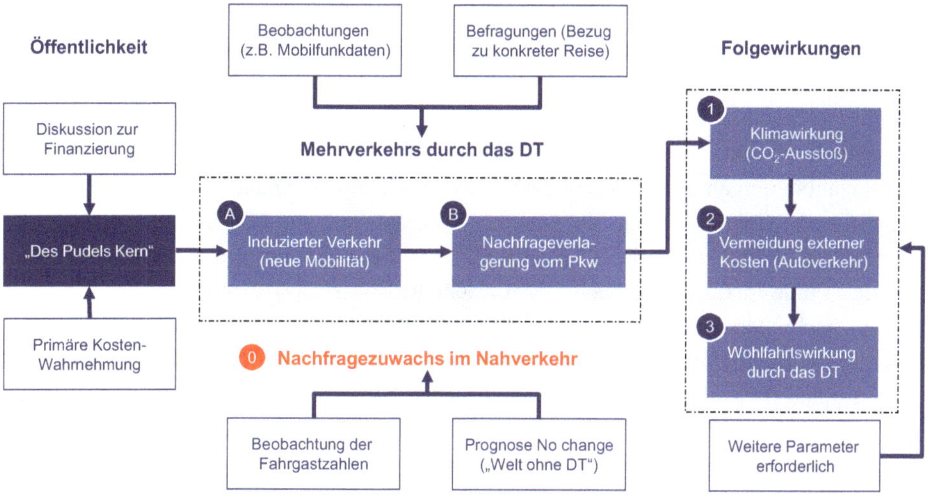

Abb. 6.2 Argumentationslinie bei der Beurteilung des Deutschlandtickets

sondern die Interpretation der Daten). Beim DT werden entsprechende (unzutreffende) Aussagen im Prinzip 1:1 übernommen (beispielhaft Mietzsch 2023 [75], UBA 2023 [95] und Expertenrat für Klimafragen 2025 [23]).

Induzierter Verkehr vs. Mehrverkehr – der Initialpunkt zum Verständnis des Wirkungsmechanismus

Induzierter Verkehr und die Frage des Mobilitätswachstums

Untersuchungen zum induzierten Verkehr beziehen sich meist auf Verbesserungen des Reisekomforts oder Verkürzungen der Reisedauer. So nennt Goodwin (1996 [26]) eine Elastizität der Nachfrage bezogen auf eine Verkürzung der Reisezeit im Bereich von −0,5 bis −1,0. Dies bedeutet, dass eine Verkürzung der Reisezeit um 20 % einen Nachfragezuwachs von 10 % bis 20 % mit sich bringt. Bruckmann (2013 [7]) verweist darauf, dass ein Angebotsausbau im ÖPNV häufiger zu induziertem Verkehr geführt hat. Das Umweltbundesamt beziffert die Bandbreite an erwartbarem induziertem Verkehr in einer früheren Publikation für städtische Maßnahmen oder bei einer neuen Fernverkehrsverbindung auf 5 bis 8 % (Verron et al. 2005 [103]). Konkrete Anwendungsbeispiele im Rahmen einer Angebotsverbesserung im ÖPNV legen die „ein Drittel-zwei Drittel-Regel“ nahe: Ein Drittel des Nachfrageeffektes entfällt auf induzierten Verkehr – zwei Drittel stellt Verkehr dar, der vom Individualverkehr auf den ÖPNV verlagert wurde (Pfeifle und Vogt 1989 [86]). Demgegenüber steht die Betrachtung des induzierten Verkehrs im Kontext von Preisreduzierungen weniger im Fokus und wird eher im Themenbereich eines kostenlosen ÖPNV adressiert (Zuser 2008 [108]). Projekterfahrungen in Bezug auf den preislich induzierten Verkehr im Bereich von Bahnreisen lassen Anteile von 3 % bis 10 %, in Ausnahmen bis maximal 15 %, realistisch erscheinen (Neweling und Krämer 2014 [77]; Krämer et al. 2020 [63]).

Beispiele für stark induzierte Mobilität lassen sich vor allem dann finden, wenn neue Verkehrsanbindungen angeboten werden, den Menschen also neue Verkehrsmittel-Alternativen zur Verfügung stehen. Ein extremes Beispiel stellt die Markt-Einstiegsphase der sogenannten „Low Cost Airlines" dar (Menschen, die bisher nie weit gereist sind, haben plötzlich Flüge in Europa gebucht). In diesem Fall ist ein hoher Anteil an induziertem Verkehr nachvollziehbar. Als Anfang der 2000er-Jahre Low Cost Airlines den europäischen Markt für Flugreisen revolutionierten, entstanden völlig neue Reise-Segmente, da innereuropäische Flugreisen zu weniger als 30 € (Eckpreise ab 5 oder 19 €) angeboten wurden (Spaeth 2015 [90]). In diesem speziellen Fall wurden Anteile an induzierten Reisen von mehr als 30 % gemessen (Kurth 2005 [69]). Ein weiteres Beispiel ist die Liberalisierung des Marktes für Fernlinienbus-Reisen ab 2013. Reisen mit dem „neuen Busangebot" wurden allerdings zum überwiegenden Teil verlagert, und zwar stärker von der Bahn als vom Pkw. Je nach Studie ließen sich etwa 4 % bis maximal 10 % der Fahrten mit dem Fernbus dem induzierten Verkehr zuordnen (Krämer et al. 2017 [64]). Das Beispiel Fernlinienbusse ist auch insofern interessant, weil die Anbieter über weite Perioden der Marktentwicklung niedrige Ticketpreise angeboten haben (teilweise wurden „Kampfpreise" von 0,99 € für Busfahrten quer durch Deutschland offeriert). In diesem Kontext wurde bereits der Begriff „Mär vom induzierten Verkehr" für ein Narrativ geprägt, das Verkehrsverlagerungen als Ursache für einen Nachfrageschub bei einem Verkehrsmittel quasi ausschließt, sodass Nachfrage in letzter Konsequenz induziert worden sein muss (Krämer et al. 2016 [67]).

Auch beim 9-Euro-Ticket und beim DT steht die Hypothese von einem stark induzierten Verkehr im Raum. Ausgangspunkt war, dass die Studienergebnisse des VDV in einer ersten Bestandsaufnahme kaum eine Verlagerung vom Pkw ausgewiesen hatten. Konkret wurden für den ersten Nutzungsmonat des 9-Euro-Tickets (Juni 2022) folgende Ergebnisse berichtet: Etwa 27 % der Fahrten mit dem 9-Euro-Ticket sollen erst durch das Angebot selbst entstanden sein (28 % ohne Angaben bzw. „weiß nicht"). Die Ergebnisse des VDV in Bezug auf den induzierten Verkehr beim 9-Euro-Ticket wurden (dann allerdings rückwirkend) in der weiteren Berichterstattung erheblich geringer eingeschätzt: Nach einer Anpassung des Erhebungsdesigns (Juli/August 2022) wurde für die gesamte dreimonatige Gültigkeitsdauer ein induzierter Anteil von 16 % bei den Fahrten mit dem 9-Euro-Ticket ausgewiesen. Dieses angepasste Fragedesign wurde später auch für die Evaluation des DT genutzt, obwohl klare Anzeichen dafür bestanden, dass auch das angepasste Fragendesign den induzierten Verkehr trotz „Schärfung der Frageformulierung" weiterhin über- und gleichzeitig die Fahrtenverlagerung vom Pkw unterschätzt (exeo 2023 [22]; Krämer 2024c [48]). Für das DT beziffert die VDV-Folgestudie für Mai – August 2023 den induzierten Verkehr auf 12 % der Fahrten mit dem Ticket, für Juli-September 2024 werden 15 % ausgewiesen (VDV und Deutsche Bahn 2024b [101]). Geringer ist der Anteil an Fahrtenverlagerung von anderen Verkehrsträgern (13,9 %), wobei dem Pkw etwa 8,1 % Fahrtenverlagerung zugewiesen werden (nach Marktstart sollen es nur 5 % gewesen sein). Dies bedeutet aber in der letzten Konsequenz, dass das DT (ebenso wie das Vorgängerangebot 9-Euro-Ticket) in erheblichem Maße zu einer Ausdehnung der Gesamtmobilität beigetragen haben müsste – aufgrund des vergleichsweisen stärker induzierten Verkehrs.

Entwicklung der Gesamtmobilität

Die Gesamtmobilität der Bevölkerung ergibt sich aus der Summe aller Wege mit unterschiedlichen Verkehrsmitteln (Auto, Zug, Bus, Rad, etc.). Eine Erfassung ist nur indirekt möglich, da weder alle Verkehrsmittel mit Daten erfasst werden noch vorhandene Erfassungen vollständig sind. Somit kann einerseits allein auf Verkehrsmessungen für ein bestimmtes Verkehrsmittel zurückgegriffen werden. Hier bieten sich zum Beispiel automatische Straßenverkehrszählungen für Kraftfahrzeuge an. Dabei bleibt die Mobilität mit anderen Verkehrsmitteln jedoch unberücksichtigt, was große Unschärfen mit sich bringen kann. Andererseits hat sich seit der Corona-Pandemie international die Erfassung der Bevölkerungsmobilität mit Mobilfunkdaten durchgesetzt. Im Folgenden werden kurz die Vor- und Nachteile solcher Daten im Kontext von Deutschland erläutert, um sie anschließend zur Abschätzung des Effekts des DT auf die Gesamtmobilität zu nutzen.

Für Deutschland wurde vom Statistischen Bundesamt während der Pandemie auf Mobilfunkdaten aus dem Netz von Telefónica/O_2 zurückgegriffen, die das Datenunternehmen Teralytics bereitstellte (Destatis 2023 [16]). Rund ein Drittel aller Deutschen nutzen O_2 als Mobilfunkanbieter, also ein beträchtlicher Anteil der gesamten deutschen Bevölkerung. Wenn die rund 30 Mio. Mobiltelefone dieser Bevölkerung beim Telefonieren oder Internet-Surfen mit Mobilfunkzellen kommunizieren, lassen sich Milliarden von Mobilfunkbewegungen in einem dichten Netz von Funkzellen nachvollziehen. Nachdem diese Daten anonymisiert und aggregiert wurden, können tagesgenaue Rückschlüsse auf die Anzahl der Wege zwischen Start- und Zielorten gezogen werden. Damit lässt sich die Gesamtmobilität der Bevölkerung unabhängig vom Fortbewegungsmittel (z. B. Fuß, Rad, ÖPNV, Auto, Flugzeug) erfassen. Der Vorteil dieses Maßes für die Gesamtmobilität ist die breite Datenbasis („Big Data") in hoher zeitlicher und räumlicher Auflösung. Es hat sich in der wissenschaftlichen Forschung seit der Pandemie daher als bestmögliches Maß für die Bevölkerungsmobilität etabliert (Schlosser et al. 2020 [88]; Ilin et al. 2021 [36]). Als Nachteil dieses Maßes wird angeführt, dass die Datenbasis für einen einzigen Mobilfunkanbieter, selbst bei einem Marktanteil von rund einem Drittel, nicht bevölkerungsrepräsentativ sein kann. Die zur Verfügung stehenden Daten werden aus diesem Grund mittels monatlich aktualisierter, PLZ-spezifischer Marktanteile und demographischer Daten auf die Gesamtbevölkerung hochgerechnet. Daher zeigen Auswertungen auch, dass die Mobilfunkdaten nach einer solchen

Hochrechnung wichtige strukturelle Kennzeichen der deutschen Gesamtbevölkerung gemäß Zensus abbilden (Destatis 2021 [15]).

Die Zeitreihenanalyse von Koch et al. (2025 [43]), die diese Daten nutzt, kommt zum Ergebnis, die Datenlage lasse keinerlei Anstieg der Gesamtmobilität seit Einführung des DT erkennen. Dies bedeutet im Umkehrschluss, dass es keine Evidenz für einen maßgeblich induzierten Verkehr gibt und das DT stattdessen primär zu einer Verkehrsverlagerung geführt haben muss.

Substitution von Pkw-Fahrten durch das Deutschlandticket

Zur Analyse der DT-Wirkungen wurden im Rahmen einer Kooperation von exeo mit dem Potsdam-Institut für Klimafolgenforschung einerseits Befragungsergebnisse (Forschungsstrang 1), bei denen Fahrtenhochrechnungen durchgeführt wurden, mit Ergebnissen von Beobachtungen (Forschungsstrang 2) abgeglichen (Koch et al. 2025 [43]). Die Zusammenstellung unterschiedlicher Forschungsergebnisse aus 2024, basierend auf Befragungs- und Beobachtungsdaten, zeigt mit Ausnahme der VDV-Studie (Evaluationsstudie) eine erhebliche Nachfrageverlagerung vom Pkw und gleichzeitig nur einen geringen induzierten Verkehr, der durch das DT generiert wird (Abb. 6.3). Die Autoren der VDV-Studie selbst gehen davon aus, „dass der Wert verlagerter Fahrten noch leicht unterschätzt ist, da durch das DT induzierte Fahrten zumindest teilweise Fahrten mit anderen Reisezielen oder Reiseanlässen ersetzen" (Schaper et al. 2025 [87]). Den eigenen Abschätzungen zufolge führt das DT zu einer Verringerung des Autoverkehrs im Bereich von 3–4 % aller Pkw-Fahrten. In der Gegenperspektive sind 12–13 % aller Fahrten mit dem DT substituierte Pkw-Fahrten (2024/25). Ende 2025 vorgelegte Mittelfristanalysen

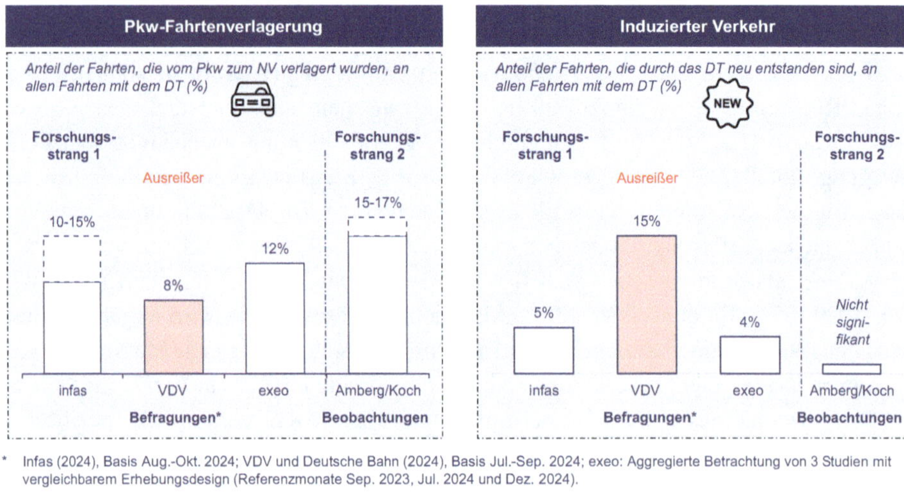

Abb. 6.3 Studienergebnisse zur Nachfragewirkung beim Deutschlandticket (2024)

für den Hamburger Verkehrsverbund (hvv) bestätigen die Größenordnung (Krämer et al. 2025 [56]).

Interessanterweise belegen Zeitreihenbetrachtungen darüber hinaus einen Anstieg des verlagerten Fahrtenanteils vom Pkw beim DT seit Markteinführung, und zwar sowohl in der regionalen Betrachtung (siehe zum Beispiel hvv; Krämer und Korbutt 2025 [60]) als auch bundesweit; Krämer 2025c [51]). Den Nachfrageshift vom Pkw zum Nahverkehr belegen darüber hinaus weitere Studien: So finden Daniel et al. (2025 [12]) für Zählstellen an deutschen Bundesstraßen und Autobahnen im Vergleich zu Messstellen in drei anderen europäischen Ländern vor und nach der Einführung des Deutschlandtickets einen starken Rückgang der Anzahl an Pkw von 5 bis 8 %. Zusätzlich zu berücksichtigen sind folgende Punkte:

- Im Rahmen der Evaluierung des DT durch den VDV werden zwei Untersuchungsansätze genutzt, erstens eine Online-Befragung und zweitens ein Wege-Tracking-Tool per Smartphone (passive Wegemessung per Smartphone). In den zeitgleich vorgelegten Untersuchungsberichten weist der Untersuchungsbericht der Onlinebefragung einen sehr starken Fahrtenanteil aus, der induziert worden ist (Fahrtenverlagerung vom Pkw lediglich 7 %). Die Ergebnisse zum Wege-Tracking lassen erkennen, dass das Fahrtenplus beim ÖPNV primär mit einem Fahrtenminus beim Pkw einhergeht (primärer Effekt ist demzufolge nicht der induzierte Verkehr, sondern die Fahrtenverlagerung vom Pkw; VDV und Deutsche Bahn (2024c [102]).
- Das Fraunhofer Institut für System- und Innovationsforschung, ISI (Studie MobilKULT) berechnet einen um 9 %-Punkte erhöhten ÖPNV-Fahrtenanteil mit DT und gleichzeitig einen um 5 %-Punkte reduzierten Fahrtenanteil Pkw, während keine Zunahme der Gesamtmobilität erkennbar ist (Helferich et al. 2024 [32]).
- Zur Veränderung der Pendler-Mobilität berichtet Destatis im Mai 2025, dass der Modalanteil des Pkw bei Berufspendlern rückläufig ist (65 % in 2024 vs. 68 % in 2020) bei gleichzeitig steigendem Anteil der Öffentlichen Verkehrsmittel (16 % in 2024 vs. 14 % in 2020) und nennt als Grund „die Einführung des Deutschlandtickets im Jahr 2023 …, welches von vielen Arbeitgeberinnen und Arbeitgebern bezuschusst oder komplett übernommen wird“ (Destatis 2025 [17]). Befragungsergebnisse belegen, dass das DT die Pendlermobilität deutlich beeinflusst. Krämer und Brocchi (2024 [57]) weisen auf einen Anteil von mehr als 40 % Neu-Abo-Kunden bei den Pendlern mit DT hin.
- Erste Ergebnisse zum Klimaticket Österreich weisen einen 5 %-Anteil an induzierten Fahrten aus (infas 2023 [37]), dem eine Nachfrageverlagerung (primär vom Pkw) in Höhe von 15–20 % der Fahrten gegenübersteht (Verhältnis 1 zu 3–4).

In dem Bewusstsein, dass Nachfragewirkungen von Angeboten wie dem 9-Euro-Ticket oder dem DT nur unter Berücksichtigung und Beseitigung gewisser Einschränkungen valide messbar sind (ungenaues Erinnerungsvermögen, taktisches Antwortverhalten; Ortega und Link 2025 [83]), wurde von exeo ein spezieller Untersuchungsansatz gewählt, bei dem die Befragungsdaten nicht nur innerhalb der Studie inhaltlich geprüft und validiert, sondern zusätzlich anhand von Sekundärdaten (z. B. Pkw-Verkehr in Hamburg oder bundesweiten Mobilfunkdaten von Teralytics, Fahrgastzahlen im ÖPNV und Schienenpersonennahverkehr (SPNV)) kalibriert werden (Krämer und Brocchi 2024 [57]; Krämer 2025c [51]).

Bei den von exeo durchgeführten Studien zum DT erfolgt die Befragung zum Monatsende, sie blickt auf die Nutzung des Tickets in diesem Referenzmonat zurück. Dieser Studienansatz unterscheidet sich damit deutlich von anderen Erhebungen wie der von infas oder der VDV-Studie. Um die Verlagerungswirkungen beim DT abzuschätzen, ist eine mehrstufige Abfrage innerhalb des Interviews erforderlich, die zunächst sicherstellt, dass die Befragten über eine typische Nutzung des Tickets berichten. In einem weiteren Schritt werden die Angaben validiert. Der finale Schritt ist die Fahrtengewichtung der Daten.

Stichprobenfehler und systematischer Fehler

Auf die Unterschiede zwischen dem Stichprobenfehler („Noise“) und dem systematischen Fehler („Bias“) kann an dieser Stelle nicht genug hingewiesen werden. Während Stichprobenfehler entstehen, wenn aufgrund der Auswahl einer Teilmenge (Stichprobe) zufällige Abweichungen vom tatsächlichen Mittelwert der Grundgesamtheit auftreten (sind zufallsbedingt und durch größere Stichproben reduzierbar), beruhen systematische Fehler (Bias) im Gegensatz dazu auf Verzerrungen im Erhebungsdesign, z. B. durch fehlerhafte Frageformulierungen oder nicht-repräsentative Stichproben. Sie führen zu dauerhaft verfälschten Ergebnissen, die auch bei großen Stichproben bestehen bleiben (Cleff 2018 [10]; Krämer2024c [48]).

Marktforscher konzentrieren sich vielfach auf den Stichprobenfehler, weil dieser leicht zu beeinflussen ist. Mit zunehmender Stichprobenmenge lässt sich dieser verringern. Mit Vervierfachung der Stichprobenmenge wird der Stichprobenfehler halbiert. Kahneman et al. (2021 [41]) nennen dies die Intelligenz der Menge und beziehen sich damit auf Francis Galton, der entdeckte, dass eine Menschenmenge zu robusteren und besseren Schätzungen kommt als Individuen. Mit der Zahl der Beobachtungen nimmt die Schwankungsbreite ab, die Ergebnisse werden robuster. Beträgt der Stichprobenfehler bei 100 Befragten noch 10 %, so lässt sich dieser bei 400 Fällen auf 5 % und bei 1600 Fällen auf 2,5 % verringern (usw.). Die Fortführung dieser mathematischen Reihe lässt erahnen, welche Sicherheit ein Stichprobenvolumen von mehreren Hunderttausend Interviews, wie beispielsweise bei der Onlineerhebung des VDV zum DT, vermittelt, und zwar sowohl den durchführenden Forschern als auch den Empfängern der Studienberichte. Das Problem ist allerdings, dass sich systematische Fehler durch erhöhte Interviewmengen nicht verringern lassen, sie bleiben unverändert. Dieser Zusammenhang ist bei den folgenden Aspekten zum DT von besonderer Tragweite:

- Diskutiert werden im Sep. 2023 Abschätzungen auf Basis der Marktforschung des VDV, denen zufolge die Nutzungsintensität beim DT fast 50 Fahrten pro Monat betragen soll (VDV und Deutsche Bahn 2023 [99], bereits beim 9-Euro-Ticket wurde der VDV für eine Abschätzung unrealistisch hoher CO_2-Einsparungen kritisiert). Später wurden diese Werte drastisch nach unten korrigiert (auf ca. 30–35 Fahrten je DT und Monat). Auf die systematisch unterschätzte Fahrtenverlagerung von Pkw innerhalb der VDV-Studie wurden oben bereits hingewiesen.
- In den im Jahr 2024 vorgelegten Studienergebnissen von infas (2024 [38]) im Auftrag des Bundesverkehrsministeriums finden sich ebenfalls Hinweise auf erhebliche systematische Verzerrungen. Zum einen leitet sich aus den Befragungsergebnissen eine Nachfragesteigerung von ca. 60 % im DT-Segment ab, die umgerechnet einer Nachfragesteigerung in der NV-Branche von mehr als 30 % entspricht und daher völlig unrealistisch ist. Weiterhin wird ausgewiesen, dass 5 % der Fahrten mit dem DT vom Bahnfernverkehr verlagerte Fahrten darstellen sollen. In der Hochrechnung sind dies aber mehr Fahrten, als dem Schienenpersonenfernverkehr bisher überhaupt zugerechnet werden (Mietzsch und Krämer 2026 [76]).

Systematisch verzerrte Ergebnisse führen auch in der weitergehenden Betrachtung (Klima- und Verkehrswirkung etc.) zu Fehlinterpretationen.

Vermeidung von CO_2-Emissionen durch das Deutschlandticket

Bei der Verlagerung von Pkw-Fahrten auf den Nahverkehr steht beim DT– wie schon beim Vorgängerangebot – überwiegend der Effekt der CO_2-Reduktion im Vordergrund.

Unklare Datenlage zum Klimaeffekt durch das Deutschlandticket

Nach aktuellen Berechnungen belaufen sich die Kosten, die durch jede zusätzliche Tonne Kohlenstoff verursacht werden, auf etwa 200 Dollar (Oroschakoff und Hosp 2023 [82]). Wenn für eine Pkw-Fahrt von 100 km (Einzelreisender) 22 kg CO_2-Ausstoß angesetzt werden, entspricht das Kosten von gut 4 EUR bzw. 4 Ct je km. Oder bezogen auf das DT: Wenn es gelingt, 2,5 Mio. t CO_2 einzusparen, entspricht dies einem Nutzen von 0,5 Mrd. €. Die Ende 2024 vom UBA veröffentlichten Kostensätze belaufen sich in der empfohlenen Variante auf 300 € je t (1 % Zeitpräferenzrate); bei einer Gleichgewichtung klimawandelverursachter Wohlfahrtseinbußen heutiger und zukünftiger Generationen (0 % Zeitpräferenzrate) ergibt sich ein Kostensatz von 880 € pro t CO_2 (UBA 2024 [96]). Bei Zugrundelegung des unteren UBA-Werts von 300 Euro/t lägen die Einsparungen durch den vermiedenen CO_2-Ausstoß bei 0,75 Mrd. € jährlich.

Allerdings ist eine beträchtliche Bandbreite an Schätzergebnissen zur CO_2-Einsparung durch das DT festzustellen. Der Expertenrat für Klimafragen (ERK 2025 [23]) beziffert basierend auf ex-ante Modellierungen (Harthan et al. 2024 [31]; M-Five et al. 2023 [74]) eine Range von 0,44 bis 2,8 Mio. t CO_2 pro Jahr. Andere Quellen liegen ebenfalls innerhalb dieser Bandbreite: Liedtke (2023 [73]) mit etwa 1 Mio. t CO_2 und der VDV mit ca. 1,5 Mio. t CO_2 (VDV und Deutsche Bahn 2024a [100]). Zu höheren Niveaus kommen die Gutachter im Auftrag des Bundesministeriums für Verkehr (infas 2024 [38]) mit 2,3 bis 3,4 Mio. t CO_2. In Anbetracht dieser Bandbreite an Resultaten ist nicht verwunderlich, wenn der Expertenrat für Klimafragen in seinem letzten Bericht schlussfolgert: „In welcher Höhe das Deutschlandticket zu einer Verringerung der Aktivitäten im motorisierten Individualverkehr beitrug, ist nach derzeitigem Kenntnisstand noch unklar“ (ERK 2025 [23]).

Eigene Ergebnisse zu Vermeidung von CO_2-Emissionen

In der öffentlichen Diskussion wird vielfach eine geringe Einsparung von CO_2-Emissionen durch das DT kritisiert, die im krassen Missverhältnis zu den hohen Finanzierungsbeträgen durch Bund und Länder stehe. Bei Zugrundelegung der aufgezeigten Forschungsergebnisse zur Verkehrsverlagerung aus Abb. 6.3 ist von einer Einsparung von CO_2-Emissionen in der Größenordnung von 4,2 bis 6,5 Mio. t CO_2 pro Jahr auszugehen (Koch et al. 2025 [43]).

Mithilfe der sogenannten sozialen Kosten von CO_2, die den monetären Wert einer vermiedenen Tonne CO_2 für die Gesellschaft erfassen, lassen sich in Tab. 2 die abgeschätzten CO_2-Reduktionen durch das DT in vermiedene Klimakosten umrechnen. Bei einer Gewichtung klimawandelverursachter Wohlfahrtseinbußen heutiger und zukünftiger Generationen mit einer Zeitpräferenzrate von 1 % ermittelt das UBA, wie bereits erwähnt, einen Kostensatz von 300 Euro/t CO_2 (UBA 2024 [96]). Die vermiedenen Klimakosten betragen in diesem Fall pro Jahr 1,3 bis 2,0 Mrd. €.

Auch bei Nutzung der eigenen Schätzwerte ist klar: Das DT in seiner aktuellen Form kann nicht alleine die Lücke bei den Klimazielen füllen. Allerdings ist das Ticket ein erster Schritt, der eine weitere Dynamik entfalten kann.

Vermiedene externe Kosten des Autoverkehrs durch das Deutschlandticket

Teilweise wird der Eindruck erweckt, mit dem Übergang in Richtung Elektromobilität wären entsprechende Probleme der Pkw-Emissionen vom Tisch, wenn die Betrachter die Verschmutzung durch Autos im Allgemeinen „mit den Auspuffrohren“ assoziieren.

Elektrofahrzeuge erzeugen jedoch aufgrund der Reibung und des Verschleißes der Straße, der Reifen und der Bremsen immer noch Feinstaub (Parkin et al. 2025 [84]).

Die tatsächlichen Kosten für die Nutzung des Autos unter Einbeziehung aller Kostenelemente übertreffen deutlich die Klimakosten. Gössling et al. (2022 [28]) sprechen in diesem Zusammenhang zwei Probleme an: „Results confirm that motorists underestimate the full private costs of car ownership, while policy makers and planners underestimate social costs.“ Wenn die Autofahrer nicht alle Kosten einbeziehen, die dem Pkw zugerechnet werden, dann beeinflusst dies die Verkehrsmittelwahl zugunsten des Pkw. Wenn in politischen Diskussionen und dann bei verkehrspolitischen Entscheidungen die Kosten des Autofahrens für die Gesellschaft unterschätzt werden, dann besteht das Risiko einer ineffizienten Verkehrsplanung.

Aktuelle Studien zu externen Kostenelementen für die Pkw-Kosten von INFRAS (2019 [40]) und Gössling et al. (2022 [28]) unterscheiden sich in der Größenordnung der Einzeleffekte und auch im Gesamtwert. Exemplarisch sind die externen Kosten des Autoverkehrs in ihrer Zusammensetzung je Pkm aus den beiden aktuellen Studien in Abb. 6.4 illustriert. Die eigene Abschätzung setzt auf diesen Werten auf. Die Position „Klima“ wird dabei aktualisiert. Für die Substitution von Pkw-Fahrten durch das DT werden 10,9 Cent je Pkm Autoverkehr angesetzt, deutlich weniger als andere Abschätzungen (Gössling et al. 2019 [27]; Schroeder et al. 2023 [89]), im Wesentlichen, weil nur inkrementelle Kosten Berücksichtigung finden. Daher weist die eigene Abschätzung deutlich geringe Effekte aus als beispielsweise die Bewertung von Greenpeace, denen zufolge das DT mindestens 4 Mrd. € an Kosten für Staat und Gesellschaft vermeidet, bestenfalls sogar 15,1 Mrd. € (Gehrs und Reiserer 2025 [25]).

Unter Einbeziehung dieser Vergleichswerte dürfte der nachfolgend genutzte Kostensatz sehr konservativ sein. Unter der Annahme, dass die Verlagerung hin zum Nah-

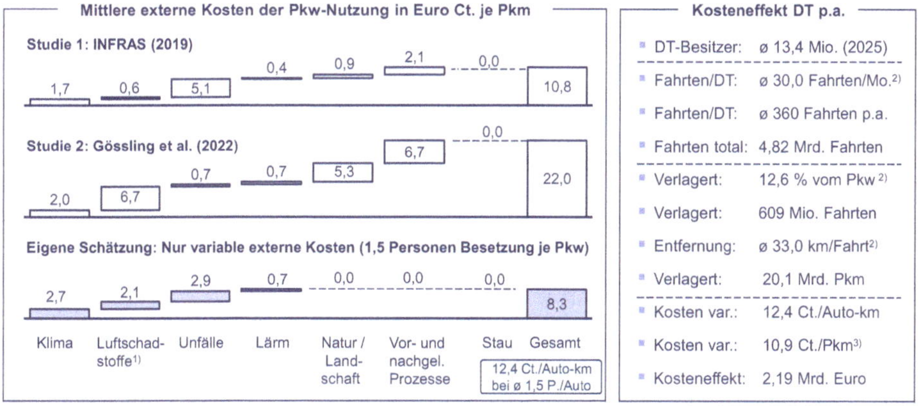

1) Inkl. Bodenschädigung.
2) Basierend auf exeo-Befragungen in 2024/25.
3) Umgerechnet auf die Reisekonstellation beim DT (1,15 DT je Pkw-Fahrt). Ein ähnlicher Wert errechnet sich, wenn die Kostensätze des UBA (2024) zugrunde gelegt werden. Nur inkrementelle Kosten (ohne Kosten für Stau).

Abb. 6.4 Externe Kosten des Pkw-Verkehrs und die Wirkung des Deutschlandtickets (Basis 13,4 Mio. DT, Stand Mitte 2025; vgl. Krämer 2025c [51]) verkehr keine inkrementellen Kosten (aufgrund von Kapazitätsausweitungen bedingt durch das DT) mit sich bringt, ergeben sich jährliche Kosteneinsparungen durch das DT im Jahr 2025 in Höhe von etwa 2,19 Mrd. €. Dabei wurde ein mittlerer Bestand von 13,4 Mio. DT zugrunde gelegt (Basis Stand Mitte 2025; vgl. Krämer 2025c [51]).

Die volkswirtschaftliche Bewertung des Deutschlandtickets

In einer weiterführenden Betrachtung werden die Kosten- und Nutzenaspekte, soweit sie monetarisierbar erscheinen, gegenübergestellt, und zwar für das Jahr 2024 (DT Preis 49 €) und für das Jahr 2025 (DT Preis 58 €).

Nutzen durch das Deutschlandticket

Ein zentrale Nutzenkomponente des DT zusätzlich zur Reduzierung der externen Kosten des Autoverkehrs ist die kumulierte Konsumentenrente (Unterschied zwischen der maximalen Zahlungsbereitschaft der Nutzer und dem effektiv bezahlten Preis; de Rus 2021 [13]). Die Steigerung der Konsumentenrente war beim 9-Euro-Ticket besonders stark (Kombination aus hoher Anzahl der Nutzer und einer extremen Preisreduzierung), aber auch beim DT ist diese erheblich.

Um die maximale Preisbereitschaft der Verbraucher zu messen, kommt das von exeo entwickelte Instrument „PSM-Plus" zum Einsatz (Krämer 2024a [46]). Die individuellen maximalen Preisbereitschaften werden dabei nicht direkt erfragt, sondern mittels der Preispunkte „teuer, aber akzeptabel" und „zu teuer, so dass ich das Ticket nicht mehr kaufen würde" approximiert (es handelt sich um 2 von 4 Datenpunkten, die im Rahmen des Van Westendorp-Ansatzes erfasst werden; Krämer et al. 2025 [59]). Mit zunehmender Nutzung des Nahverkehrs nimmt der „Perceived Value" des Tickets zu, die Preisbereitschaft ebenfalls. Wie bereits an anderer Stelle diskutiert, unterstreicht dies, dass eine stärkere Mobilisierung von bisherigen Nicht-Kunden im ÖPNV niedrige Ticketpreise für die Monatskarte erfordert. Für 2025 senkt zwar die Preiserhöhung die Konsumentenrente, allerdings zeigen aktuelle Analysen auch eine erhöhte Zahlungsbereitschaft für das DT.

Kosten durch das Deutschlandticket

Den Nutzenelementen des DT sind Kosten entgegenzustellen. Diese betreffen in erster Linie entgangene Einnahmen der Verkehrsunternehmen im Nahverkehr. In der Tat ergeben sich je DT Einnahmenminderungen gegenüber dem Szenario „Welt ohne DT".

Häufig werden in Medienberichterstattungen die vormals hohen Abo-Preise der Verkehrsverbünde genannt, die sich mit dem DT nicht mehr realisieren lassen. Weniger im

Fokus der öffentlichen Diskussion steht aber die Gruppe der Menschen, die mit DT höhere ÖPNV-Ausgaben haben, als wenn das DT nicht angeboten würde. Abb. 6.5 zeigt auf Basis der eigenen Erhebung für die DT-Besitzer, wie sich die Ausgaben mit DT-Besitz individuell verändert haben. Insgesamt sparen im Apr. 2025 ca. 58 % der DT-Besitzer mit dem aktuellen Preis (die Ausgaben mit DT sind geringer als im Szenario „Welt ohne DT"). Es handelt sich dabei überwiegend um Alt-Abo-Kunden, also Personen, die bereits vor der DT-Einführung über eine Abo-Zeitkarte im ÖPNV verfügt haben. Die zweite Gruppe sind Personen, die aktuell höhere Ausgaben haben als im Szenario „Welt ohne DT". Dieses Segment setzt sich zu zwei Dritteln aus Neu-Abo-Kunden zusammen, also Personen, die vor DT-Einführung nicht über eine Abo-Zeitkarte im ÖPNV verfügt haben. Aus der Größenordnung der beiden Gruppen und deren mittleren Minder- oder Mehrausgaben je Gruppe errechnet sich der mittlere Einnahmenverlust je DT.

Dieser Wert ist aus unterschiedlichen Gründen zeitlich nicht stabil. So hat zum 1.1.2025 nicht nur eine Preisanpassung des DT stattgefunden (58 € statt 49 €), sondern seit Markteinführung des DT wurden auch die Preise im Restsortiment angepasst (dies tangiert die alternativen Ausgaben für ÖPNV-Tickets im Szenario „Welt ohne DT"). Auch eine Veränderung der Zusammensetzung des DT-Bestands aus Alt- und Neu-Abo-Kunden verändert den mittleren Einnahmenverlust durch das DT.

Die Einnahmenminderungen für den Nahverkehr belaufen sich in der dargestellten Logik auf etwa 2,4 Mrd. € (für das Jahr 2025). Erforderlich ist an dieser Stelle eine Klarstellung: Die durch das DT verursachte Einnahmenminderung für die Verkehrsunternehmen ist nicht deckungsgleich mit der sogenannten Finanzierungslücke im Nahverkehr (die durch die von Bund und Ländern bereitgestellte Summe von 3 Mrd. € p. a.

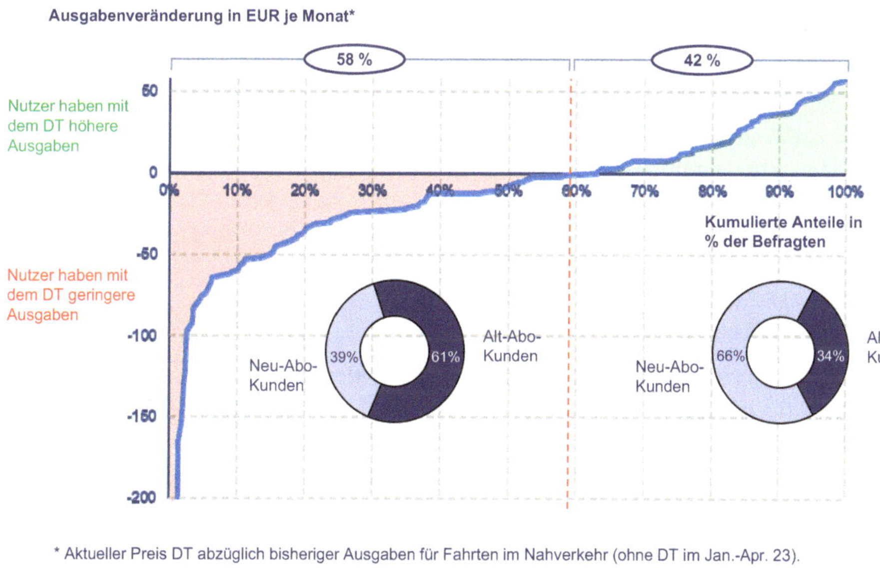

Abb. 6.5 Verteilung der ÖPNV-Ausgabenveränderungen durch das Deutschlandticket (Apr. 2025)

abgedeckt werden soll). Die Finanzierungslücke errechnet sich, indem – vereinfacht beschrieben – die Soll-Einnahmen der Branche (Trendfortschreibung der Einnahmen ab 2019) den realen Einnahmen gegenübergestellt werden (Krämer und Mietzsch 2024 [61]).

Zusätzliche Einnahmenverluste entstehen im Schienenpersonenverkehr, wenn Fahrgäste von DB Fernverkehr oder FlixTrain auf Nahverkehrszüge umsteigen, oder im Busverkehr, wenn Kunden von FlixBus statt des Fernbusses den Bahnregionalverkehr nutzen. Auch hier ist die Wirkungsrichtung einigermaßen unklar. Die Bundesnetzagentur (2024 [9]) untersucht die Nachfrageveränderungen im Bahnfernverkehr im Rahmen einer Zeitreihendarstellung (Jahres- und Monatsdaten) und schlussfolgert: „Beachtlich ist, dass trotz Einführung des Deutschlandtickets im Mai (2023) zugunsten des Nahverkehrs in den Folgemonaten auch im Fernverkehr ein weiterer Zuwachs zu verzeichnen war. Gegebenenfalls wurden zusätzliche SPNV-Fahrten mit Fernverkehrsfahrten kombiniert oder als Zubringerfahrten genutzt. Festzuhalten ist, dass die Einführung des Deutschlandtickets nicht zu Nachfragerückgängen im Fernverkehr geführt hat.“ Leider bleiben – wie auch in anderen Betrachtungen – erforderliche Zeitreihenanalysen zur Identifikation von Trend- und Saisonfigur-Effekten aus. Hätten die Autoren des Berichts diese durchgeführt, wären Hochlaufeffekte im Bahnfernverkehr nach Ende der Corona-Krise im Frühjahr 2023 augenscheinlich geworden (d. h. ohne das DT wäre der Nachfragezuwachs größer gewesen als die ausgewiesenen Werte). Die wirtschaftlichen Probleme des Bahnfernverkehrs werden Ende 2024 eher im Kontext „Verspätung“ diskutiert (NN 2024 [81]) und offiziell erst im Frühjahr 2025 thematisiert (Timmler 2025 [93]). An der Schnittstelle zwischen Bahnnah- und -fernverkehr entstehen durch das DT gegenläufige Nachfragewirkungen, im Saldo kommt es für den DB Fernverkehr zu einem Nachfrageverlust von mindestens 13 Mio. Fahrten p. a. (Krämer 2025a [49]).

Es wird angenommen, dass es sich bei den Aufwendungen zur Anpassung der Vertriebssysteme für das DT in der NV-Branche um einmalige Kosten handelt. Falls dies nicht so sein sollte, ließe sich argumentieren, dass Kostenvorteile durch Digitalisierung anzusetzen sind, die diese Vertriebsanpassungskosten zumindest kompensieren.

Ein wichtiger weiterer Aspekt ist die Frage, inwieweit das DT Kosten in der Produktion des ÖPNV induziert. Sprungfixe Kosten entstehen dann, wenn Nachfragezuwächse durch das DT bedingt so stark sind, dass eine Erweiterung der Produktionskapazität erforderlich wird. Unbestritten ist es durch das 9-Euro-Ticket und das DT zu Nachfrageüberhängen auf einzelnen Linien gekommen. Gerade vor dem 9-Euro-Ticket galt aber, dass die Nahverkehrsbranche etwa 20–30 % weniger Fahrgäste hatte als im Vor-Coronajahr 2019. Auch bei weiterer Erholung wird noch zu Beginn des Jahres 2023 berichtet, es bestünde (weiterhin) eine Nachfrage-Lücke von etwa 10 % ggü. 2019. Der VDV (2023 [98]) beschreibt dazu: „Aktuell liegen die ÖPNV-Fahrgastzahlen im bundesweiten Durchschnitt bei etwa 90 % der Nachfrage, die es im bisherigen Rekordjahr 2019 gab. Damals zählten die Verkehrsunternehmen und Verbünde etwa 10,4 Mrd. Fahrten, im Jahr 2022 waren es laut Prognose rund 9,3 Mrd. … Wir haben also noch Potenzial bei den Fahrgastzahlen …“. Es gelingt vielfach, durch das DT diese Lücke zu schließen. Vor diesem Hintergrund erscheint es plausibel, keine inkrementellen Produktionskosten in die Betrachtung einzubeziehen. Auch ein Gutachten von Ramboll im Auftrag des BMDV (2023 [3]) sieht zwar durch das DT mittelfristig einen zusätzlichen Finanzierungsbedarf, aber keine Kostensteigerung während der ersten Jahre der Markteinführung.

Kosten-Nutzen-Saldo für das Deutschlandticket

Wie in Abb. 6.6 illustriert ist, beläuft sich die Summe der Nutzenelemente durch das DT auf etwa 5,5 Mrd. € in 2025 (Krämer 2025d [52]). Die größte Einzelkomponente ist die erhöhte Konsumentenrente in Höhe von etwa 2,9 Mrd. €, gefolgt von der Einsparung externer Effekte durch einen verminderten Autoverkehr und positiven Einnahmeeffekten für Handel und Gastronomie.

Nach Abzug der Kosten – im Wesentlichen die Einnahmenminderungen im Nahverkehr – ergibt sich ein volkswirtschaftlich positiver Nutzenbeitrag von etwa 3,0 Mrd. € (ähnliches Niveau im Szenario 2024 mit DT-Preis 49 € und im Szenario 2025 mit DT-Preis 58 €). Gesamtwirtschaftlich profitiert Deutschland demzufolge im Saldo vom DT. Allerdings sagt der saldierte Nutzenbeitrag nichts darüber aus, inwieweit das konkrete Ticketangebot optimal ausgestaltet ist. Krämer (2025c [51]) weist beispielsweise darauf hin, dass sich die Wohlfahrtssteigerungen durch das DT bei einem abgesenkten DT-Preis erhöhen lassen. In einer aktuellen Abschätzung weist ein Gutachten von Greenpeace auf die erheblichen Verbesserungen der Klima- und Verkehrseffekte bei einem DT-Preis von 29 € hin (Krämer et al. 2025 [65]).

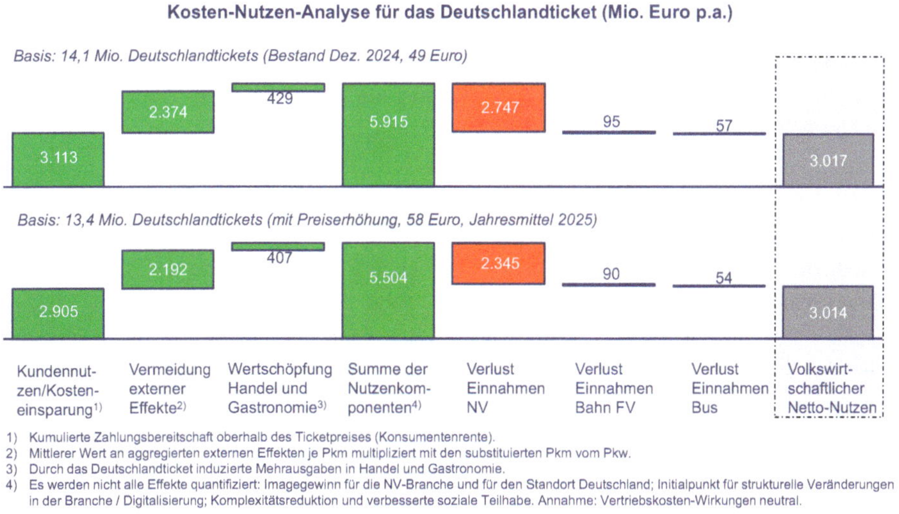

Abb. 6.6 Kosten-Nutzen-analytische Bewertung des Deutschlandtickets 2024 und 2025

Aus unterschiedlichen Gründen ist davon auszugehen, dass der dargestellte gesellschaftliche Nutzen des DT den unteren Bereich einer Bandbreite abdeckt, also als konservative Schätzung zu verstehen ist (für eine spezifische Beweisführung siehe Krämer 2025 f. [54]). Einige Aspekte, wie soziale Teilhabe oder Image für die NV-Branche und den Standort Deutschland sind kaum quantifizierbar (Krämer 2024c [48] Krämer 2025c [51]). Beim Nutzen für die Verbraucher wurden nur positive Effekte bei den Ticket-Besitzern angesetzt, nicht aber bei Personen, die das Ticket zwar wertschätzen, es aber nicht nutzen (sogenannter Non-Use-Value; Krämer 2024b [47]).

Würde die Nutzenperspektive um den Nutzen erweitert, der durch das DT im Segment der Nicht-Nutzer des Tickets entsteht, erscheint eine Verdopplung des volkswirtschaftlichen Gewinns des DT möglich. Dies hat eine erhebliche Bedeutung für die Evaluierung des DT. Aktuelle Forschungen, die Maßnahmen in Hinblick auf die Effizienz zur Erreichung von Klimazielen bewerten und dazu den Grenznutzen öffentlicher Mittel (MVPF = Marginal Value of Public Funds; berechnet als Total Benefits/Netto – Kosten der Politik; vgl. Hendren und Sprung-Keyser 2020 [33]) heranziehen, ordnen Maßnahmen, die einen Wert von größer 2 erreichen, als sehr wirksam ein (Hahn et al. 2024 [30]; Vohra 2025 [104]).

Bei Einbeziehung des Non-Use-Values des DT in die Wohlfahrtsbetrachtung errechnet sich ein MVPV im Bereich von 3 bis 4 (Krämer, 2025e [53]; Krämer 2026 [55]). Dies bedeutet aber auch, dass die Einordnung des DT als ineffizientes Instrumentarium unzutreffend und irreführend ist und zu Fehlentscheidungen führt. Oder anders betrachtet: Die Einbeziehung aller relevanten Nutzeneffekte des DT öffnet den Blick dafür, was mit einem im Preis reduzierten Ticket möglich sein könnte.

Nicht quantifizierte Nutzenkomponenten

Die Kosten-Nutzen-Analyse kommt an ihre Grenzen, wenn es um die Bewertung von gesellschaftlichem Nutzen geht, der sich kaum monetarisieren lässt. Aber: Selbst wenn eine Umrechnung in Geldeinheiten wegen methodischer Unsicherheiten nicht möglich ist, dann sollten die Aspekte in einem qualitativen Teil diskutiert, aufgelistet und transparent gemacht werden (Lagi et al. 2019 [70]). Besonders hervorzuheben sind folgende Aspekte:

- Reduzierte Staukosten (Autoverkehr im urbanen Raum): Die durch das DT erreichte signifikante Verringerung des Autoverkehrs kann auch die Problematik der Verkehrsstaus reduzieren, wenn durch die Fahrtenverlagerung von der Straße zum Nahverkehr in Peakzeiten der Straßenverkehr entlastet wird. Schließlich führt die große Anzahl von Autos auf den Straßen zu Verkehrsstaus, die wiederum Zeitverluste, Produktivitätseinbußen und einen erhöhten Kraftstoffverbrauch bedeuten. Umgerechnet kommt es so zu Belastungen von mehreren Tausend Euro pro Autofahrer (Creutzig et al. 2025 [11]). Die vermiedenen Staukosten entsprechen ungefähr den entgangenen Steuereinnahmen bei Kraftstoffen, die durch die CO_2-Besteuerung in den nächsten Jahren stark ansteigen.

- Soziale Implikationen: Die gesellschaftlichen Implikationen eines vereinfachten Zugangs sozial benachteiligter Menschen zum Nahverkehr wurde bereits im Rahmen des 9-Euro-Tickets diskutiert, und zwar überwiegend positiv (Waldorf et al. 2025 [105]). Sie werden ebenfalls bei der Ausgestaltung des DT und der späteren Bewertung thematisiert – meist mit dem Tenor, das DT sei mit 49 € monatlich (im Gegensatz zum 9-Euro-Ticket) zu teuer.
- Attraktivitätsgewinne für den Standort Deutschland: Wenn es um das Image der Bundesrepublik Deutschland aus Sicht des Auslands geht, dann hat sich lange Jahre ein positives Bild verfestigt. Wissenschaftlich lässt sich hier das Konzept der Persönlichkeit nutzen, das im Marketing verwendet wird und erweitert werden kann im Sinne einer Länderpersönlichkeit. Dies erklärt, wie die Persönlichkeitsmerkmale eines Landes, die den Verbrauchern in den Sinn kommen, im Rahmen der den Personen zugeschriebenen Eigenschaften zum Ausdruck kommen (Akgoz et al. 2023 [1]).
- Kommunikationswirkungen und Imageverbesserungen für die NV-Branche: Für die Kommunikation von Tarifangeboten setzt das 9-Euro-Ticket neue Maßstäbe. Das ergibt sich schon daraus, dass die Verkehrsverbünde in der Regel eigene Tarife entwickeln und auch (i. d. R. regional) vermarkten. Grotemeier (2023 [29]) weist auf das hohe Medieninteresse und die positiven Abstrahlwirkungen für die gesamte Nahverkehrsbranche hin. Bei näherer Betrachtung ergeben sich aber weitere Kommunikationswirkungen, die möglicherweise erst auf den zweiten Blick deutlich werden. Eine hohe Akzeptanz des 9-Euro-Tickets und später des DT erhöht die Chancen für eine verbesserte Finanzierung des öffentlichen Verkehrs – wenn beispielsweise die Einnahmenminderungen von neuen Ticketangeboten von der Gesellschaft bewusst ausgeglichen werden, dann kann das zusätzliche Finanzmittel für den Nahverkehr bedeuten, die ohne die Existenz des DT nicht möglich gewesen wären (Krämer 2025c [51]).
- Veränderungswille in der Bevölkerung: Häufiger wird beschrieben, Veränderungen seien der Motor des Fortschritts. Schließlich befindet sich die Gesellschaft in einem ständigen Wandel (Kruse 2023 [68]; Hurrelmann 2023 [35]).

Klar ist an dieser Stelle, dass das DT allein nicht in der Lage ist, weder die gesellschaftlichen Probleme in Deutschland noch die Klimakrise zu lösen. Allerdings kann es einen kleinen Baustein im Problemlösungsprozess darstellen. Selbst wenn die Klimawirkungen des DT nur etwa 3 Mio. t CO_2 (Äquivalent) p. a. betragen, ist das angesichts der Gesamtherausforderung relativ wenig. Wie Kasten (2022 [42]) beschreibt, lagen Treibhausgas (THG)-Emissionen des Verkehrssektors bei 164 Mio. t CO_2 im Jahr 1990 und auf gleichem Niveau im letzten Jahr vor der COVID-Pandemie (2019) und sollen im Jahr 2030 dann 85 Mio. t CO_2 betragen. Die Halbierung des CO_2-Ausstoßes ist eine gewaltige Aufgabe. In der jetzigen Ausgestaltung trägt das DT kurzfristig zu etwa 4 % zu diesem Ziel bei. Statt diesen Wert kommunikativ herunterzuspielen, sollte vielmehr diskutiert werden, durch welche Anpassungen an der Tarifgestaltung sich die positiven Klimawirkungen weiter erhöhen lassen.

Votum für eine veränderte und zielgerichtete Finanzierung

Während die mediale Berichterstattung zum DT im „Dauerbetrieb“ läuft, werden politische Entscheidungen getroffen, die aus wirtschaftlicher, sozialer und umweltpolitischer Sicht sehr fragwürdig sind, zu denen sich allerdings keine breite öffentliche Diskussion entfacht. Als Beispiele seien nur die Pendlerpauschale genannt (Subventionsvolumen ca. 5–6 Mrd. € p. a., Klimaeffekt ca. 4,7 Mio. t p. a.; Forum Ökologisch-soziale Marktwirtschaft 2023 [24]) oder die für den 1.1.2026 im Koalitionsvertrag angekündigte Senkung der Mehrwertsteuer in der Gastronomie auf 7 %. Letztere wird aus Sicht von Ökonomen stark kritisiert (Effekt nur in einer einzelnen Branche, überproportionale Vorteile für höhere Einkommensgruppen, relativ geringe Entlastungswirkung). Boysen-Hogrefe (2025 [6]) beschreibt dies als „Maßnahme, die aus der Zeit gefallen ist“, und plädiert dafür, die bereitgestellten Mittel von 4 Mrd. € aus dem Bundeshaushalt in anderen Bereichen und zu anderen Zwecken zu finanzieren.

Insofern erscheinen in etwas breiterer Perspektive die Diskussionen um die Effektivität und die Effizienz des DT erstaunlich einseitig, obwohl die positiven Wirkungen relativ klar und eindeutig sind: So stiftet das Ticket einen großen Nutzen in größeren Teilen der Gesellschaft, erreicht alle Einkommensschichten und ist verteilungspolitisch relativ unproblematisch, bietet soziale Teilhabe, leistet einen Beitrag zur Verkehrswende und zum Erreichen der Klimaziele. Selbst bei konservativen Annahmen (Abb. 6.6) führt das DT zu einem Netto-Nutzen von ca. 3 Mrd. € p. a. für die Volkswirtschaft. Die seit Marktstart des DT im Prinzip fortlaufende Diskussion zur Finanzierung hat das Ticket in ein falsches, sehr negatives Licht gerückt. Ein grundsätzliches Missverständnis besteht darin, dass das DT allein dafür verantwortlich gemacht wird, dass die Ist-Einnahmen der Nahverkehrsbranche nicht dem Zielniveau entsprechen. Im Rahmen des „Rettungsschirms“ ergibt sich das Zielniveau der Einnahmen aus einer Trendfortschreibung der Einnahmen auf Basis des Vor-Corona-Niveaus (2019) unter Einbeziehung von Zusatzeffekten wie Nachfragesteigerung, Kapazitätserweiterung oder Vertriebskostenmehrungen. Bei näherer Betrachtung wird deutlich, dass die von Bund und Ländern bereitgestellten 3 Mrd. € sehr wohl ausreichen, die Einnahmenminderungen der Verkehrsunternehmen im Nahverkehr durch das DT auszugleichen (ca. 2,3 Mrd. € in 2025).

Die volkswirtschaftlichen Gewinne durch das DT sind bestimmt durch die Reduzierung des Autoverkehrs. Von daher sollte das Ziel in der Ausgestaltung des Tickets darin bestehen, diesen positiven Wirkungsmechanismus auszubauen. Vor diesem Hintergrund erscheint beispielsweise die Zahlung einer Prämie je Ticket, die die Umweltwirkungen des DT belohnt, begründbar. Bei weiterer Förderung des DT durch Bund und Länder (3 Mrd. € p. a.) errechnen sich 18,66 € (3 Mrd. €/(13,4 Mio. DT * 12 Monate)) Förderbetrag je DT als Prämie (in diesem Fall würde sich eine Nutzerfinanzierung von etwa 76 % ergeben). Dieser Betrag deckt die Einnahmenverluste ab, die direkt durch das DT entstehen, führt zu einem Vertriebsanreiz und belohnt darüber hinaus die positiven Umweltwirkungen des Tickets. Ein solches Modell könnte die Finanzierung des Tickets sichern und mittelfristig einen für die Kunden akzeptablen und planbaren Preis ermöglichen.

Das DT kostet ab Januar 2026 stattdessen 63 € im Monat, wie die Bundesländer auf der Verkehrsministerkonferenz in München im Sep. 2025 beschlossen haben. Ab 2027 soll der Preis anhand eines Kostenindexes gebildet werden, wobei Beispiel Lohn- und Energiekosten berücksichtigt werden. Dies ist insofern erstaunlich, als Union und SPD in ihrem Koalitionsvertrag eigentlich versprochen hatten, den Preis von 58 € (2025) zumindest vorerst zu halten. Die nächste Preiserhöhung sollte es demnach erst ab 2029 geben (Hübscher und Rzepka 2025 [34]). Da auch keine Dynamisierung der bereitgestellten 3 Mrd. € p. a. (Bund und Länder) zustande kommt, erwartet die Deutsche Umwelthilfe (2025 [18]) allein deshalb eine Preiserhöhung auf 74 € bis zum 2030. In diesem Fall läge der Ticketpreis wenige Jahre nach Markteinführung mehr als 50 % über dem Startpreis von 49 €. Ein Gutachten im Auftrag der Deutschen Umwellthilfe zeigt, dass die volkswirtschaftlichen Gewinne durch das DT demzufolge schrittweise verloren gehen. Volkswirtschaftlich wäre ein stabiler Preis von 49 Euro bis 2030 deutlich besser gewesen als eine sukzessive Preiserhöhung beim DT (Krämer et al. 2026 [66]). Im Zuge der Energiepreiskrise (verursacht durch den Irankrieg) wird ab März 2026 von einigen Parteien gefordert, zeitlich begrenzt ein preislich reduziertes DT anzubieten. Dies wird von der Bundesregierung nicht aufgegriffen. Stattdessen setzen die politischen Entscheider auf einen „Tankrabatt“ (ab Mai 2026), ein Instrumentarium, das bereits bei der vorangegangenen Energiekrise (2022) kritisiert wurde.

Literatur

1. Akgoz E, Gok HS, Salvarci S, Aylan KC (2023) The effect of country personality on destination choice and satisfaction. Journal of Tourism Management Research 10(2):140–153
2. Bernau P (2023) Das Deutschlandticket ist ein teurer Spaß. FAZ online v. 9.9.2023 https://www.faz.net/aktuell/wirtschaft/das-deutschlandticket-ist-ein-teurer-spass-bezuschussung-bringt-wenig-19160641.html. (Zugegriffen: 27.9.2023)
3. BMDV (2023) Ermittlung des Finanzbedarfs für den ÖPNV bis 2031 – Kurzbericht. Gutachten erstellt durch die Ramboll Deutschland GmbH. Berlin 4.8.2023
4. Böttger C (2024) Gastbeitrag. In: Mietzsch O (Hrsg.) Das 49 € Deutschlandticket: Game Changer für die Zukunft des ÖPNV? KSV-Verlag, Köln, S. 51–54
5. Böttger C, Ockenfels A (2023), Warum das Deutschlandticket dem Klima nicht hilft. Handelsblatt v. 06.10.2023, https://www.handelsblatt.com/meinung/gastbeitraege/gastkommentar-warum-das-deutschlandticket-dem-klima-nicht-hilft/29406974.html. (Zugegriffen: 04.03.2024)
6. Boysen-Hogrefe J (2025) Keine überzeugenden Gründe. *Wirtschaftsdienst* 105(6):393
7. Bruckmann, D (2013) Mehr öffentlicher Verkehr = mehr Nachhaltigkeit oder der beste Verkehr ist gar kein Verkehr? In Forum für Universität und Gesellschaft–Universität Bern (2013). IVT, ETH Zürich
8. Buehler R, Pucher J (2012) Demand for public transport in Germany and the USA: an analysis of rider characteristics. *Transport Reviews* 32(5):541–567
9. Bundesnetzagentur (2024) Marktuntersuchung Eisenbahnen – Kurzerhebung Berichtsjahr 2023 – Referat 702 – Technische Grundsätze der Eisenbahnregulierung, Digitalisierung im Eisenbahnbereich; Marktbeobachtung, Statistik, Bonn

10. Cleff T (2018) Die klassische Messfehlertheorie. In Angewandte Induktive Statistik und Statistische Testverfahren: Eine computergestützte Einführung mit Excel, SPSS und Stata (S. 5–12). Wiesbaden: Springer Fachmedien Wiesbaden
11. Creutzig F, Javaid A, Gössling S (2025) Die sozialen Kosten des Verkehrs: subjektive Wahrnehmungen und objektive Berechnungen. In: *Handbuch Mobilität und Gesellschaft: Sozialwissenschaftliche Verkehrs- und Mobilitätsforschung* (S. 1–17), Wiesbaden: Springer Fachmedien Wiesbaden
12. Daniel T, Gail MM, Klotz PA (2025) From Highway to Rail? Germany's Public Transport Ticket Experiment. Joint Discussion Paper Series in Economics by the Universities of Aachen, Gießen, Göttingen, Kassel, Marburg und Siegen. No. 07-2025. https://www.uni-marburg.de/en/fb02/research-groups/economics/macroeconomics/research/magks-joint-discussion-papers-in-economics/papers/2025-papers/07-2025.pdf.(Zugegriffen: 12.03.2025)
13. de Rus G (2021) Introduction to cost–benefit analysis: looking for reasonable shortcuts. Edward Elgar Publishing
14. de Rus G, Socorro MP, Valido J, Campos J (2022) Cost-benefit analysis of transport projects: Theoretical framework and practical rules. *Transport Policy* 123:25–39
15. Destatis (2021) Experimentelle Statistiken: Strukturvergleich von Mobilfunkdaten zweier Mobilfunkanbieter. https://www.destatis.de/DE/Service/EXSTAT/Datensaetze/mobilfunkanbieter-strukturvergleich.html. (Zugegriffen: 04.03.2024)
16. Destatis (2023) Experimentelle Statistiken: Mobilitätsindikatoren auf Basis von Mobilfunkdaten. https://www.destatis.de/DE/Service/EXSTAT/Datensaetze/mobilitaetsindikatoren-mobilfunkdaten.html. (Zugegriffen: 04.03.2024)
17. Destatis (2025) 65 % der Arbeitnehmerinnen und Arbeitnehmer fahren mit dem Auto zur Arbeit. Pressemitteilung Nr. N027 vom 26. Mai 2025, https://www.destatis.de/DE/Presse/Pressemitteilungen/2025/05/PD25_N027_13.html. (Zugegriffen: 18.07.2025)
18. Deutsche Umwelthilfe (2025) 74 € Ticketpreis und 1,8 Mio. weniger Abos bis 2030 prognostiziert: Deutsche Umwelthilfe kritisiert Finanzierungspläne der Bundesregierung beim Deutschlandticket. Pressemitteilung, 07.11.2025, https://www.duh.de/presse/pressemitteilungen/pressemitteilung/74-euro-ticketpreis-und-18-millionen-weniger-abos-bis-2030-prognostiziert-deutsche-umwelthilfe-kri/. (Zugegriffen: 26.11.2025)
19. Deutscher Bundestag (2023) Sachstand Deutschlandticket. WD 5 – 3000 – 089/23, v. 18.10.2023
20. dpa (2023) Was bringt das Deutschlandticket dem Klima? Die Zeit online v. 28.04.2023. https://www.zeit.de/news/2023-04/28/was-bringt-das-deutschlandticket-dem-klima. (Zugegriffen: 18.7.2025)
21. DZSF (2025) DZSF-Umfrage zeigt: Das Deutschlandticket ist eine Erfolgsgeschichte! Fachmitteilung 04/2025 v. 26.03.2025, https://www.dzsf.bund.de/SharedDocs/Fachmitteilungen/DZSF/2025/FM-04_2025_Deutschlandticket.html. Zugegriffen: 18.7.2025
22. exeo (2023) Methodenvergleich: Messung des induzierten Verkehrs und der Verkehrsmittelverlagerung im Rahmen von Befragungen – Experimentelle Studie mit dem speziellen Fokus „Deutschlandticket", Bonn, 18. Nov. 2023
23. Expertenrat für Klimafragen, ERK (2025) Prüfbericht zur Berechnung der deutschen Treibhausgasemissionen für das Jahr 2023, Berlin
24. Forum Ökologisch-soziale Marktwirtschaft (2023) SUBVENTIONSSTECKBRIEF – Die Entfernungspauschale. https://foes.de/publikationen/2023/2023-11_Subventionssteckbrief-Entfernungspauschale.pdf. (Zugegriffen: 18.07.2025)
25. Gehrs B, Reiserer M (2025) Unterm Strich gratis – Wie die volkswirtschaftlichen Vorteile des Deutschlandtickets seine Mehrkosten wettmachen. Greenpeace e. V., Hamburg
26. Goodwin PB (1996) Empirical evidence on induced traffic. *Transportation* 23 (1):35–54

27. Gössling S, Choi A, Dekker K, Metzler D (2019) The social cost of automobility, cycling and walking in the European Union. *Ecological Economics* 158(April):65–74
28. Gössling S, Kees J, Litman T (2022) The lifetime cost of driving a car. Ecological Economics, 194:107335
29. Grotemeier C (2023) Flatrate-Tarifgestaltung im ÖPNV: Das 9-Euro-Ticket und seine Folgen. Notation 3.4.9.2. In: Becker T, Deuster J, Francke A, Huber F, Mietzsch O, Nobis C et al. (Hrsg.): *Handbuch der kommunalen Verkehrsplanung*. Strategien, Konzepte, Maßnahmen für eine integrierte und nachhaltige Mobilität, Wichmann.
30. Hahn RW, Hendren, N, Metcalfe RD, Sprung-Keyser B (2024) A welfare analysis of policies impacting climate change (No. w32728), National Bureau of Economic Research.
31. Harthan RO et al. (2024) Technischer Anhang der Treibhausgas-Projektionen 2024 für Deutschland (Projektionsbericht 2024). Hrsg. v. Umweltbundesamt (UBA). https://www.umweltbundesamt.de/sites/default/files/medien/11850/publikationen/projektionen_technischer_anhang_0.pdf (. Zugegriffen: 11.03.2025)
32. Helferich M, Tröger J, Dütschke E (2024) Deutschlandticket – Impulsgeber für nachhaltige Mobilität? *Internationales Verkehrswesen* 73(2):30–36
33. Hendren N, Sprung-Keyser B (2020) A unified welfare analysis of government policies. *The Quarterly journal of economics* 135(3): 1209–1318.
34. Hübscher C, Rzepka D (2025) Preiserhöhung ab 2026:49-Euro-Ticket kostet bald 63 €. Zdf heute v. 18.09.2025, https://www.zdfheute.de/politik/deutschlandticket-dticket-verkehr-nahverkehr-preis-erhoehung-100.html. (Zugegriffen: 26.11.2025)
35. Hurrelmann K (2023) Forscher über Zustand der Gesellschaft: „Die Bevölkerung ist erschöpft", Interview TAZ, 3.8.2023, https://taz.de/Forscher-ueber-Zustand-der-Gesellschaft/!5951963/. (Zugegriffen: 09.11.2023)
36. Ilin C, Annan-Phan S, Tai XH, Mehra S, Hsiang S, Blumenstock JE (2021) Public Mobility Data Enables COVID-19 Forecasting and Management at Local and Global Scales. Scientific Reports 11(1):13531
37. infas (2023) KlimaTicket-Report 2022: Methode und Ergebnisse der wissenschaftlichen Begleitforschung und Nachfrageerhebung zum KlimaTicket Österreich, Wien, Dez. 2023
38. Infas (2024) Evaluation des Deutschlandtickets: Erster Zwischenbericht November 2024 im Auftrag des Bundesministeriums für Digitales und Verkehr (BMDV). November 2024, Bonn
39. infas Institut für angewandte Sozialwissenschaft (2025, Oktober). Evaluation Deutschlandticket – Zwischenbericht Wahrnehmung und Nutzung
40. INFRAS (2019) Externe Kosten des Verkehrs in Deutschland Straßen-, Schienen-, Luft- und Binnenschiffverkehr 2017. Gutachten im Auftrag von Allianz pro Schiene e. V., Zürich
41. Kahneman D, Sibony O, Sunstein CR (2021) Noise: a flaw in human judgment. Hachette Book Group, New York
42. Kasten P (2022) Klimaschutz im Verkehrssektor – Klimaorientiertes und sozial gerechtes Marktdesign. *Wirtschaftsdienst* 102(13):22–28
43. Koch N, Amberg M, Krämer A, Wilger, G, Bongaerts R (2025) Faktencheck Deutschlandticket: Eine Bestandsaufnahme der empirischen Evidenz. Berlin, 03.04.2025
44. Koordinierungsrat Deutschlandticket (2024) Prognose und Preisszenarien Deutschlandticket. Hamburg 14.10.2024, https://infoportal.mobil.nrw/fileadmin/02_Wiki_Seite/01_Organisation_Finanzierung/17_Deutschlandticket/Prognose_und_Preisszenarien_Deutschlandticket.pdf. (Zugegriffen: 14.03.2025)
45. Korbutt A, Dürselen C, Krämer A (2025) Preiswahrnehmung im Nahverkehr: Wie das Deutschlandticket die Preiskommunikation im Hamburger Verkehrsverbund (hvv) verändert. In: Kalka R, Krämer A (Hrsg.) Preiskommunikation, Springer Gabler, Wiesbaden, S. 401–421

46. Krämer A (2024a) „PSM-Plus“: Eine neue Methode zur Messung von Zahlungsbereitschaften. Forschungsbericht des Value Research Institute (VARI) Nr. 7, Bonn, 22.11.2024. https://doi.org/10.13140/RG.2.2.20744.43525
47. Krämer A (2024b) Das Deutschlandticket in einer wohlfahrtsökonomischen Betrachtung. *Internationales Verkehrswesen*, 76 (3):38–43
48. Krämer A (2024c) New Mobility – vom 9-Euro-Ticket zur Verkehrswende? Umsetzung, Wirkungen und Herausforderungen für den ÖPNV in Deutschland. Springer Nature 2024, Wiesbaden
49. Krämer A (2025a) Einfluss des Deutschlandtickets auf Nachfrage und Kundenbindung im SPFV. *Eisenbahntechnische Rundschau* 73(9):25-31
50. Krämer A (2025b) Deutschlandticket: Weniger ein Finanzierungsproblem – mehr ein Wohlfahrtsgewinn! Vortragsreihe 1 Thema – 1 Stunde, Verkehrsclub Deutschland e. V., Berlin, 14.04.2025
51. Krämer A (2025c) New Mobility – mit dem Deutschlandticket zur Verkehrswende. Springer, Wiesbaden
52. Krämer A (2025d) Das Deutschlandticket und seine Wohlfahrtswirkung. *Der Nahverkehr*, 43 (9):6–10
53. Krämer A (2025e) Den ÖPNV-Gamechanger einmal anders betrachtet: Deutschlandticket und seine volkswirtschaftlichen Effekte. Praxisforum Verkehrsforschung, Frankfurt am Main, 02.12.2025
54. Krämer A (2025f) Diskussion zu den Wohlfahrtswirkungen des Deutschlandtickets: Kosten-Nutzen-Analyse als Chance zur Ent-Ideologisierung, Forschungsbericht des Value Research Institute (VARI) Nr. 10, Bonn, 24.11.2025
55. Krämer A (2026) Erfahrungen mit dem Deutschlandticket und Vorstellung einer Kosten-Nutzen-Analyse. 24. Wiener Eisenbahnkolloquium, Österreichische Verkehrswissenschaftliche Gesellschaft, Technisches Museum, Wien, 6. März 2026. DOI: https://doi.org/10.13140/RG.2.2.30371.72481
56. Krämer A, Wilger G, Bongaerts R, Auzins K, Senkbeil C, Korbutt A (2025): Lackmustest Verkehrswende: Wirkungen des Deutschlandtickets im Hamburger Verkehrsverbund (hvv). Forschungsbericht des Value Research Institute (VARI) Nr. 11, Bonn, 31.12.2025
57. Krämer A, Brocchi D (2024) Die Wirkung des Deutschlandtickets in Städten. Transforming Cities 10(4):26–33
58. Krämer A, Krämer C (2026) Nutzer und Nutzen des Deutschlandtickets: Konzeptionelle Überlegungen zu unterschiedlichen Nutzendimensionen auf Basis einer empirischen Studie. Zeitschrift für Verkehrswissenschaft 95(1):63–98
59. Krämer A, Burgartz T, Muzzu C (2025) Customer Value-centered Management – Understanding and Leveraging Value-to-Value, Pricing, Big Data, and Controlling, Springer Cham, Cham
60. Krämer A, Korbutt A (2025) Das unterschätzte Deutschlandticket – Mythen und Fakten in einer empirischen Bestandsaufnahme, *Internationales Verkehrswesen* 77(2):24–29
61. Krämer A, Mietzsch O (2024) Zukunft Deutschlandticket: Wohlfahrtsökonomische Betrachtung, Verkehrswende und Finanzierungsmöglichkeiten. *Wirtschaftsdienst* 104(9):636–643
62. Krämer A, Mietzsch O (2025) The Future of the German-wide Public Transit flatrate ticket: Welfare Economic Consideration, Transport Transition and Financing Options. Paper submitted for presentation at the 104th Annual Meeting Transportation Research Board, Washington D.C., January 2025
63. Krämer A, Ponath T, Dethlefsen H (2020) Effektivitäts- und Effizienzsteigerung durch die Verlinkung von CRM-, Verkaufs- und Befragungsdaten: Das Beispiel der Wirkungsmessung

zur BahnCard im Regionalverkehr. In: Marktforschung für die Smart Data World. Springer Gabler, Wiesbaden, S. 253–274
64. Krämer A, Wilger G, Bongaerts R (2017) Fernlinienbusse – eine Erfolgsgeschichte?! Marktbedingungen – Geschäftsmodelle – Entwicklungsperspektiven. KSV, Köln
65. Krämer A, Wilger G, Bongaerts R (2025) Deutschlandticket zum Preis von 29 € – Ticketbestand, Einnahmenwirkung und Verkehrsverlagerung. Gutachten im Auftrag von Greenpeace e.V., Hamburg
66. Krämer A, Wilger G, Bogaerts R (2026) Klima- und Wohlfahrtseffekte des Deutschlandtickets bei einem dauerhaften Preis von 49 Euro. Gutachten für die Deutsche Umwelthilfe e.V., Berlin, 19.3.2025
67. Krämer A, Wilger G, Hercher J (2016) Die Mär vom induzierten Verkehr. *planung&analyse*, 44(3):60–61
68. Kruse P (2023) „In welcher Gesellschaft wollen wir leben?" 13. Bundeskongress Politische Bildung, Interview, https://www.bpb.de/veranstaltungen/reihen/bundeskongress-politische-bildung/13-bundeskongress-politische-bildung-ungleichheiten-in-der-demokratie/203159/in-welcher-gesellschaft-wollen-wir-leben/. (Zugegriffen: 09.11.2023)
69. Kurth W (2005) Low Cost Carrier Bedeutung und Chancen für Städte und Regionen. Städte- und Kulturforum des Deutschen Tourismusverbandes. München
70. Lagi T, Abd Rashid SNA, Khali N, Isa HM (2019) Conceptual model of cost-benefit analysis for monetary and non-monetary items in industrialized building system (IBS) project
71. Lee DB Jr, Klein LA, Camus G (1999) Induced traffic and induced demand. *Transportation Research Record* 1659(1):68–75
72. Liebensteiner M, Losert J, Necker S, Neumeier F, Pätzold J, Wichert S (2024) Auswirkungen des 9-Euro-Tickets auf das Mobilitätsverhalten der Bevölkerung. *ifo Schnelldiens*t 77(8):35–38
73. Liedtke G (2023) Deutschlandticket: Erwartungen, Zielgruppen und Mobilitätsverhalten. DLR v. 26. Mai 2023, https://www.dlr.de/de/aktuelles/nachrichten/2023/02/DT-erwartungen-zielgruppen-und-mobilitaetsverhalten. (Zugegriffen: 18.07.2025)
74. M-Five, Fraunhofer ISI, TUHH, TRIMODE, FH W-S, PTV Group, TU Dresden, BBG und Partner (2023). Bewertung von Ausgestaltungs-Varianten des Deutschlandtickets für den ÖPNV – Kurzstudie
75. Mietzsch O (2023) Vom 9-Euro-Ticket zum Deutschlandticket. Rabattierte Pauschalpreistickets als Gamechanger für die Verkehrswende? *Zeitschrift für Verkehrswissenschaft* 93(1):14–17
76. Mietzsch O, Krämer A (2026) Deficiencies in Appraisal Methods and Policy Risks: Evidence from the German Deutschlandticket. World Conference on Transport Research – WCTR 2026 Toulouse 6–10 July 2026
77. Neweling S, Krämer A (2014) Preisoptimierung und -controlling von Festpreisen im ÖPNV. *Der Nahverkehr* 40(4):56–60
78. NN (2023a) Städtetag warnt vor Aus des Deutschlandtickets. Tagesschau.de v. 01.10.2023, https://www.tagesschau.de/inland/gesellschaft/staedtetag-deutschlandticket-100.html?utm_source=chatgpt.com. (Zugegriffen: 25.06.2025)
79. NN (2023b) Bernreiter: Deutschland-Ticket wird teurer als 49 €. ZEIT online v. 18. November 2023, https://www.zeit.de/news/2023-11/18/bernreiter-deutschland-ticket-wird-teurer-als-49-euro. (Zugegriffen: 13.04.2025)
80. NN (2023c) Vorläufige Bilanz – Ein halbes Jahr Deutschlandticket: Was hat es gebracht? RND v. 29.10.2023, https://www.rnd.de/wirtschaft/ein-halbes-jahr-deutschlandticket-was-hat-es-gebracht-WAQOQRTTJZLSFHUYUEZXFQLAWY.html. (Zugegriffen: 13.04.2025)

81. NN (2024) Bilanz für 2024 – Verspätungen bescheren der Bahn einen Umsatzverlust von 700 Mio. €. Manager Magazin v. 21.12.2024, https://www.manager-magazin.de/unternehmen/deutsche-bahn-verspaetungen-fuehren-2024-zu-umsatzverlust-von-700-millionen-euro-a-324bb85c-fe81-4d5f-bde6-97167e18622d?xing_share=news. (Zugegriffen: 26.12.2024)
82. Oroschakoff K, Hosp G (2023) Viele Linke sind naiv im Klimaschutz, sagt der Klimaökonom. Doch die Wirtschaftsliberalen sind nicht besser. NZZ online v. 27.09.2023, https://www.nzz.ch/wirtschaft/ich-finde-es-heuchlerisch-zu-sagen-weil-ein-gemaelde-beschmiert-wird-bin-ich-gegen-klimaschutz-ld.1755839?mktcid=smsh&mktcval=E-mail. (Zugegriffen: 27.09.2023)
83. Ortega MFG, Link H (2025) Mode Choice Inertia and Shock: Three Months of Almost Fare-free Public Transport in Germany. *Economics of Transportation*, 41:100382
84. Parkin JGH, Dean LSN, Bell JA et al. (2025) Copper-enriched automotive brake wear particles perturb human alveolar cellular homeostasis. Particle and Fibre Toxicology, 22(1):4
85. Pfeiffer-Goldmann D (2024) Deutschlandticket füllt Frankfurts Bahnen. Frankfurter Neue Presse, v. 01.05.2024
86. Pfeifle M, Vogt W (1989) Gibt es „induzierten Verkehr"? Kritische Fragen zur Abgrenzung und zum möglichen Umfang. *Internationales Verkehrswesen* 41(4):237–242
87. Schaper C, Abeling-Zuber M, Ackermann T (2025) Studie zur Evaluation des Deutschland-Tickets. Eines für alle. Planung und Analyse, Mittwoch, 25. Juni 2025, Abruf https://www.horizont.net/planung-analyse/nachrichten/ein-ticket-fuer-alle-mit-einer-aufwendigen-umfassenden-studie-mit-mehreren-kooperationspartnern-wird-das-deutschland-ticket-evaluiert-227475?utm_source=%2Fmeta%2Fnewsletter%2Fpua&utm_medium=newsletter&utm_campaign=nl5356&utm_term=3a3d70c3ba328c326b4227b1c6dabbc3, 26.5.2025 (Zugegriffen: 18.07.2025)
88. Schlosser F, Maier BF, Jack O, Hinrichs D, Zachariae A, Brockmann D (2020) COVID-19 Lockdown Induces Disease-Mitigating Structural Changes in Mobility Networks. *Proceedings of the National Academy of Sciences*, 117(52):32883–32890
89. Schröder D, Kirn L, Kinigadner J, Loder A, Blum P, Xu Y, Lienkamp M (2023) Ending the myth of mobility at zero costs: An external cost analysis. *Research in Transportation Economics* 97:101246
90. Spaeth A (2015) Die „Aldisierung" der europäischen Luftfahrt, DIE WELT v. 25.11.2015. https://www.welt.de/reise/article149242498/Die-Aldisierung-der-europaeischen-Luftfahrt.html. (Zugegriffen: 10.03.2025)
91. Staude J (2024) ÖPNV und Klimaziele: Deutschland-Ticket lässt zu wenig Autos stehen. klimareporter.de v. 02.05.2024, https://www.klimareporter.de/verkehr/deutschland-ticket-laesst-zu-wenig-autos-stehen. (Zugegriffen: 06.03.2025)
92. Thiele P (2024) Ingo Wortmann (VDV): 49-Euro-Ticket beliebt als Jobticket und für die Freizeit, swr aktuell v. 29.4.2024, https://www.swr.de/swraktuell/snacks/ingo-wortmann-vdv-49-euro-ticket-beliebt-als-jobticket-und-fuer-die-freizeit-100.html. (Zugegriffen: 04.03.2024)
93. Timmler V (2025) Deutschlandticket: Warum die Bahn jetzt mit Schnäppchen um sich schmeißt. Süddeutsche Zeitung v. 27. Februar 2025, https://www.sueddeutsche.de/wirtschaft/deutsche-bahn-sparpreise-fernverkehr-schnaeppchen-li.3210557. (Zugegriffen: 17.03.2025)
94. Tuma T, Giuliano R (2024) Flix-Chef attackiert Deutschlandticket: „Viel zu teuer für den Staat", FOCUS online v. 24.10.2024, https://www.focus.de/politik/briefing/privates-verkehrs-start-up-flix-chef-attackiert-deutschlandticket-viel-zu-teuer-fuer-den-start_id_260422521.html. (Zugegriffen: 04.03.2025)
95. UBA (2023) CLIMATE CHANGE 39/2023 – Projektionsbericht 2023. Erstellt vom Öko-Institut, Fraunhofer ISI, IREES GmbH und Thünen-Institut

96. UBA (2024) Gesellschaftliche Kosten von Umweltbelastungen, Umweltbundesamt v. 26.11.2024, https://www.umweltbundesamt.de/daten/umwelt-wirtschaft/gesellschaftliche-kosten-von-umweltbelastungen#methodik-zur-schatzung-von-klimakosten-. (Zugegriffen: 13.3.2025)
97. VDV (2022) 9-Euro-Ticket – Marktforschung: Jeder Fünfte hat den ÖPNV vorher normalerweise nicht genutzt, Pressemitteilung, Berlin. https://www.vdv.de/220711-pm-9-euro-ticket-marktforschung-zu-nutzungseffekten.pdfx. (Zugegriffen: 1.3.2025)
98. VDV (2023) Klimaschutz im Verkehr braucht ein erfolgreiches Deutschland-Ticket und eine Ausbauoffensive im ÖPNV. Pressemitteilung v, 24.01.2023, https://www.vdv.de/230124-pm-bilanz-2022-und-d-ticket.pdfx. (Zugegriffen: 26.9.2023)
99. VDV und Deutsche Bahn (2023) Evaluation zum Deutschlandticket. Berichtszeitraum Mai bis August 2023, Berlin v. 25.9.2023
100. VDV und Deutsche Bahn (2024a) Interpretierende Zusammenfassung – Kernaussagen der bundesweiten Marktforschung zum Deutschland-Ticket – Berichtszeitraum 3. Quartal 2024 v. 10.12.2024, Berlin
101. VDV und Deutsche Bahn (2024b): Evaluation zum Deutschland-Ticket, 3. Quartalsbericht 2024, Berlin, 02. Dezember 2024
102. VDV und Deutsche Bahn (2024c) Evaluation zum Deutschland-Ticket, Bericht zur passiven Wegemessung, Berichtszeitraum Januar-Dezember 2023. Berlin 5. April 2024
103. Verron H, Huckestein B, Penn-Bressel G, Röthke P, Bölke M, Hülsmann W (2005) Determinanten der Verkehrsentstehung. TEXTE UMWELTBUNDESAMT, (26/05)
104. Vohra V (2025) Inference for the Marginal Value of Public Funds. Available at SSRN 5738770
105. Waldorf I, Loder A, Wurster S, Bogenberger K (2025) Low fare public transport as social policy? A study of Germany's 9-Euro-Ticket and Deutschlandticket via propensity score matching. *Transportation*:1–41
106. Wallimann H, von Arx W, Sticher S (2024) Flächendeckende Vergünstigungen im öffentlichen Verkehr sind nicht das richtige Mittel für die Verkehrswende. NZZ v. 28.02.2024. https://www.nzz.ch/meinung/flaechendeckende-verguenstigungen-im-oeffentlichen-verkehr-sind-nicht-das-richtige-mittel-fuer-verkehrswende-ld.1777783?mktcid=smsh&mktcval=E-mail. (Zugegriffen: 13.05.2023)
107. ZDF (2023) Kritik vom Fahrgastverband: Pro Bahn: 49-Euro-Ticket oft zu kompliziert. ZDF heute v. 21.06.2023, https://www.zdf.de/nachrichten/panorama/deutschlandticket-49-euro-bahn-kauf-100.html. (Zugegriffen: 26.08.2023)
108. Zuser A (2008) Der Nahverkehr zum Nulltarif: Eine sinnvolle Maßnahme der Verkehrspolitik? Diplomarbeit. Technische Universität Wien

Andreas Krämer ist CEO der exeo Strategic Consulting AG in Bonn und Direktor des Value Research Institute (VARI e. V.) in Iserlohn. Nach Studium der Agrarökonomie und anschließender Promotion arbeitete Andreas Krämer von 1996 bis 2000 bei zwei führenden internationalen Beratungsgesellschaften, bevor er im Jahr 2000 seine eigene Beratungsgesellschaft gründete. Von 2014 bis 2020 war er Professor für Pricing und Customer Value Management an der University of Europe for Applied Sciences in Iserlohn. Andreas Krämer ist Mitinitiator unterschiedlicher Studien (u. a. „Pricing Lab") sowie Autor von ca. 500 Fachaufsätzen und mehrerer Bücher, darunter „New Mobility – mit dem Deutschlandticket zur Verkehrswende".

Das Deutschlandticket – gekommen, um zu bleiben!

Das Deutschlandticket existiert nun schon seit über drei Jahren – und dass, obwohl ihm mehr als einmal die Sterbeglocken geläutet wurden. Mal waren es die vermeintlich zu hohen Kosten, mal die angeblich zu geringe Klimawirksamkeit, die Zweifel an der Fortsetzung des Deutschlandtickets aufkommen ließen. Im bisherigen Zeitablauf aber hat sich gezeigt, dass das Deutschlandticket systemrelevant wurde, zumindest in Bezug auf den öffentlichen Nahverkehr. Deshalb hat auch nach dem Bruch der Ampelkoalition niemand ernsthaft gewagt, die Abschaffung des Deutschlandtickets ins Wahlprogramm zu schreiben. Zu groß schien die Angst vor Wählerverlust. Denn mit rund 14 Mio. Ticketbesitzern ist das Deutschlandticket schon lange keine „quantité négligible" mehr, sondern eine – im Vergleich zu 49,1 Mio. im Inland zugelassenen PKW – zwar noch ausbaufähige, aber immerhin ernstzunehmende Mobilitätsalternative. Das Ticket bietet nämlich eine mit dem Privatauto vergleichbare Mobilitätsgarantie. Wer nun einwendet, Busse und Nahverkehrszüge seien an Fahrpläne gebunden, seien öfters verspätet, könnten auch mal ausfallen und wären unter Umständen nur mit Aufwand erreichbar, dem sei erwidert: Auch Kfz benötigen Treibstoff, der nicht immer um die Ecke verfügbar ist, stehen oft stundenlang mit anderen Kfz im Stau und verursachen wesentlich höhere Kosten – privatwirtschaftlich wie gesamtgesellschaftlich –, als dies viele Apologeten des motorisierten Individualverkehrs wahrhaben wollen.

Mit dem Beschluss von Bund und Ländern, das Deutschlandticket zunächst bis einschl. 2030 fortzusetzen, und seiner Festschreibung im Regionalisierungsgesetz besteht nunmehr auch zumindest mittelfristig Planungssicherheit für alle Beteiligten. Dies umso mehr, als ab 2026 anstelle politischer Preisfestlegungen wie in den letzten Jahren künftig eine automatische Preisfortschreibung anhand nachvollziehbarer Kostenfaktoren erfolgen soll. Damit können die Verkehrsunternehmen ihr Angebot entsprechend der

O. Mietzsch und L. Gramlich (Hrsg.), *Wie weiter mit dem Deutschlandticket*, https://doi.org/10.1007/978-3-658-51318-4

Nachfrage längerfristig planen, können sich Arbeitgeber mit ihren Belegschaften auf Modelle der betrieblichen Mobilitätsförderung verständigen und rückt damit hoffentlich für die politisch Verantwortlichen weniger die Finanzierung als vor allem die konkrete (Um-)Gestaltung des öffentlichen Nahverkehrs in den Fokus.

Das Deutschlandticket ist damit freilich noch längst nicht in „trockenen Tüchern". Gefahr droht zukünftig weniger von außen als von innen!

Solange das Deutschlandticket rechtlich nicht eindeutig verankert ist, seine „Governance" mehr auf Aktionismus denn auf transparenten und legitimierten Prozessabläufen beruht, durch kleinteilige, häufig technisch bedingte Vorgaben die Einfachheit und Verständlichkeit des Systems Nahverkehr leidet und der gesamtwirtschaftliche Nutzen wider besseres Wissen problematisiert wird, so lange bleibt das Deutschlandticket unter seinen Möglichkeiten. Deshalb muss das Deutschlandticket vom Kopf auf die Füße gestellt werden. Alles, was das Kundenerlebnis trübt, ist kritisch zu hinterfragen. Dazu gehören insbesondere die bürokratischen Antrags- und Kündigungsverfahren beim Erwerb. Aber auch zwischen den Unternehmen stellen sich Fragen: Warum sollen bundesweite Vertriebsplattformen für den Verkauf eines hoch subventionierten ÖPNV-Tickets Provision erhalten? Auch wenn das Deutschlandticket ein frei verkäufliches Tarifprodukt ist, das theoretisch in Füssen gekauft und in Flensburg genutzt werden kann, findet der weit überwiegende Teil der Nutzung jeweils vor Ort statt, dort, wo Menschen arbeiten, einkaufen oder ihre Freizeit genießen. Es gibt daher keinen hinreichenden sachlichen Grund, durch Vertriebsprovisionen ohnehin vorhandene vertriebliche Monopolstrukturen zu zementieren, zumal sich viele kleinere und mittlere Verkehrsunternehmen bzw. Aufgabenträger aufgrund der mit dem Deutschlandticket einhergehenden massiven Einnahmeverluste den Aufbau einer über ihren unmittelbaren Zuständigkeitsbereich hinausgehenden Vertriebsinfrastruktur gar nicht leisten können.

Überdacht werden müssen auch die meist geschichtlich gewachsenen unterschiedlichen Regelungen für Infrastrukturen, Verkehrsmittel (Unternehmen) und deren Verankerung teils im Bundes-, teils im Landesrecht. Attraktiver ÖPNV auf Schienen oder Straßen kann weder an kommunalen noch an Ländergrenzen enden, vielmehr müssen hier Verbindungen, Übergänge oder „Brücken" geschaffen bzw. sichergestellt werden, die den Interessen von Verkehrsunternehmen und den Bedarfen der verschiedenen Nutzergruppen so gut wie möglich gerecht werden. Föderale Strukturen dürfen keine künstlichen Hindernisse errichten, vielmehr ist ein Rahmen für interkommunale wie interregionale Kooperation zum Vorteil aller Beteiligten erforderlich, für den es bereits Instrumente und Verfahren gibt bzw. anderweit vorhandene Formen für einen Umgang mit Netzen auch auf den (Personen-)Verkehrssektor zugeschnitten werden könnten. Dabei ist es einerseits notwendig, unionsrechtlichen Vorgaben Rechnung zu tragen (soweit und solange dort keine Fortentwicklungen erfolgen), zum anderen lohnt der Vergleich mit der Situation in anderen Föderalstaaten in der EU wie auch mit der Schweiz. Und nicht zuletzt bleibt die Aufgabe, die Kosten eines funktionierenden, nachhaltigen

ÖPNV angemessen auf Nutzer, Nutznießer und die über externe Effekte ebenfalls begünstigte Allgemeinheit zu verteilen, um ausreichende Anreize für die Anbieterseite zu schaffen, ihre Leistungen stetig zu verbessern.

Das vorliegende Buch erhebt nicht den Anspruch, auf alle diese und viele weitere Fragen eine Antwort zu geben. Was aber hoffentlich gelungen ist, ist dem geneigten Leser einen Ein -und Überblick zu geben, wie es mit dem Deutschlandticket weitergehen kann und sollte.

Rechtsquellenverzeichnis

Allgemeines Eisenbahngesetz (AEG) v. 27.12.1993 (BGBl. I, 2396; 1994 I, 2439), zuletzt geändert durch Art. 1 des Gesetzes v. 17.7.2025 (BGBl. I Nr. 164)=Art. 5 ENeuOG

Baugesetzbuch (BauGB) i. d. F. der Bekanntmachung v. 3.11.2017 (BGBl. I, 3634), zuletzt geändert durch Art. 1 des Gesetzes v. 27.10.2025 (BGBl. I Nr. 257)

Berliner Hochschulgesetz – BerlHG) i. d. F. v. 26.7.2011 (GVBl. 378), zuletzt geändert durch Art. 21 des Gesetzes v. 10.7.2025 (GVBl. 270, 283)

Berliner Mobilitätsgesetz (BerlMobG) v. 5.7.2018 (GVBl. 464), zuletzt geändert durch Art. 27 des Gesetzes v. 10.7.2025 (GVBl. 270, 283)

Bundesbankgesetz (BBankG) i. d. F. der Bekanntmachung v. 22.10.1992 (BGBl. I, 1782), zuletzt geändert durch Art. 8 des Gesetzes v. 19.7.2024 (BGBl. I Nr. 247)

Bundeseisenbahnverkehrsverwaltungsgesetz (BEVVG) v. 27.12.1993 (BGBl. I, 2394), zuletzt geändert durch Art. 22 des Gesetzes v. 9.6.2021 (BGBl. I, 1614)=Art. 3 ENeuOG

Gesetz über die Bundesnetzagentur für Elektrizität, Gas, Telekommunikation, Post und Eisenbahnen (BEGTPG) v. 7.7.2005 (BGBl. I, 2009), zuletzt geändert durch Art. 6 des Gesetzes v. 6.5.2024 (BGBl. I Nr. 149)

Bundesfernstraßengesetz (FStrG) i. d. F. der Bekanntmachung v. 28.6.2007 (BGBl. I, 1206), zuletzt geändert durch Art. 1 des Gesetzes v. 22.12.2023 (BGBl. I Nr. 409)

Bundesfernstraßenmautgesetz (BFStrMG) v. 12.7.2011 (BGBl. I, 1378), zuletzt geändert durch Art. 3 des Gesetzes v. 21.11.2023 (BGBl. I Nr. 315)

Bundesschienenwegeausbaugesetz (BSWAG) v. 15.11.1993 (BGBl. I, 1874), zuletzt geändert durch Art. 1 des Gesetzes v. 3.7.2024 (BGBl. I Nr. 224)

Bürgerliches Gesetzbuch (BGB) i. d. F. der Bekanntmachung v. 2.2.2002 (BGBl. I, 42, 2909; 2003 I, 738), zuletzt geändert durch Art. 1 des Gesetzes v. 17.7,2025 (BGBl. I Nr. 163)

O. Mietzsch und L. Gramlich (Hrsg.), *Wie weiter mit dem Deutschlandticket,*
https://doi.org/10.1007/978-3-658-51318-4

Bundesimmissionsschutzgesetz (BImSchG) i. d. F. der Bekanntmachung v. 17.5.2013 (BGBl. I, 1274), zuletzt geändert durch Art. 1 des Gesetzes v. 12.8.2025 (BGBl. I Nr. 189)

Bundeshaushaltsordnung (BHO) v. 19.8.1969 (BGBl. I, 1284), zuletzt geändert durch Art. 2 des Gesetzes v. 30.9.2025 (BGBl. I Nr. 231)

Charta der Grundrechte der Europäischen Union (EuGRCh) v. 7.12.2000/1.12.2009, ABl. EU C 326/391, 26.10.2012

Eisenbahnneuordnungsgesetz (ENeuOG) v. 27.12.1993 (BGBl. I, 2378; 1994 I, 2439), zuletzt geändert durch Art. 107 des Gesetzes v. 8.7.2016 (BGBl. I, 1594)

Eisenbahnregulierungsgesetz (ERegG) v. 29.8.2016 (BGBl. I, 2082), zuletzt geändert durch Art. 2 des Gesetzes v. 9.6.2021 (BGBl. I, 1737)

Eisenbahn-Verkehrsverordnung (EVO) v. 4.8.2023 (BGBl. I Nr. 208)

Energiesteuergesetz (EnergieStG) v. 15.7.2006 (BGBl. I S. 1534; 2008 I S. 660, 1007), zuletzt geändert durch Art. 3 des Gesetzes v. 27.3.2024 (BGBl. I Nr. 107)

Energiewirtschaftsgesetz (EnWG) v. 7.7.2005 (BGBl. I S. 1970, 3621), zuletzt geändert durch Art. 1 des Gesetzes v. 21.2.2025 (BGBl. I Nr. 51)

Fahrerlaubnis-Verordnung (FeV) v. 13.12.2010 (BGBl. I, 1980), zuletzt geändert durch Art. 2 der Verordnung v. 2.10.2024 (BGBl. I Nr. 299)

Gemeindeordnung für den Freistaat Bayern ([Bay]GO) i. d. F. der Bekanntmachung v. 22.8.1998 (GVBl. 796, BayRS 2020-1-1-I), zuletzt geändert durch § 2 des Gesetzes v. 9.12.2024 (GVBl. 573)

Gemeindeordnung für das Land Nordrhein-Westfalen (GO NRW) i. d. F. der Bekanntmachung v. 14.7.1994 (GV. NW. 1994, 666), zuletzt geändert durch Art. 1 des Gesetzes v. 10.7.2025 (GV. NW. 618)

Gemeindeordnung (GemO [RhPf]) i. d. F. v. 31.1.1994 (GVBl. 153), zuletzt geändert durch Art. 6 des Gesetzes v. 20.12.2024 (GVBl. 475)

Gemeindeverkehrsfinanzierungsgesetz (GVFG) i. d. F. der Bekanntmachung v. 28.1.1988 (BGBl. I, 100), zuletzt geändert durch Art. 323 der Verordnung v. 19.6.2020 (BGBl. I, 1328)

Gesetz über den öffentlichen Personennahverkehr in Nordrhein-Westfalen (ÖPNVG NRW) v. 7.3.1995 (GV. NW. 196), zuletzt geändert durch Gesetz v. 5.12.2023 (GV. NRW. 1281)

Gesetz über den öffentlichen Personennahverkehr in Hessen ([Hess]ÖPNVG) v. 1.12.2005 (GVBl. I, 786), zuletzt geändert durch Artikel 10 des Gesetzes vom 4. September 2020 (GVBl. S. 573)

10. Gesetz zur Änderung des ÖPNVG NRW, Gesetzesentwurf der Landesregierung v. 12.9.2025, LT-Drs. 18/4233

3. Gesetz zur Änderung des Thüringer Gesetzes über den öffentlichen Personennahverkehr v. 19.9.2023 (GVBl. 272)

Grundgesetz für die Bundesrepublik Deutschland (GG) in der im Bundesgesetzblatt Teil III, Gliederungsnummer 100–1, veröffentlichten bereinigten Fassung, zuletzt geändert durch Art. 1 des Gesetzes v. 22.3.2025 (BGBl. I Nr. 94)

Haushaltsgesetz 2025 v. 30.9.2025 (BGBl. I Nr. 232)

Haushaltsgrundsätzegesetz (HGrG) v. 19.8.1969 (BGBl. I, 1273), zuletzt geändert durch Art. 2 des Gesetzes v. 20.10.2025 (BGBl. I Nr. 247).

Hessische Gemeindeordnung (HGO) i. d. F. der Bekanntmachung v. 7.3.2005 (GVBl. I, 142), zuletzt geändert durch Art. 1 des Gesetzes v. 1.4.2025 (GVBl. Nr. 24)

Hessisches Schulgesetz (HSchG) i. d. F. der Bekanntmachung v. 31.3.2023 (GVBl. 234), zuletzt geändert durch Gesetz v. 30.6.2025 (GVBl. Nr. 38)

Kraftfahrzeugsteuergesetz (KraftStG) 2002 i. d. F. der Bekanntmachung v. 26.9.2002 (BGBl. I, 3818), zuletzt geändert durch Art. 1 des Gesetzes v. 16.10.2020 (BGBl. I, 2184)

Landesgesetz über die kommunale Zusammenarbeit (KomZG [RhPf]) v. 22.12.1982 (GVBl. 476), zuletzt geändert durch Art. 14 des Gesetzes v. 2.3.2017 (GVBl. 21)

Landesgesetz über den öffentlichen Personennahverkehr (Nahverkehrsgesetz – NVG[RhPf]) v. 3.2.2021 (GVBl. 51), geändert durch § 85 des Gesetzes v. 7.12.2022 (GVBl. 413)

Luftverkehrsgesetz (LuftVG) i. d. F. der Bekanntmachung v. 10.5.2007 (BGBl. I, 698), zuletzt geändert durch Art. 3 des Gesetzes v. 23.10.2024 (BGBl. I Nr. 327)

Mineralölsteuergesetz (MinöStG) v. 21.12.1992 (BGBl. I, 2150, 2185), aufgehoben durch Art. 3 des Gesetzes v. 15.7.2006 (BGBl. I, 1534)

Münzgesetz (MünzG) v. 16.12.1999 (BGBl. I, 2402), zuletzt geändert durch Art. 10 des Gesetzes v. 22.12.2011 (BGBl. I, 2959)

Personenbeförderungsgesetz (PBefG) i. d. F. der Bekanntmachung v. 8.8.1990 (BGBl. I, 1690), zuletzt geändert durch Art. 7 Abs. 4 des Gesetzes v. 11.4.2024 (BGBl. I Nr. 119)

Postgesetz (PostG) v. 22.12.1997 (BGBl. I, 3294)

Postgesetz (PostG) v. 15.7.2024 (BGBl. I Nr. 236)

Regionalisierungsgesetz (RegG) v. 27.12.1993 (BGBl. I, 2395), zuletzt geändert durch Art. 1 des Gesetzes v. 20.12.2024 (BGBl. I Nr. 441)=Art. 4 ENeuOG

Gesetz über begleitende Maßnahmen zur Umsetzung des Konjunktur- und Krisenbewältigungspakets (BeglMaßG) v. 14.7.2020 (BGBl. I, 1683), Art. 5: Änderung des RegG

6. Gesetz zur Änderung des RegG v. 16.7.2021 (BGBl. I, 3011)

7. Gesetz zur Änderung des RegG v. 25.5.2022 (BGBl. I, 812)

8. Gesetz zur Änderung des RegG v. 16.12.2022 (BGBl. I, 2352)

9. Gesetz zur Änderung des RegG v. 20.4.2023 (BGBl. I Nr. 107)

10. Gesetz zur Änderung des RegG v. 20.12.2024 (BGBl. I Nr. 441)

11. Gesetz zur Änderung des RegG v. 25.11.2025 (BGBl. I Nr. 287)

Richtlinie (RL) 1999/62/EG des Europäischen Parlaments und des Rates v. 17.6.1999 über die Erhebung von Gebühren für die Benutzung von Straßeninfrastrukturen durch Fahrzeuge (ABl. L 187/42, 20.7.1999), zuletzt geändert durch Richtlinie (EU) 2022/362 (ABl. L 69/1, 4.3.2022)

Richtlinie 2006/112/EG des Rates v. 28.11.2006 über das gemeinsame Mehrwertsteuersystem (ABl. L 347/1, 11.12.2006)

Richtlinie 2006/126/EG des Europäischen Parlaments und des Rates v. 20.12.2006 über den Führerschein (ABl. L 403/18, 30.12.2006)

Raumordnungsgesetz (ROG) v. 22.12.2008 (BGBl. I, 2986), zuletzt geändert durch Art. 7 des Gesetzes v. 12.8.2025 (BGBl. I Nr. 189)

Sächsische Gemeindeordnung (SächsGemO) i. d. F. der Bekanntmachung v. 9.3.2018 (SächsGVBl. 62), zuletzt geändert durch Art. 15 des Gesetzes v. 27.6.2025 (SächsGVBl. 285)

Sächsische Haushaltsordnung (SäHO) i. d. Fassung der Bekanntmachung v. 10.4.2001 (SächsGVBl. 153), zuletzt geändert durch Art. 1 des Gesetzes v. 27.6.2025 (SächsGVBl. 285)

Sächsisches Kommunalabgabengesetz (SächsKAG) i. d. F. der Bekanntmachung v. 9.3.2018 (SächsGVBl. 116), geändert zuletzt durch Art. 2 des Gesetzes v. 13.12.2023 (SächsGVBl. 876)

Sächsisches Straßengesetz (SächsStrG) v. 21.1.1993 (SächsGVBl. 93), zuletzt geändert durch Art. 1 des Gesetzes v. 20.8.2019 (SächsGVBl. 762; 2020, 29)

Sozialgesetzbuch (SGB II) – Bürgergeld, Grundsicherung für Arbeitsuchende – i. d. F. der Bekanntmachung v. 13.5.2011 (BGBl. I, 850, 2094), zuletzt geändert durch Art. 2 des Gesetzes v. 24.2.2025 (BGBl. I Nr. 57)

Sozialgesetzbuch (SGB IX) – Rehabilitation und Teilhabe von Menschen mit Behinderungen – v. 3. 12.2016 (BGBl. I, 3234), zuletzt geändert durch Art. 6 des Gesetzes v. 22.12.2023 (BGBl. I Nr. 412)

Sozialgesetzbuch (SGB XII) – Sozialhilfe – v. 27.12.2003 (BGBl. I, 3023), zuletzt geändert durch Art. 8 Abs. 1 des Gesetzes v. 23.12.2024 (BGBl. I Nr. 449)

Strafgesetzbuch (StGB) i. d. F. der Bekanntmachung v. 13.11.1998 (BGBl. I, 3322), zuletzt geändert durch Art. 2 Abs. 2 des Gesetzes v. 7.11.2024 (BGBl. I Nr. 351)

Straßenbaufinanzierungsgesetz in der im Bundesgesetzblatt Teil III, Gliederungsnummer 912-3, veröffentlichten bereinigten Fassung, zuletzt geändert durch Art. 19 des Gesetzes v. 14.8.2017 (BGBl. I, 3122)

Straßenverkehrsgesetz (StVG) i. d. F. der Bekanntmachung v. 5.3.2003 (BGBl. I,310, 919), zuletzt geändert durch Art. 70 des Gesetzes v. 23.10.2024 (BGBl. I Nr. 323)

Straßenverkehrsordnung (StVO) v. 6.3.2013 (BGBl. I, 367), zuletzt geändert durch Art. 24 der Verordnung v. 11.12.2024 (BGBl. I Nr. 411)

Stromsteuergesetz (StromStG) v. 24.3.1999 (BGBl. I, 378; 2000 I, 147), zuletzt geändert durch Art. 13 des Gesetzes v. 22.12.2023 (BGBl. I Nr. 412)

Tarifvertragsgesetz (TVG) i. d. F. der Bekanntmachung v. 25.8.1969 (BGBl. I, 1323), zuletzt geändert durch Art. 8 des Gesetzes v. 20.5.2020 (BGBl. I, 1055)

Telekommunikationsgesetz/TKG) v. 22.6.2024 (BGBl. I, 1190)

Telekommunikationsgesetz (TKG) v. 3.5.2012 (BGBl. I, 958)

Telekommunikationsgesetz (TKG) v. 23.6.2021 (BGBl. I, 1858), zuletzt geändert durch Art. 1 des Gesetzes v. 24.7.2025 (BGBl. I Nr. 181)

Thüringer Gesetz über den öffentlichen Personennahverkehr (ThürÖPNVG) i. d. F. der Bekanntmachung v. 22.6.2005 (GVBl. 276), zuletzt geändert durch Gesetz v. 19.9.2023 (GVBl. 272)

Umsatzsteuergesetz (UStG) i. d. F. der Bekanntmachung vom 21.2.2005 (BGBl. I S. 386), zuletzt geändert durch Art. 27 des Gesetzes v. 2.12.2024 (BGBl. I Nr. 387)

Verfassung des Freistaates Sachsen (SächsVerf) v. 27.5.1992 (SächsGVBl. 243), geändert durch Gesetz v. 11.7.2013 (SächsGVBl. 502)

Verfassung für das Land Nordrhein-Wetsfalen (Verf NRW) v. 28.6.1950 (GV. NW 127), zuletzt geändert durch Gesetz v. 30.6.2020 (GV. NRW. 644)

Verfassung für Rheinland-Pfalz (Verf RhPf) v. 18.5.1947 (VOBl. 209), zuletzt geändert durch Gesetz v. 19.6.2024 (GVBl. 253)

Verordnung (EG) Nr. 974/98 des Rates vom 3. Mai 1998 über die Einführung des Euro (ABl. EG L 139/1, 11.5.1998)

Verordnung (EG) Nr. 975/98 des Rates vom 3. Mai 1998 über die Stückelungen und technischen Merkmale der für den Umlauf bestimmten Euro-Münzen (ABl. EG L 139/6, 11.5.1998)

Verordnung (EG) 1370/2007 des Europäischen Parlaments und des Rates vom 23. Oktober 2007 über öffentliche Personenverkehrsdienste auf Schiene und Straße (ABl. EG Nr. L 315/1, 3.12.2007)

Verordnung (EU) 2022/868 des Europäischen Parlaments und des Rates v. 30.5.2022 über europäische Daten-Governance (ABl. EU L 152/1, 3.6.2022)

Vertrag über die Arbeitsweise der Europäischen Union (AEUV), konsolidierte Fassung (ABl. EU C 202/47, 7.6.2016)

Vertrag über die Europäische Union (EUV), konsolidierte Fassung (ABl. EU C 326/13, 26.10.2012)

Vertrag von Lissabon v. 13.12.2007 (ABl. EG C 306/1, 17.12.2007)

Erklärung Nr. 17 zum Vorrang (ABl. EG C 115/344, 9.5.2008)

Vertrag zur Gründung der Europäischen Gemeinschaft (EGV) i. d. F. des Art. 2 des Vertrags von Amsterdam v. 2.10.2007 (ABl. EU C 340/1, 10.11.1997)

Vertrag zur Gründung der Europäischen Wirtschaftsgemeinschaft (EWGV) v. 25.3.1957 (BGBl. II, 766)

Verwaltungsverfahrensgesetz (VwVfG) i. d. F. der Bekanntmachung v. 23.1.2003 (BGBl. I, 102), zuletzt geändert durch Art. 2 des Gesetzes v. 15.7.2024 (BGBl. I Nr. 236)

Verordnung zur Kennzeichnung der Kraftfahrzeuge mit geringem Beitrag zur Schadstoffbelastung v. 10.10.2006 (BGBl. I, 2218) – 35. BImSchV -, zuletzt geändert durch Art. 85 der Verordnung v. 31.8.2015 (BGBl. I, 1474)

Zahlungsdiensteaufsichtsgesetz (ZAG) v. 17.7.2017 (BGBl. I, 2446; 2019 I, 1113), zuletzt geändert durch Art. 11 des Gesetzes v. 28.2.2025 (BGBl. I Nr. 69)

FSC
www.fsc.org
MIX
Papier | Fördert
gute Waldnutzung
FSC® C083411

Kolibri 360 GmbH
Ferdinand-Jühlke-Straße 7
99095 Erfurt, Deutschland
produktsicherheit@kolibri360.de